国家科学技术学术著作出版基金资助出版

无人飞行器集群智能
与协同控制

王蒙一　王晓东　宋　勋　等　著

科学出版社

北　京

内 容 简 介

无人飞行器集群智能与协同控制是当今学界研究的热点问题,涉及群体智能算法、编队协同控制、通信拓扑、试验验证等学科。本书结合团队最新研究成果,将近年来无人飞行器集群智能与协同控制领域的学术进展进行梳理,将人工智能算法同工程应用紧密结合,搭建集群协同架构,最大化无人飞行器的能力谱范围。全书共6章,第1章介绍无人机集群智能协同的发展历史及国内外研究现状;第2章从群体智能理论角度分析无人飞行器集群智能的机理;第3章分析集群智能与人工智能的发展、演变及应用;第4章讨论集群智能应用于协同制导的理论与方法;第5章分析无人飞行器编队控制的算法策略;第6章重点介绍无人飞行器试验验证的方法与成果。

本书可作为有意从事无人飞行器集群协同控制的年轻科研人员的入门书籍,亦可作为无人飞行器集群系统的参考书使用。

图书在版编目(CIP)数据

无人飞行器集群智能与协同控制 / 王蒙一等著. ——
北京:科学出版社,2024.1
ISBN 978-7-03-076826-1

Ⅰ.①无… Ⅱ.①王… Ⅲ.①无人驾驶飞行器-飞行控制系统-研究 Ⅳ.①V279

中国国家版本馆 CIP 数据核字(2023)第 207558 号

责任编辑:许 健 / 责任校对:谭宏宇
责任印制:黄晓鸣 / 封面设计:殷 靓

科 学 出 版 社 出版
北京东黄城根北街 16 号
邮政编码:100717
http://www.sciencep.com

南京展望文化发展有限公司排版
广东虎彩云印刷有限公司印刷
科学出版社发行 各地新华书店经销

*

2024 年 1 月第 一 版 开本:B5(720×1000)
2025 年 5 月第三次印刷 印张:19 3/4
字数:395 000

定价:150.00 元
(如有印装质量问题,我社负责调换)

樊邦奎序

当今世界科技创新日新月异,在众多领域取得了突飞猛进的发展。无人集群控制技术,作为当代科技创新的重要组成部分,已经引起了全球范围内的广泛关注和研究。

无人集群控制技术属于群体智能技术领域。群体智能作为一门研究集体行为和群体间相互作用的学科,是颠覆未来战争智能化进程的关键。在无人机技术领域,通过模仿鸟群或虫群,能够实现无人机系统之间、无人机系统与有人作战系统之间的高度协同,例如基于椋鸟的飞行规则,可以研究实现"人的意志"的自主、自治、自组织的群体智能系统,模仿蜂群的通信规则,各无人机能以分布式的方式进行探测、监测、干扰和打击等任务。这种群体智能的应用不仅可以大大提高任务执行的效率,而且能够提升集群的组织力和凝聚力。

在社会群体领域,群体智能也能拓展学术界对社会群体行为、协作能力和适应性的认知。在群体中利用人工智能的算法和技术,可以实现对社会群体行为的建模和预测。这种模型可以帮助理解群体中个体之间的相互作用、信息传递和决策过程。在社会学、生态学和行为学等领域,这些模型可以为解释和预测复杂社会系统的演化和变化提供重要的洞察。因此,群体智能的发展不仅推动了技术的进步,也为人类社会的可持续发展提供了新的思路和解决方案。

总之,群体智能领域的重要意义在于推动了无人机和人工智能等技术与群体行为相结合的发展,创造了更加智能化和高效的解决方案,同时也促进了对群体行为和社会系统的深入理解。这本书在这些领域的研究和贡献必将推动群体智能领域不断取得新的突破与进步。

从群体智能诞生之日起,哲学与数学就是与这个学科联系最紧密的科学分支。哲学家从古希腊以来就提出了种种人类理智的模型,人工智能的设计本质上无法跳出人类理智的模型,但以具体可行的实现方式丰富了模型的内涵。智能的实现需要抽象思维、逻辑思维和创造性思维，与此对应的分别是表征、计算以及涌现三种机制。为了实现智能的这些功能，现有的方法主要有物理符号主义、联结主义、群体智能理论三类方法，其中群体智能理论的目标就是实现涌现性，即"一加一要远大于二"。

该书旨在系统地阐述无人飞行器集群智能与协同控制的概念内涵、研究的工程边界、集群智能与人工智能的发展、无人集群协同制导及协同控制的理论方法，以及试验验证与效能评估。作者基于系列国家重点项目深入的理论研究和工程实践，系统讨论了无人集群控制技术的研究进展、所面临的挑战和未来发展方向，为读者提供了独到的见解。该书在论述相关内容时，为了突出工程化、实用化的技术内容，便于读者更好的理解该书著作团队最想表达的核心内容，将群体智能定位为基础理论，将集群智能定位为应用方法，将无人飞行器集群定位为应用技术，形成一个从理论到方法再到技术的系统化表述体系。该书不仅适合科研人员和技术开发人员参考学习，也可供广大科技爱好者以及对无人飞行器集群智能与协同控制技术感兴趣的读者了解此领域的动态。

该书作者是热衷于无人集群技术研究及应用的专家型学者——复杂产品智能制造系统技术全国重点实验室的王蒙一研究员及其研究团队，他们多年来致力于该领域的发展，在无人飞行器协同控制领域，牵头论证并承担科技部、军委科技委和各军兵种多个重大项目，不仅在理论探索方面成果丰厚，多次获得国家级科技奖项，且具备丰富的实践经验，五年内七次获得空军"无人争锋"等全国无人集群挑战赛冠军。为了帮助读者朋友快速了解和掌握无人集群控制技术，他们从概念内涵入手，层层递进，以浅显易懂的语言阐述了复杂的理论知识及集群的实际应用，带给读者充实的知识与深刻的体悟。

谨以序言，祝愿各位读者在学习探索无人飞行器集群智能与协同控制的过程中收获满满！

2023 年 6 月 29 日

江涌序

过去的几十年里,科学技术的迅猛发展不断推动智能化时代的发展,科技的巨大进步带来了前所未有的机遇,也带来了一系列全新的挑战。在这些挑战中,无人飞行器集群智能与协同控制无疑是最具前瞻性的领域之一。这个领域融合了复杂系统科学、群体智能、协同控制等多种学科的知识和技术,是未来智能化战争的必争领域。

集群智能的发展历程是颇为丰富和复杂的,早在 20 世纪 80 年代,集群智能的概念就已经被提出,首先应用在生物学中,用来描述独立的生物组成的群体以集群形式进行决策的现象。随后的几十年里,通过学习和模拟自然界中的集群行为,如鱼群避险、鸟群飞行、蚁群觅食等,发展出了集群智能涌现理论,并将之应用于无人飞行器,诞生了无人飞行器集群智能。

进入 21 世纪,集群智能在理论研究和实际应用上都发生了深刻的变革。随着计算能力的提升和无人飞行器技术的飞速发展,无人飞行器集群智能也得以快速迭代进化,许多实验性质的无人飞行器集群系统开始亮相。美国海军研究局的低成本无人机蜂群技术(Low-Cost UAV Swarm Technology, LOCUST)已经成功完成了多次实验,实现了多架无人机的编队飞行与机动。美军表示,多架无人飞行器集群协同的作战样式能够很好地满足未来战场上的作战需求。我国也有多款无人飞行器成体系在各大航展上亮相,并在多种演练和演习中运用了无人机蜂群,报道显示,我国无人飞行器集群协同作战技术正处于高速发展阶段。这些项目的成功,表明无人飞行器集群智能已经实现了从理论到实践的巨大跨越。正如书中所提到的,目前的无人飞行器集群系统能够实现的任务已从最初的简单编队飞行,发展到能执行协同感知与信息共享、智能决策与效能评估、协同控制与自主进化等一系列的复杂任务。当前,无人飞行器集群实现了以数量优势弥补单一飞行器能力不足的目标,能满足日益复杂的作战环境下错综复杂的任务需求。

无人飞行器集群前景广阔,集群智能和协同控制是无人飞行器集群技术发展的重要方向。从军事角度，无人飞行器集群能够有效应对复杂交战场景，可以应用于空袭、空战博弈以及防御大规模集群攻击等方面，极大地提升对抗能力和作战效费比，对拓展无人飞行器作战样式及增强战略、战术威慑力有着重大意义。从民用角度，无人飞行器集群也将在智能交通、灾害监测、农业植保等国民经济领域发挥巨大的作用，引发新一轮产业模式的升级甚至颠覆性变革。

因此，研究无人飞行器集群智能与协同控制有着重要且紧迫的现实意义，该书作者团队尝试从他们的角度为之添砖加瓦，从传统信息化技术入手，以智能化技术为目标，阐释由信息化向智能化过渡的过程中，无人飞行器集群制导控制面临的方方面面的科学与技术问题。

该书作者团队致力于无人飞行器集群智能与协同控制研究，拥有丰富的理论知识和实践经验，在国家自然科学基金联合基金重点项目、科技创新2030—"新一代人工智能"重大项目、国防基础科研重点项目等持续支持下，历经多年的潜心钻研，深入研究协同感知、协同决策、协同制导和协同控制等无人飞行器集群分支技术，并利用这些技术开发出具有高度自主性、协作性，以及复杂环境适应性的无人飞行器集群智能实物验证系统，扎扎实实地完成了一系列理论研究和工程实际工作。

诚然，无人飞行器集群智能与协同控制的发展面临的挑战依然极大。例如，如何实现遮蔽环境下大量的无人飞行器实时和高效精确协作，如何保证在故障、攻击、激烈电磁对抗下协同控制系统的鲁棒性，诸如此类的问题都亟需解决。但无人飞行器集群的快速发展展现出了未来无穷无尽的可能性，通过继续创新研究与开发，将带来从未有过的全新视角，打破无人飞行器技术的既有限制，发挥集群智能的最大潜能，为军事与民用实现智能化插上翅膀，更好地服务于国家安全和经济发展。

相信这部著作能够为各位同仁在集群智能和协同控制研究与工程实践中提供有益参考。该领域的研究还有很长的路要走，有很多的问题需要解决，但可以预见的是，只要坚持探索，勇往直前，继续钻研未知，将我们的知识、热情和智慧融入进去，必将能破除万难，推动无人飞行器集群智能化水平、实用化能力不断提升，为建设军事强国作出贡献！

2023 年 8 月 30 日

吕卫锋序

近期，科技部、教育部、工业和信息化部等六部门联合发布了备受瞩目的《关于加快场景创新以人工智能高水平应用促进经济高质量发展的指导意见》，这一文件紧随国务院印发的《新一代人工智能发展规划》，为我国人工智能的发展擘画了新的蓝图。其中群体智能是我国新一代人工智能发展的重要方向，具有广阔的创新空间和发展潜力。

群体智能的设计初衷是模仿动物群体协调有序的集体运动模式，例如鸟群、鱼群和昆虫群的迁徙、捕食和合作行为等，让集群系统在环境中表现出分布式、自适应、鲁棒性等智能特性，从集群整体层面上涌现出单个个体不可能达成的智能现象。群体智能的研究成为分布式系统、智能机器人和集体决策等领域的重要研究方向。

群体智能理论在无人机、智能交通、物联网等多个领域都得到了实际应用，尤其是在无人机领域得到了更为广泛的验证。通过模仿鸟群或昆虫群的飞行行为，无人机可以形成智能群体，实现自组织和分布式控制，完成在复杂的环境中的搜索、监测、救援等任务。群体智能的应用使得无人机的协同工作更加高效灵活，增强了群体的鲁棒性和适应性，并发展出了较为成熟的无人集群控制技术。无人集群控制技术在我们的生活中扮演着越来越重要的角色，已经广泛应用于无人紧急救援、遥感地理信息采集、集群侦察、协同打击、集群攻防对抗等。

该书对无人飞行器集群协同制导技术、无人飞行器集群协同控制技术的研究非常深入。制导控制系统是无人飞行器的核心系统，起着至关重要的作用。制导控制系统根据任务需求，接收来自本体状态、外部测量和指令等的多类信息，自动形成特定的导引规律，并按照导引规律控制飞行器的飞行轨迹，自主完成预定任务。而随着技术发展，无人飞行器控制不仅仅局限于飞行器姿态稳定控制，对于无人机等飞行器而言，控制还包含了航迹跟踪控制等位置回路环的外环控制。该书自始至终贯穿着坚实的理论基础和现实意义，为此领域的研究和实践提供了沉稳有力的支撑。

《无人飞行器集群智能与协同控制》的作者是国内知名的群体智能方面的专家王蒙一研究员及其团队，在无人集群领域有丰富的理论基础及工程应用经验，长期从事无人飞行器导航、制导与控制，群体智能与协同控制等相关技术研究。2017年，该团队与北京航空航天大学联合成立了集群智能控制联合实验室，双方联合团队参加空军"无人争锋"挑战赛连续三届获得第一名，并依托联合实验室发起成立了中国指挥与控制学会集群智能与协同控制专业委员会，联合承办了六届全国集群智能与协同控制大会，将大会发展为领域内全国性、跨系统、跨行业、多学科的综合性学术会议，推动了领域内优势单位的深入合作，促进了领域内需求牵引与技术进步的融合，在集群智能与协同控制学术界和产业界形成了广泛影响力。该书是他们多年来的智慧结晶，涵盖了无人集群控制技术的基本原理、算法研究、实际应用和未来发展方向。该团队在技术攻关过程中注重建立产学研用快速迭代的创新生态，希望后续将继续借助各种平台深化与领域内优势单位合作，共同促进无人、智能和协同时代的技术进步。

衷心希望《无人飞行器集群智能与协同控制》能成为有组织科学研究及校企合作的见证，成为我们追求卓越、探索未知的信仰。让我们携手，为科技进步事业注入源源不断的活力！

2023 年 9 月 15 日

前　言

　　开宗明义,从本书的题目入手,通过对"无人飞行器集群智能与协同控制"的破题,尽可能清晰地呈现本书写作的目标、边界与脉络。

　　关于"无人飞行器",团队通过系统查阅文献发现,无人飞行器在学术界尚无统一明确的定义,我望文生义地给出一个定义作为本书写作的基础,无人飞行器是指在大气层内飞行且无须人员实时操控的复杂程度较高的飞行器。"无人"体现了其操控特性是自主的,将战斗机、轰炸机等有人驾驶飞机以及飞手远程遥控的无人机排除在外;"飞行"体现了其活动空间在地表以上、大气层内,将坦克、舰船等平面运动装备以及卫星、飞船等航天器排除在外;"器"体现了其构成和运行是复杂的,将子弹、炮弹等相对简单的飞行物排除在外。本书论述的无人飞行器的范畴涵盖了弹道导弹、防空导弹、巡航导弹等各类战略战术导弹以及能够自主飞行的无人驾驶飞机等,是现代军事战争中的主战武器装备。

　　与奥林匹克格言所描述的"更快、更高、更强"类似,无人飞行器技术的发展一直追求"更远、更快、更强"。"一寸长一寸强,一寸短一寸险",战争中对武器射程远的追求是最直接的,二战末期德国人发明的 V2 火箭是世界上最早投入实战使用的导弹,射程仅为 320 千米左右,而俄罗斯的新型潜射洲际导弹"布拉瓦"的射程已经到达 10 000 千米以上。对于惯性飞行的无人飞行器而言,飞行速度是与射程相关的,射程越远的弹道导弹飞行速度越快;而对于巡航导弹和无人机而言,"天下武功,唯快不破",来自于地面防空火力的威胁迫使其追求更快的飞行速度,以实现对敌方防御力量的突防。与之相对应,防空导弹对于飞行速度的追求也越加迫切,除了需要抵消进攻武器的能力增长之外,防御方"后发先至"的宿命就决定了其对飞行速度矢志不渝的追求。强的内涵要丰富许多,往往包括命中精度和毁伤能力,以防空导弹为例,美国人更加追求精度,喜欢"以小博大",他们的"爱国者"与"萨德"都是以能够直接命中目标而闻名于世;俄罗斯人作为"战斗民族",更加喜欢简单粗暴的方式,他们的导弹往往精度较差但战斗部毁伤威力惊人。

关于"集群智能与协同控制",无人飞行器的制导控制系统包括制导系统与控制系统,制导系统测量飞行器自身相对于目标的运动关系,按照一定的规律产生制导指令,使它沿着适当的弹道飞行,直至命中目标,相当于"大脑";控制系统测量飞行器自身的飞行状态,按照一定的规律产生控制指令,使它稳定受控飞行,相当于"小脑"。由此可见,制导控制技术是无人飞行器的核心关键技术,追求的是"更稳定、更快速、更精确",是实现无人飞行器"更远、更快、更强"的核心支撑,也是区别无人飞行器与无人飞行物的核心特征,导弹无"导"就退化为了炮弹。当今时代正处于由信息化战争向智能化战争迈进的时代,无人飞行器的制导控制技术除了要不断满足前述三方面的需求之外,又多了一个"更智能"的追求目标,体系智能化是智能化战争时代的显著标志之一。

无人飞行器包括体系中的武器,即各类战略战术导弹,也包括体系中的平台,即无人驾驶飞机,是智能科技在军事领域转化应用的重要对象。当前学术界已经形成一个共识,智能科技将全面提升无人飞行器的作战效能,加速推动战争体系的深刻变革。具体而言,单体智能技术,包括智能识别、智能决策、智能控制,将以智能化激发机械化、信息化的潜能,所谓"点石成金",以智能科技革新无人飞行器运行环路中的各个要素,促进和带动其实战能力的跃升,支撑多功能的融合,大幅提升其作战使用灵活性,为创新作战概念与制胜机理创造条件。此外,群体智能技术,包括协同探测、协同控制,将提升强对抗条件下的无人飞行器实战能力,所谓"聚沙成塔",在群体智能的激发与汇聚过程中,聚合无人飞行器集群的优势能力,为分布式作战创造条件。

破题之后,再介绍一下本书的写作思路。本书不会过多论述当今炙手可热的人工智能技术本身的发展,包括以深度学习、强化学习为代表的联结主义方法,也不会过多论述单体智能方面的应用技术,包括目标的智能检测与识别、飞行器的智能决策与控制。本书的论述重点是智能科技,特别是群体智能在制导控制技术中的应用,亦即本书的题目——集群智能与协同控制。由于"更远、更快、更强"的共同牵引,导弹与无人机的界限越来越模糊,机弹融合发展的趋势越来越明显,本书在具体论述过程中将更多以战术导弹作为无人飞行器的具象开展论述。此外,由于智能技术的发展建立在机械化、信息化的基础之上,发展模式一定是机械化、信息化、智能化"三化融合"发展的,本书在论述过程中也是以智能化为牵引,以信息化为骨架,以机械化为基础,走"三化融合"的道路,这一点从章节的排布可见一斑。

本书首先在第 1 章明确了无人飞行器集群智能与协同控制的概念内涵与技术体系,分析了背景需求和国内外研究现状,解决了本书目标与边界问题。在第 2 章阐述了群体智能的激发与汇聚过程,为集群智能与协同控制奠定了理论基础,同时也论述了从群体智能到无人飞行器集群智能的联系与区别,解决了本书的在智能化方面的基础与聚焦问题。第 3 章介绍人工智能的发展,论述了在无人飞行器制导控制技术领域的典型应用,解决了人工智能和单体智能的问题,至此,智能化告一段落。从第 4 章开始到第 6 章,按照传统信息化时代的技术划分,分别从制导、控制、仿真三个方面,全面深入地论述了无人飞行器集群智能与协同控制技术,这三章也是本书的内核与精华。第 4 章~第 6 章的论述方式都是试图从传统信息化技术入手,以智能化技术为目标,详细分析由信息化向智能化过渡的过程中,制导控制技术方方面面的变化,这在以往的学术著作中很少看到,也是本书作者团队最想表达的内容。

写作本书的想法最早产生于 2018 年,彼时我们的团队已经投入集群智能与协同控制技术领域多年,承担了一系列的国家创新项目,初步攻克了协同控制相关关键技术,并且进行了一定的试验验证。在空军首届"无人争锋"挑战赛上,我们战胜了国内外五十余支队伍,成为唯一一支完成科目一全部挑战项目的队伍,实现了七架无人飞行器集群自主越障与密集编队控制,系统检验了复杂战场环境与实战条件下智能自主决策、智能协同控制、智能感知识别、智能自组网等技术攻关,形成了"蜂群"智能作战样式的"雏形"。在 2021 年举办的第二届"无人争锋"挑战赛上,我们作为首届比赛公认的"无冕之王"和第二届自认的"卫冕冠军",勇于否定自我,放弃了"手拿把攥"的四旋翼无人机,选择了最高飞行速度翻倍的固定翼无人机,在更动态、更紧凑的时空约束下"复刻"了三年前的全部动作,再次技压全场,勇夺冠军。

作为团队带头人,我始终在思考团队的发展方向,特别是作为科研院所的技术团队,在产品和技术上取得的新进步,一定源于理论与方法方面的新认识。近年来,我们也一直在成果总结方面做出积极尝试,2017 年出版了一部译著《集群智能》,去年又联合北京航空航天大学出版了会议文集 *Proceedings of 2021 5th Chinese Conference on Swarm Intelligence and Cooperative Control*,但是编写译著和出版论文集还不够过瘾,我们始终感觉到需要一部专著来系统总结我们的认识,表达我们的观点,建立我们未来发展的基础,因此才开启了书稿的写作。值得珍惜的是在写作过程中,我们又进一步加深了对无人飞行器集群智能与协同控制技术的认识,迸发出许多思想的火花,我想这才是编写和出版专著的意义所在。

感谢我的导师江涌院士、任章教授和魏明英研究员的关心鼓励与鞭策教育,感谢樊邦奎院士、刘永坚院士、吕卫锋教授和吕金虎教授的悉心指导,感谢我们团队的王晓东、宋勋、卢闯、王靳然、祝月、武梅丽文、张田、秦雷、王林波、朱洺洁、罗阳、赵启伦、王子豪、张梦颖、李鹤宇、王骐、章枧、周思全等,大家在繁忙的工作之余抽出宝贵的时间一起讨论,反复修改,这本书是团队协作的成果。

作者

2023 年 5 月

目 录

第1章 概　述

第2章 群体智能与集群智能

第 3 章　集群智能与人工智能

第 4 章　无人飞行器集群协同制导

第 5 章　无人飞行器集群协同控制

第 6 章　试验验证与效能评估

第1章
概　述

1.1　概　念　内　涵

本书的题目是无人飞行器集群智能与协同控制,主要包括三个关键词:无人飞行器、集群智能和协同控制。其中,无人飞行器是本书论述的全部关键技术的应用载体,框定了本书论述的全部研究内容的工程边界;集群智能是无人飞行器的一种使用样式,是群体智能的一种表现形式,也是未来军事智能的重点发展方向之一;而协同控制是实现集群智能的关键核心技术,两者共同构成了本书的主要论述对象。

1.1.1　无人飞行器

飞行,是人类自古以来的伟大梦想,在古今中外的各种神话中,人类幻想的神灵大多拥有飞行的能力。印度神话中乾闼婆和紧那罗的复合体就是"飞天",被认为是"天宫的精灵",凭借飘曳的衣裙和彩带凌空翱翔[1]。西方神话中的"天使"更是直接在人类形象的基础上插上了翅膀。我国古代神话及神怪小说中也不乏对飞行的幻想和向往,比如飞向月宫的嫦娥、腾云驾雾的孙悟空、脚踩风火轮的哪吒等(图1.1)。当我们的祖先凝望蓝天、仰望星空时,一定想像鸟儿那样自由地飞翔,心中一定对广袤而深邃的宇宙有着无尽求知的渴望。

从古至今,人类对飞行的探索与实践从未止步,设计创造出了一系列飞行器,为梦想插上翅膀[2]。先看我们老祖宗的伟大实践——纸鸢,即风筝,这是一种重于空气、利用空气动力升空的最原始的飞行器,飞行原理与现代飞机相似;孔明灯曾被用作军事联络信号,后来多作祈福之用,通过热空气产生的升力进行飞行,与热气球的飞行原理相似;陶成道,又名万户,人类历史上第一次尝试载人飞行,他坐在绑着四十七支火箭的椅子上,手里拿着风筝,飞向天空,这就是人们熟知的万户飞天。万户的尝试以失败告终,并为此付出了生命的代价,但他是人类进行载人火箭飞行尝试的先驱,为整个人类向航空航天领域探索的进程作出了重要的贡献,有着难以磨灭的标志性意义。

图 1.1　我国古代神话及神怪小说中的典型形象

再看国外的发展[3,4]，法国的蒙哥尔费兄弟用亚麻布和纸制成了可载重的热气球，于 1783 年进行了升空表演，并完成了人类历史上首次热气球载人升空飞行，但是在没有动力驱动的情况下，气球对飞行方向和速度的控制力很弱，无法实现飞行轨迹的人工操纵。得益于工业革命带来的科学和技术的巨大飞跃，现代飞行器技术得到了空前发展。随着蒸汽机、电动机的出现，可以人工进行操纵飞行的飞艇应运而生，1852 年法国货车司机兼机械师吉法尔制成了历史上第一艘部分可操纵的飞艇。此外，内燃机的发明和广泛应用同样推动了飞行器的发展。1903 年，美国的莱特兄弟制造出了飞机，之后飞行器技术得到了飞速发展，人类由此进入了航空时代。

飞行器（flight vehicle）是指在大气层内或大气层外空间（太空）飞行的器械，如航空器、航天器、火箭和导弹等。在大气层内飞行的飞行器称为航空器，如气球、飞艇、飞机等，它们靠空气的静浮力或与空气相对运动产生的空气动力升空飞行。在太空飞行的飞行器称为航天器，如人造地球卫星、载人飞船、空间探测器、航天飞机等。而火箭和导弹既能够在大气层内依靠空气动力飞行，又能够在太空依靠万有引力飞行。

人类最开始对飞行器技术的探索与实践主要是通过载人飞行实现军事用途。在感知、通信及控制等技术发展水平较低的情况下，必须通过人工操纵飞行器实现可控飞行，飞行器要想达到军事目的，也必须通过机载人员来实现。因此，飞行器的载人能力既是飞行器自身实现可控飞行的客观需要，也是飞行器实现其功能用途的必要条件。

随着技术的发展进步，出现了不载人也能够实现可控飞行的飞行器，称为无人飞行器[5, 6]。无人飞行器是指利用无线电遥控设备和自备的程序控制装置操纵的不载人飞行器,能够通过车载、机载或手持设备对其采取完全或间歇的任务操控。参考飞行器的分类,无人飞行器可以分为无人航空器、航天器、火箭、导弹等。热气球、滑翔机、无人艇等在大气层内飞行的无人飞行器属于航空器,凭借空气的浮力或与空气相对运动产生空气动力实现飞行。人造地球卫星、空间探测器等在大气层外飞行的飞行器为航天器,可以通过运载火箭的推动获得脱离大气的必要速度进入太空,然后在引力作用下进行轨道运动。火箭是以火箭发动机为动力的飞行器,既可以在大气层内飞行,也可以在大气层外飞行。现代火箭诞生自罗伯特·戈达德,他将超声速的喷嘴装上液态燃料火箭引擎燃烧室,发射了世界上第一枚液体燃料火箭,推动了火箭的研究。导弹是装有战斗部的可控制的火箭,有主要在大气层外飞行的弹道导弹和装有翼面在大气层内飞行的地空导弹、巡航导弹等。

美国联邦航空局(Federal Aviation Administration, FAA)将无人飞行器命名为 unmanned aerial vehicle (UAV)或 unmanned aircraft system(UAS),即无人飞行载具或无人飞行器系统[7]。本书论述的无人飞行器是指不携带操作人员、由动力驱动、利用空气动力承载飞行、可携带有效载荷、在远程控制或自主规划的情况下完成指定任务的航空器。

无人机是无人飞行器的典型代表,也是发展最迅速、军民应用最广泛的无人飞行器。无人飞行器最早在 20 世纪 20 年代出现,1914 年第一次世界大战正进行得如火如荼,英国的卡德尔和皮切尔两位将军向英国军事航空学会提出了一项建议:研制一种不用人驾驶,而用无线电操纵的小型飞机,使它能够飞到敌方某一目标区上空,将事先装在小飞机上的炸弹投下去。这种大胆的设想立即得到当时英国军事航空学会理事长戴·亨德森爵士赏识,他指定由 A. M.洛教授率领一班人马进行研制,在当时,无人飞行器是作为训练用的靶机使用的。

无人飞行器也是许多国家用于描述最新一代无人驾驶飞机的术语之一,从字面上讲,这个术语可以描述从风筝、无线电遥控飞机,到从 V1 导弹发展来的巡航导弹,但是在军方的术语中仅限于可重复使用的比空气重的飞行器。

第二次世界大战之后,美国将多余或者是退役的飞机改装成为特殊研究的飞行器或者靶机,开创了近代无人飞行器参与执行军事任务的先河。随着电子技术的进步,无人飞行器在担任侦察任务的角色上开始展露其弹性与成本优势[8, 9]。在 20 世纪的越南战争、海湾战争以及北约空袭南斯拉夫的过程中,无人飞行器都被频繁地用于执行军事任务。1982 年,以色列航空工业公司(Israel Aircraft Industries Ltd., IAI)首创以无人飞行器担任其他角色的军事任务。在第五次中东战争时期,侦察者无人飞行器系统曾经在以色列陆军和以色列空军的服役中担任重要战斗角色。以色列国防军主要用无人飞行器进行侦察、情报收集、跟踪和通信。1991 年,美国及其盟友发起的"沙漠风暴"行动中,美军曾经发射专门设计的用于欺骗雷达系统的小型无人飞行器作为诱饵,随后这种诱饵无人飞行器也成为其他国家效仿的对象。1996 年 3 月,美国国家航空航天局研制出两架无人试验机:X-36 试验型无尾无人战斗机(图 1.2)。该型无人机长 5.7 m,其大小相当于普通战斗机的 28%,其使用的分列副翼和转向推力系统比常规战斗机更具灵活性,而且无垂尾设计既减轻了重量和阻力,也缩小了雷达反射截面。无人驾驶战斗机执行的任务是压制敌防空、干扰、战斗损失评估、战区导弹防御以及超高空攻击,特别适合在政治敏感区执行任务。

图 1.2　X-36 无人飞行器

因为无人飞行器成为一种成本低廉且极富任务弹性的战斗机器,美国军方在这类飞行器上的兴趣不断增长,这些战斗机器可以被使用而不存在飞行员死亡的风险。20 世纪 90 年代后,西方国家充分认识到无人飞行器在战争中的作用,竞相把高新技术应用到无人飞行器的研制与发展上:新翼型和轻型材料大大增加了无人飞行器的续航时间;采用先进的信号处理与通信技术提高了无人飞行器的图像传递速度和数字化传输速度;先进的自动驾驶仪使无人飞行器不再需要陆基电视屏幕领航,而是按程序飞往盘旋点、改变高度和飞往下一个目标。

无人飞行器能够在军事任务中发挥日益重要的作用,主要得益于其在执行枯燥任务时能够更长时间保持工作效率,在执行有危害性和危险的任务时,其失败造成的负面风险更低,更适合执行"枯燥的、恶劣的、危险的、纵深的"任务。而随着军事需求、政府决策、技术水平、产业经济、文化观念及社会环境的变化,无人飞行器执行任务的优势、低风险和高成功率进一步推动了无人飞行器技术的发展。值得关注的是,人工智能第三次浪潮方兴未艾,无人飞行器技术与人工智能,特别是与群体智能的有机结合,正进发出新的发展活力。

1.1.2 集群智能

由于单架无人飞行器载荷较小、信息处理效率较低,其军事任务的执行能力有限,在日益复杂的作战环境下,单独使用的样式已经逐渐无法满足任务需求,人们越来越多地将目光投向无人飞行器集群系统。无人飞行器集群系统有"自愈"能力,能够在承受多次袭击后重新配置自身功能,有着更强的任务完成能力,可以弥补单架无人平台作战的不足,从而引起了更多的关注。同时,无人飞行器集群系统构建了群体智能涌现的基本物质条件,后续可以通过异构无人飞行器搭配、自主协同控制等技术实现集群智能,能够适应更复杂的对抗环境,完成更复杂的军事任务。

生物为了生存、繁衍以及适应环境产生了集群效应,能够通过群体协作及自组织涌现出一定的智能,这种基于集群机理的群体智能是集群智能,给人类的科技创新带来很多启发[10]。集群的概念由生物集群而来,法国生物学家格拉斯(Grassé)研究白蚁筑巢的行为,提出了生物集群的概念。生存竞争中,许多动物选择了集群的生活方式,各个成员共同维护群体安全和利益:食草动物,如野牛、斑马等,通过集群对抗天敌,增加存活的概率;鸟类通过集群提高危险感知能力,减少迁徙过程的能量消耗;胡蜂等集群生物会牺牲一部分个体,留存种群繁衍的希望。集群现象广泛存在于自然界中,大量生物个体聚集在一起就形成了生物集群,如鸟群、鱼群、兽群、微生物群等。

研究发现,生物集群比单一个体在觅食、迁徙、逃避天敌等方面具有更大的优势,例如集群的方式有利于个体在不利的环境中更好地生存,进而利于种族延续。上述现象背后的理论逻辑是,生物群体中的个体通过局部感知和行为交流,使整个集群在宏观上涌现出复杂的智能行为,如鸟群编队迁徙、鱼群协同巡游、狼群合作围捕等,即由相对较简单的个体组成有序的群体,通过自组织和协同使多种能力大幅增强。

现代仿生学的发展历程表明,研究自然界中集群行为的内在机理有助于阐明人类社会中的复杂集群现象,也有利于解决工程领域中的诸多技术难题[11-16]。一方面,人类社会中存在着大量的自组织现象,不同个体之间通过相互作用产生各种各样的集群行为,研究自然界中的集群行为不仅可以揭示大自然的奥秘,而且能够深刻理解人类社会的演化规律;另一方面,自然界中集群行为的研究成果将会为人类社会的科技革新提供理论与方法。其中,军事领域作为人类社会的重要领域之一,群体智能在军事系统中有着广阔的应用前景。

军事领域的集群系统是由大量具有自主能力的智能体按照一定的规则构成,如"星链"卫星群、无人飞行器蜂群、多导弹集群等。本书所论述的集群智能是指通过智能体之间的有效协作,克服个体自身能力的不足,完成个体难以实现的复杂任务所涌现出的集群行为,如协同探测、集群突防、蜂群攻击等,其技术体系建立在群体智能理论方法之上,其技术特征与生物集群类似,体现在组织结构无中心节点、个体行为较简单、整体涌现智能等方面。特别是对于无人飞行器而言,可以通过自主控制和机间协同的协调匹配,形成无人飞行器集群,具备无中心节点、单机低成本和功能涌现性等优势。

为了实现无人飞行器由单体飞行向集群飞行转变,必须发展集群智能相关技术,其中的关键核心技术是协同控制技术,将传统的单个飞行器姿态控制、轨迹控制、任务控制等控制回路进一步拓展,增加集群编队控制、集群任务控制等控制回路,实现由单体自主控制向集群协同控制的跃升。

1.1.3　协同控制

学术界往往将集群智能与协同控制作为一类技术问题来进行论述和研究,通过协同控制实现集群智能也是一类重要的群体智能,是新一代人工智能研究的核心领域。2017 年国务院发布的《新一代人工智能发展规划》中,明确将自主协同控制与优化决策、集群智能、混合增强智能 3 项与集群协同控制相关的理论列为我国人工智能未来发展的基础理论;2018 年,科技部启动的《科技创新 2030—"新一代人工智能"重大项目 2018 年度项目申报指南》中明确将"群体智能"列为人工智能领域的五大持续攻关方向之一;集群协同控制技术入选 2019 年美国国家科学基金会《未来 20 年美国人工智能研究团体路线图》,同时也被美国商务部列为新兴技术禁运名单;2020 年,中国科学院发布的《2019 年人工智能发展白皮书》中,也将"集群智能技术"列为八大人工智能关键技术之一。协同控制技术能够为集群智能的涌现提供有力的时空协调保障,是各国大力争夺的技术制高点,为保障我国在集群智能领域的世界引领作用和技术领先优势,深入开展集群协同控制技术研究迫在眉睫。

中国指挥与控制学会在 2019 年率先成立了集群智能与协同控制专委会,联合学术界与工程界的优势团队力量,共同探索集群智能涌现的机理、机制与方法,积极开展和促进集群智能与协同控制相关发展战略、发展规划的制订和相关技术成果的转化。

在工程上广泛应用的控制策略是比例-积分-微分控制(proportion-integral-derivative control),即 PID 控制,无论是无人飞行器的姿态控制回路,还是轨迹控制回路,都采用了类似的"比例-积分-微分"控制通道结构。由于 PID 控制是一种具有"过去-现在-未来"形式的简单线性反馈机制的闭环控制,控制协议在设计时不仅利用了系统状态的当前信息,还利用了系统状态的过去信息和未来信息,这样就可以通过积分作用消除系统的静态误差,通过微分作用预测系统状态的未来发展趋势。PID 控制不仅应用于能够建立精确数学模型的确定性系统中,还可以应用于难以建立精确数学模型的不确定性系统。

集群系统是一类典型的复杂系统:一方面,集群对象之间的强耦合相互作用、系统结构的不确定性、信息传输的滞后性、外部噪声干扰、执行器饱和等因素,导致系统受到多种约束条件的制约;另一方面,集群协同控制采用的策略大都仅利用了系统状态的当前信息,难以满足诸如无人飞行器集群等高动态飞行环境对控制性能不断提高的要求。因此,借鉴 PID 控制的思想,对无人飞行器集群系统构建完备的控制回路,是未来值得深入研究的方向之一。

针对无人飞行器集群系统的涌现性行为,如一致性、同步、蜂拥、云集等,考虑其工作流程的任务多样性、通信复杂性以及环境不确定性,可以判断集群协同控制技术的发展趋势是自主化、智能化、最优化、网络化和安全化等方面。

在自主化方面,集群的自主协同控制不仅局限于单体控制对飞行器本体的底层控制层面,而是会涉及群内个体的链路层、信息层和决策层等层面。因此要将传统单体自主控制拓展到多体自主控制,其中的核心关键是实现动态组网-协同感知-自主决策-集群控制的行为一体化,进而实现任务分配-路径规划-自主控制的功能一体化能力。

在智能化方面,技术层级的拓展使得集群协同控制技术与其他技术方向的铰链耦合变得紧密,特别是人工智能技术。例如飞行器本体软硬件技术在智能处理方面的进展,使得集群系统在受限成本下的载荷信息处理能力迅速增强,能够有效提升集群系统的自主协同能力;经典控制理论(如 PID 控制),能够转化应用于集群协同控制,提升系统的控制性能,同时在经典控制方法中应用的人工智能技术,也都能够通过单体飞行器的感知、制导、控制等环节转化应用于集群系统;智能数据链技术在高动态适应性和高传输速率等方面的进展,能够为复杂的群体行为提供完备可靠的网络通信支撑。

在最优化方面,集群系统的某些性能指标达到最优是协同控制技术的设计需求,这与单体控制追求个体最优的原理是相同的,但是控制对象不再局限于单个个体。将优化技术与集群系统相结合,产生了集群系统的分布式优化与协同博弈技术,能够支撑大规模集群系统的协同控制,为集群层面的效能评估与优化提供了技术保障。

在网络化方面,网络化通信为集群协同控制提供基础且重要的信息层保障,在集群协同控制技术研究中必须要充分考虑通信层的影响,否则基于全时完备的网信拓扑所构建的集群系统无异于"空中楼阁"。其中,高动态环境下的快速组网技术在实现复杂高动态环境下的协同控制中起着至关重要的作用,快速性不仅体现在传输速率方面,更体现在网络拓扑变换的动态方面,这主要是基于当前的场景需求与未来几年的技术发展做出的判断,无人飞行器集群对于网络通信技术的适应性需求要大于对传输速率的需求,即现阶段无人飞行器集群完成任务的可靠性要求要比完成任务的丰富性要求更重要。

在安全化方面,安全性是集群系统圆满完成任务的关键因素,对集群协同控制和决策起到保障作用。单体飞行器的控制安全性依靠冗余的信息链路设计和略显保守的阈值或判据设计,这在过去是可行的,因为单体飞行器的各控制回路是相对独立运转的,各层级信息之间的耦合度不高。而对于无人飞行器集群而言,动态组网-协同感知-自主决策-集群控制的行为一体化使得各层级信息紧密耦合,给集群系统的安全性设计带来了空前挑战。

1.2　研究现状与发展趋势

1.2.1　国外研究现状

1. 美国

在历次局部战争中,人员伤亡及后续保障问题始终是让美国政府感到头疼的事情,在国家战略导向及其社会环境影响下,美国提出了“零伤亡”的战略目标,推出了“非接触作战”等战争方略,无人飞行器成为其实现战略意图、减少人员伤亡的理想工具。美国大力发展无人飞行器研制,探索无人作战体系概念,并进行试验验证[17, 18]。得益于科技水平和综合国力,美国在无人飞行器领域发展早,技术先进,作战应用经验也更加丰富,在无人飞行器技术研究及型号研制方面处于领先地位,有着完备的技术与产品研发体系。美国国防部多次发布无人飞行器发展路线图,技术研究、型号研制及理论探索覆盖各个军种[19~21]。

1)美国无人飞行器发展路线

美军在战争中已经体现了“平台无人、系统有人”的作战理念,在海湾战争、科索沃战争、阿富汗战争、伊拉克战争等多次局部战争中,投入无人飞行器参与军事行动,效果显著。据报道,美国在伊拉克和阿富汗战争中投入约 7 000 架无人飞行器,包括“全球鹰”“捕食者”等侦察机以及其他用途无人飞行器。美国的无人飞行器发展历史主要可分为三个阶段,如图 1.3 所示。第一个阶段为军事需求导向,从20 世纪初期至越南战争期间,美国军方实验性地将无人飞行器用于一些局部战争,无人飞行器发展主要由军方推动。第二个阶段为多种因素影响的阶段,主要时间段为 20 世纪 70 年代至科索沃战争。这个阶段中,军方发布需求引导,政府调整国防科技政策,重视无人飞行器发展并增加其研发费用,企业进行相关技术研究。第三个阶段为综合协调体系化的阶段,主要时间段为 20 世纪 90 年代开始至今。这个阶段中,美军为应对恐怖袭击等非传统威胁、减少人员伤亡等原因,加强无人飞行器发展并重视无人飞行器应用,协调不同军种,逐渐形成完整、清晰、综合、体系化的无人飞行器发展路线,几次局部战争的实际应用也体现出无人飞行器对战争模式的影响。在伊拉克和叙利亚等战争中,使用无人飞行器执行作战任务时几乎没有己方人员伤亡,大大提高了效费比,也体现出无人飞行器在战争中的重要作用。

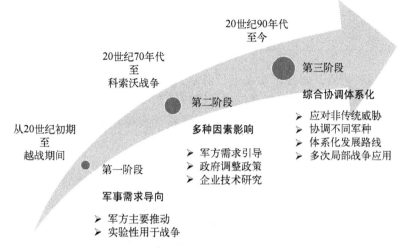

图 1.3　美国无人飞行器发展阶段

美军将无人飞行器系统视为未来战术兵团的整体构成之一,其具有可回收、作战部无须定制的特点,用于替代人完成危险的工作。无人飞行器系统包括大型无人飞行器系统、概念探索无人飞行器系统、特种作战无人飞行器系统、小型无人飞行器系统和无人飞艇五类(表 1.1)。大型无人飞行器系统是美军使用较多、投资力度较大的部分,包括各种战术无人飞行器、中/高空长航时无人飞行器和无人作战飞机;概念探索无人飞行器系统用于研发、验证新技术,主要包括无人旋翼机、新概念无人飞行器等;特种作战无人飞行器系统主要应用于为特种部队提供侦察/监视或通信中继、投送无人值守地面传感器或物资、为保护部队而进行空中警戒和散布心理战传单等;小型无人飞行器系统包括迷你型无人飞行器系统和微型无人飞行器系统两类,具有质量轻、功耗低的特点;无人飞艇主要用于情报监视侦察以及通信中继任务,可显著提高覆盖率并实现超地平线能力。

表 1.1　美军无人飞行器系统分类

分　　类	定　　义
大型无人飞行器系统	美军已经研发成功,能够应用于作战环境下、执行常规任务的无人飞行器
概念探索无人飞行器系统	用于开发新技术或使用概念的无人飞行器

续　表

分　类	定　义
特种作战无人飞行器系统	面向特种作战司令部而研发的无人飞行器
小型无人飞行器系统	指可由 1~2 人操作的迷你型或微型无人飞行器系统
无人飞艇	一种发动机驱动的、轻于空气的、可以操纵的无人飞行器

从 2001 年,美国开始公布无人飞行器系统路线图。2005 年 8 月,美国国防部部长办公室公开了《无人飞行器系统路线图(2005—2030)》(图 1.4)[22, 23],作为备忘录分送给各个军事部门的领导,主要目标是指导及推动无人飞行器系统能力向作战需求转移。

图 1.4　美国无人飞行器系统路线图(2005—2030)

《无人飞行器系统路线图(2005—2030)》对无人飞行器系统能力提出的要求如表 1.2 所示。

表 1.2　《无人飞行器系统路线图（2005—2030）》中无人飞行器系统能力及要求

能　　力	要　　求	实 施 部 门
战场保密通用数据链通信系统	具有防窃听、防干扰、防拦截等功能，与联合战术无线电系统（Joint Tactical Radio System，JTRS）/软件通信系统架构（SCA）相兼容	美国国防部办公室、美国陆军、美国空军、美国海军、美国海军陆战队
无人作战飞行器系统	能够在高危险环境下执行防空压制（SEAD）/对地攻击/电子攻击/情报、监视和侦察任务	美国国防部办公室、美国空军、美国海军
视频标准	有全运动视频能力的无人飞行器符合现有视频数据标准和配置文件标准	美国国防部办公室、美国空军、美国陆军、美国海军、美国海军陆战队
空域管理政策、标准及程序	适用于无人飞行器全行业适航标准的开发及实施；协调非管制空域使用的无人飞行器和有人机；无人飞行器感知及自主躲避其他飞机相关的安全标准	美国国防部办公室、美国空军、美国陆军、美国海军、美国海军陆战队
可靠推进系统	用于替代无人飞行器的汽油内燃机	国防部办公室、美国空军、美国陆军、美国海军、美国海军陆战队
作战指挥官无人飞行器系统	加强联合军种的协同能力，提高系统效能	国防部办公室、联合部队司令部、美国空军、美国陆军、美国海军、美国海军陆战队
无人飞行器系统体系架构	确保对无人飞行器机载武器绝对控制的标准化和保护	国防部办公室、美国空军、美国陆军、美国海军、美国海军陆战队
环境适应能力	改进无人飞行器抵抗恶劣天气的能力，提高任务可用度和任务效能	国防部办公室、美国空军、美国陆军、美国海军、美国海军陆战队
测试和后勤支援	测试和后勤支援过程更可用，能够快速将经过验证的作战部分快速整合到已有系统中	国防部办公室、联合部队司令部、美国陆军、美国陆军、美国海军、海军陆战队

　　值得注意的是《无人飞行器系统路线图（2005—2030）》中说明了无人飞行器和巡航导弹的区别，认为两者的关键区别主要在两点，第一点为是否可以在飞行结束后进行回收，第二点为弹药携带方式，如表 1.3 所示。同时，路线图给出了《国防部词典》（2002 年 1 月美国联合出版社出版）中对于无人飞行器的解释：无人飞行器是不搭载操作人员的一种动力空中飞行器，采用空气动力为飞行器提供所需升力，能够自动飞行或进行远程导引，既能一次性使用也能进行回收，可以携带致命性或者非致命性的有效负载。弹道或半弹道飞行器、巡航导弹和炮弹不能视为无人空中飞行器。

表 1.3 无人飞行器与巡航导弹区别

	飞行结束后能否回收	弹药携带方式
无人飞行器	可以回收	弹药无须特殊制造,不和机身形成一体
巡航导弹	无法回收	弹头被整合在弹体中

路线图给出了无人飞行器系统的当前情况、需求、技术、作战及未来方向。其中将无人飞行器系统主要分为大型无人飞行器系统、概念探索无人飞行器系统、特种作战无人飞行器系统、小型无人飞行器系统及无人飞艇,主要组成如表 1.4 所示。

表 1.4 美军无人飞行器系统主要组成(2005 年)

分 类	主 要 组 成
大型无人飞行器系统	MQ - 1"捕食者"(Predator) MQ - 9"捕食者"B(Predator B) RQ - 2B"先锋"(Pioneer) RQ - 4"全球鹰"(Global Hawk) RQ - 5A/MQ - 5B"猎人"(Hunter) RQ - 7A/B"影子"200(Shadow 200) RQ - 8A/B"火线哨兵"(Fire Scout) 联合无人空战系统(Joint Unmanned Combat Air System, J - UCAS) 未来战斗系统(Future Combat System, FCS) "小昆虫"增程型(I - Gnat - ER) "全球鹰"海上演示型(Global Hawk Maritime Demostration, GHMD) "广域海上监视"(Broad Area Maritime Surveillance, BAMS)无人飞行器 "增程/多用途"(Extened Range/Multi-PurPose, ER/MP)无人飞行器
概念探索无人飞行器系统	X - 50 鸭式旋翼/机翼(Canard Rotor/Wing, CRW)飞行器 A - 160"蜂雀"(Hummingbird) "鸬鹚"(Cormorant) "长枪"(Long Gun) 无人战斗武装旋翼机(Unmanned Combat Armed Rotorcraft, UCAR) "鹰眼"(Eagle Eye)
特种作战无人飞行器系统	海王星(Neptune) XPV - 1"燕鸥"(Tern) XPV - 2"灰鲭鲨"(Mako) CQ - 10"雪雁"(Snow Goose) "缟玛瑙"(Onyx)自主制导翼伞
小型无人飞行器系统	迷你型无人飞行器 微型无人飞行器(Miniature Unmanned Aerial Vehicle, MAV) "有机飞行器"Ⅱ(Organic Air Vehicle Ⅱ, OAV Ⅱ)

续　表

分　　类	主　要　组　成
无人飞艇	先进飞艇飞行实验室 系留式浮空器雷达系统(Tethered Aerostat Radar System, TARS) 联合对地攻击空中组网传感器(Joint Land Attack Cruise Missile Defense Elevated Netted Sensor, JLENS) 快速初始部署浮空器(Rapid Aerostat Initial Deployment, RAID) 快速升空浮空器平台(Rapidly Elevated Aerostat Platform, REAP) 高空飞艇(High Altitude Airship, HAA) 近空间机动飞行器(Near Space Maneuverable Vehide, NSMV)/攀登者/V-飞艇 海军空中中继系统(Maritime Air Refueling and Transport System, MARTS)

　　美军将无人飞行器的自主控制能力分为 10 个等级：第 1 级为遥引导；第 2 级为实时健康监测与诊断；第 3 级为故障自修复和环境自适应；第 4 级为机载航路重规划；第 5 级为多机协同；第 6 级为多机战术重规划；第 7 级为多机战术目标；第 8 级为分布式控制；第 9 级为机群战略目标；第 10 级为全自主集群(图 1.5)。值得关注的是,从第 5 级开始的自主控制能力主要侧重在集群控制方面,从最初级的多机协同到最高级的完全自主的集群。

　　美军的"全球鹰"具备了实时健康诊断能力以及部分的自适应故障和飞行条件的能力。在无人飞行器装备方面,2005 年时美军的"捕食者"无人飞行器中队增加到 15 个。到 2008 年左右,无人飞行器大多可以进行在线路径重规划,可以进行多机协同,在较小的监督协助下完成一定的战术目标。技术的飞速发展逐渐降低了无人飞行器的成本,使得无人飞行器集群有以量取胜的作战能力。据英国《卫

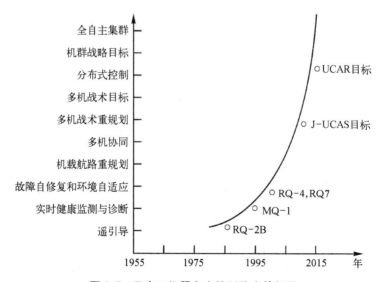

图 1.5　无人飞行器自主控制能力等级图

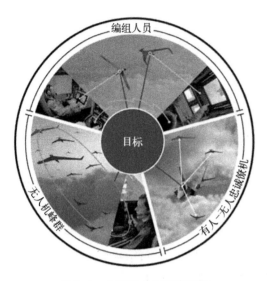

**图 1.6　小型无人机系统飞行
规划：2016—2036**

报》报道，2009 年 9 月前美国空军中毕业的有人战机飞行员 214 名，而无人飞行器操作员有 240 名，体现了其无人化的发展趋势。2013 年，美军增加了有人无人飞行器的混合编队。

2016 年，美国空军发布了《小型无人机系统飞行规划：2016—2036》（图 1.6），计划中表明了无人飞行器系统在将来战争中的重要作用，并阐述了"蜂群""编组""忠诚僚机"三个概念，计划建立空天网一体作战疆域内的无人飞行器系统，用于日后实际作战中。2018 年，美国国防部发布了《无人系统综合路线图 2017—2042》，强调了自主性对无人飞行器系统的重要作用，自主性提高将大大提高无人系统的能力。

The Military Balance 2018 显示，美军装备的无人飞行器从 2016 年的 1006 架、2017 年的 1116 架增长到 2018 年的 1139 架（20 kg 以上的无人飞行器），呈现持续增长态势。美军不同兵种装备情况如表 1.5 所示。

表 1.5　美军不同兵种无人飞行器装备情况

军　种	兵种/部队	装备数量/架	装备总数/架
陆军	陆军	361	430
	陆军特种作战司令部	69	
海军	海军航空兵	91	91
海军陆战队	海军陆战队	100	198
	海军陆战队航空兵	60	
	海军陆战队航空兵预备部队	8	
	海军陆战队特种部队	30	
空军	空军	350	420
	空军预备部队	70	
海岸警卫队	海岸警卫队	0	0

2）美国无人飞行器相关项目

按照路线图的规划安排,美国先后开展了一大批无人飞行器相关项目,具体如表 1.6 所示,可以看出美国正利用这些项目群逐步升级其无人飞行器的技术水平与实战能力,特别是自主控制能力。

表 1.6　美军无人飞行器项目

项 目 名 称	开始时间	性 能 指 标
"山鹑"(Perdix)微型无人飞行器项目	2014	0.45 kg,翼展 67 mm,长 138 mm,最大飞行速度 110 km/h,最大航程 20 km,航时间 20 min
低成本无人机集群技术(Low-Cost UAV Swarming Technology,LOCUST)项目	2015	5.9 kg,翼展 1 470 mm,长 910 mm,最大飞行速度 110 km/h,最大航程 160 km,续航时间 1.5 h
"小精灵"(Gremlins)项目	2015	680 kg,翼展 0.57 m,长 4.2 m,最大飞行速度 740 km/h,最大航程 550 km,续航时间 4 h

美国国防部战略能力办公室(SCO)开展了"山鹑"(Perdix)微型无人飞行器项目。2014 年,利用 F-16 战斗机进行山鹑无人飞行器空中发射试验,2015 年,开展了空中发射机编队试验,2017 年,利用 F/A-18 战斗机进行 103 架山鹑无人飞行器集群试验。主要研究了无人飞行器集群的群体决策、编队飞行和协同侦察等能力。

美国海军研究办公室于 2015 年公布了低成本无人机集群技术项目的研究情况,于 2016 年完成了 30 架郊狼无人飞行器快速发射及编队飞行的试验,项目主要使用郊狼等小型无人飞行器,机身细长、机翼可以折叠,可以通过多管发射装置装备到各类平台,实现无人飞行器集群的快速发射释放(图 1.7)。

(a) 装甲平台发射装置　　　　　　　　(b) 郊狼无人机空中展开图

图 1.7　LOCUST 项目发射及展开图

美国国防高级研究计划局(Defense Advanced Research Projects Agency,DARPA)开展了很多无人飞行器集群相关项目。自主编队混合主动控制(Mixed Initiative

Control of Automata-Teams，MICA）项目，主要研究多无人飞行器编队的任务规划和控制技术问题，通过分层控制、编队控制、建模仿真等探索对大规模无人飞行器编队控制的可能性，参与这个项目的还有加州大学伯克利分校、麻省理工学院等。其广域搜索弹药（Wide Area Search Munitions，WASM）项目是以广域搜索和协同打击为任务目标，研究多无人飞行器协同控制，建立了 Multi-UAV 协同控制仿真平台。自主协商编队（Autonomous Negotiating Teams，ANT）项目则以压制防空系统为目标，主要研究多无人飞行器基于自主协商进行性任务分配与协调。

"拒止环境中协同作战"（Collaborative Operation in Denied Environment，CODE）项目由 DARPA 在 2014 年提出。项目主要研究无人飞行器协同作战能力，通过无人飞行器群中信息共享的方式充分发挥各个成员的优势，设计可以在恶劣电磁环境中使用的模块化软件系统，将各类功能集成到无人飞行器集群中，在带宽限制或通信干扰的条件下协同算法仍可以发挥作用，指挥集群完成作战目标，提高集群的智能和自主能力，降低地面人员的操作负担。

DARPA 在 2015 年宣布开展"小精灵"（Gremlins）项目，主要研究低成本无人飞行器集群高效执行各项作战任务的能力（图 1.8）。小精灵项目计划以运输机装载无人飞行器蜂群，在敌方防御范围外投放、发射无人飞行器蜂群，对敌进行侦察、压制及打击等任务，项目要求无人飞行器蜂群可以进行回收并多次使用。小精灵项目主要分为三个阶段，第一阶段为系统设计，第二阶段为技术研究，第三阶段为飞行试验。在方案设计阶段会经过三次评审，之后进行最终汇报，需要完成的任务有概念设计、技术分析、可行性论证、项目预算设定和演示验证计划等。项目要求小精灵无人飞行器作战半径最低要求为 555 km，作战区域最低为空中巡逻 1 h，有效载荷最低为 27.3 kg。

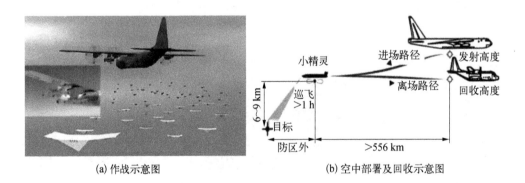

(a) 作战示意图　　　　　　　　(b) 空中部署及回收示意图

图 1.8　小精灵项目示意图

2016 年，DARPA 开启"集群使能攻击战术"（Offensive Swarm-Enabled Tactics，OFFSET）项目，项目主要开发一个集群战术生成系统，通过人和无人飞行器集群接口、网络虚拟环境等架构,协助用户进行集群战术和算法的设计和生成,进而提升城市环境下的执行任务效果。

美国麻省理工学院、加州大学等联合进行的复杂环境下分布式自主平台协同控制(Control of Distributed Autonomous Vehicles in Adversarial Environments, CCDAVAE)项目主要研究新的分布式协同控制和决策算法来应对多无人飞行器在复杂环境下的威胁和挑战。

2. 以色列

以色列由于其所处的严峻地缘环境和自身独特的军事思想,非常重视无人飞行器的发展[24]。在无人飞行器发展方面起步早,有着较丰富的经验,研制并投入使用了“哈比”和“苍鹭”等一系列更具创新思维的无人飞行器(表 1.7),在低速、中小型战术无人飞行器和长航时无人飞行器方面具有特色和优势[25-28]。

表 1.7　以色列无人飞行器项目

项 目 名 称	开始时间	性 能 指 标
“苍鹭”无人飞行器项目	1993 年	1 100 kg,翼展 16.6 m,长 8.5 m,最大飞行速度 240 km/h,最大航程 250 km,续航时间 50 h
“哈比”无人飞行器项目	1995 年	135 kg,翼展 2.1 m,长 2.7 m,最大飞行速度 185 km/h,最大航程 500 km,续航时间 6 h
“哈洛普”无人飞行器项目	2015 年	战斗部 16 kg,翼展 3 m,长 2.5 m,最大飞行速度 416 km/h,最大航程 1 000 km,续航时间 9 h
“搜索者”无人飞行器项目	1998 年	426 kg,翼展 8.54 m,长 5.85 m,最大飞行速度 200 km/h,最大航程 2 000 km,续航时间 18 h
“先锋”无人飞行器项目	1986 年	195 kg,翼展 5.2 m,长 4 m,最大飞行速度 200 km/h,最大航程 250 km,续航时间 8 h

“苍鹭”是以色列航空工业公司马拉特子公司研制的一款高空远程长航时无人飞行器(图 1.9),其翼展 16.6 m,机长 8.5 m,机高 2.3 m,最大平飞速度 240 km/h,实用升限 10 668 m,航程 250 km,续航时间约为 50 h。“苍鹭”的大机身容积适用于安装昼夜工作的单个或多个任务载荷,它可执行一系列任务,但着重于情报搜集、监视、目标捕获/跟踪和通信/数据中继等任务。1995 年中期,开始搭载 EL/M - 2022U 型海上监视雷达做飞行试验,这种重 40 kg 的雷达可跟踪扫描 32 个目标并能探测 120 km 范围内的小型舰船。此外,“苍鹭”还可在民用方面进行地质测量、环境监控、森林防火等。20 世纪 90 年代末,以色列航空工业公司以“苍鹭”无人飞行器为基础,通过增大尺寸、换装涡轮螺旋桨发动机,增加其飞行高度,提高生存能力,并将其命名为“苍鹭 TP”,之后重新命名为“埃坦”无人飞行器。

图 1.9 以色列"苍鹭"无人飞行器

"哈比"无人飞行器是由以色列航空工业公司研制的无人攻击机,其机身长 2.7 m,机身高 0.36 m,翼展 2.1 m,实用升限 3 000 m,航程 500 km,最大飞行速度 185 km/h。"哈比"无人飞行器配备有计算机系统、红外制导弹头和全球定位系统等,并用软件对打击目标进行排序。"哈比"具有航程远、续航时间长、机动灵活、反雷达频段宽、智能度高、生存能力强和可以全天候使用等特点。该机可以从卡车上发射,并沿着预先设定的轨道飞向目标所在地,然后发动攻击并返回基地。"哈比"无人飞行器于 1997 年在法国巴黎航展上首次公开露面,除装备以色列空军外,韩国于 2000 年耗资 5 200 万美元向以色列引进了 100 架"哈比"无人飞行器。此外,土耳其和印度也有装备。"哈洛普"无人飞行器是在"哈比"无人飞行器基础上发展而来的,能从地面车辆、水面舰艇等多种作战平台发射。"哈洛普"机体表面涂有能吸收电磁波的复合材料,且红外特征也不明显,因此"哈洛普"无人飞行器在 2 000 m 高度飞行时,几乎不会被雷达和光电探测设备发现。

"搜索者"无人飞行器是由以色列航空工业公司研制的一款性能先进的无人侦察机(图 1.10),其机身长 5.85 m,机身高 1.25 m,翼展 8.54 m,实用升限 6 100 m,续航时间 18 h,最大飞行速度为 200 km/h。

"先锋"无人飞行器是以色列航空工业公司吸取了"侦察兵"和"猛犬"两种小型无人飞行器使用经验后研制的新型无人飞行器,其机身长 4 m,机身高 1 m,翼展 5.2 m,实用升限 4 600 m,航程约 925 km,最大飞行速度为 200 km/h。美国海军航空系统司令部于 1986 年购买了"先锋"无人飞行器系统,供美国海军和海军陆战队使用。海湾战争期间,"先锋"无人飞行器首次投入实战使用。在伊拉克战争中,"先锋"无人飞行器有力支援了美国海军陆战队第一师从科威特向巴格达挺进。

图 1.10 "搜索者"无人飞行器

3. 俄罗斯

总体上看,俄罗斯当前的无人飞行器发展水平要落后于美国和以色列。近年来,俄罗斯政府已意识到了这一问题,开始高度重视发展军用无人飞行器[29,30]。俄罗斯的无人飞行器研制单位除了雅科夫列夫、图波列夫和卡莫夫三家设计局,还有苏霍伊设计局、米高扬设计局、伊尔库特公司等[31-34]。俄罗斯主要无人飞行器项目如表1.8所示。

表 1.8 俄罗斯无人飞行器项目

项 目 名 称	开始时间	性 能 指 标
"猎人"无人飞行器项目	2011	727 kg,翼展8.8 m,长6.8 m,最大飞行速度200 km/h,最大航程200 km,续航时间12 h
"雷霆"无人飞行器项目	2020	7 000 kg,翼展10 m,长13.8 m,最大飞行速度1 000 km/h,最大航程700 km
"赫利俄斯"无人飞行器项目	2021	4 000 kg,翼展30 m,长13 m,最大飞行速度400 km/h,最大航程3 000 km,续航时间30 h
"喀琅施塔得"无人飞行器项目	2021	2 500 kg,翼展23 m,长9 m,最大飞行速度450 km/h,续航时间30 h

2020年,俄罗斯借"军队-2020"防务展的机会再次展示了其自主研发的多型无人飞行器,除已多次披露的"猎户座"长航时无人飞行器、"猎人"重型隐身无人飞行器外,首次公开的"雷霆"无人僚机、"天狼星"察打一体无人飞行器也获得较多关注。这些新型号为俄军完善无人飞行器体系、丰富作战样式提供了更多选择,同时也为俄罗斯军贸市场提供了更大空间。

"猎人"是俄罗斯根据"忠诚僚机"概念自主研制的首型重型隐身攻击无人飞行器,首架原型机于2019年8月完成首飞,2019年9月底与苏－57完成首次编队试飞。

"雷霆"无人飞行器可与有人机配合前出执行侦察和对地打击任务;也可自主执行侦察和对地、对海打击任务,机长约13.8 m,翼展10 m,高3.8 m,最大起飞重量7 t,有效载重2 t,飞行速度1 000 km/h,实用升限12 000 m,作战半径700 km。

"赫利俄斯"无人飞行器翼展30 m,机长13 m,最大起飞重量4 t,载重0.8 t。在11 000 m高度巡航速度为350~450 km/h,最大续航时间30 h,最大航程为3 000 km。携带0.4 t的武器和任务载荷时,能够在7 000 m高度续航20 h。

"喀琅施塔得"公司研制的新型察打一体无人飞行器"天狼星"采用常规无人飞行器空气动力学设计,机身纤细,平直翼,V形尾翼,配装2台涡桨发动机。机长9 m,翼展23 m,最大起飞重量2.5 t,有效载重0.45 t。有媒体推断,"天狼星"可能就是"喀琅施塔得"公司针对海军需求研制出的新型号。

4. 其他国家

其他国家的一些无人飞行器项目如表1.9所示。欧盟资助的多无人飞行器实时协调与控制(Real Time Coordination and Control of Multiple Heterogeneous UAVs)项目则主要研究多个异构平台的协调控制问题,实现多类型无人飞行器的协同探测和监视系统。该项目为无人直升机和无人飞艇等组成的异构无人飞行器群设计实现分布式实时控制系统,研究感知及实时图像处理系统,通过森林火灾监视任务对关键技术进行了演示验证,项目成果展示在其官网上。

表1.9　其他国家无人飞行器项目

项目名称	开始时间	性能指标
"神经元"无人飞行器项目	2010	6 000 kg,翼展12 m,长10 m,最大飞行速度980 km/h,最大航程800 km,续航时间3 h
"守望者"无人飞行器项目	2003	450 kg,翼展10.5 m,长6.1 m,最大飞行速度175 km/h,最大航程200 km
"克拉尔"无人飞行器项目	2010	长4 m,最大飞行速度900 km/h,最大航程1 000 km
"航维"无人飞行器项目	1998	载荷5 kg,最大航程100 km,续航时间6 h

法国、英国、德国、瑞典、意大利等国先后启动了各类无人飞行器项目,代表性的有法国牵头研制的无人作战飞机"神经元"项目,该项目由瑞典、意大利、西班牙、瑞士和希腊等国共同参与,完成了概念性论证并开展了研制工作。英国联合以色列塔迪兰公司,在"赫尔墨斯"中空长航时无人飞行器基础上,研制了"守望者"

长航时无人飞行器。罗马尼亚宇航协会研发的"空中灵云"高性能电推进无人飞行器由电动机驱动,内置电池可用 7 h,太阳能电池可用 3 天,可携带航空摄影和监视设备、科学仪器或执行其他任务所需的设备。

"克拉尔"是伊朗航空工业组织研制的新一代无人飞行器。该无人飞行器可以跟踪入侵飞机,并具有在高海拔地区操作的各种空中防御能力,以微型涡轮喷气发动机为动力源,巡航速度可达 700~800 km/h,最大飞行高度为 7 600 m,最大航程 1 000 km。它既可在防空演习中模拟战斗机,也可进行远程雷达干扰和战略侦察。

根据斯德哥尔摩国际和平研究所(Stockholm International Peace Research Institute, SIPRI)的数据,俄罗斯一直是非洲军火市场的主导者,在 2015~2019 年间占非洲大陆进口量的 49%。非洲具有竞争力的无人飞行器制造商有限,典型的为南非的 Denel 公司,受到中东和非洲国家的青睐,主要产品有"搜索者"和"航维"无人飞行器等。

1.2.2　国内研究现状

我国的无人飞行器研究虽然起步较欧美等国晚,但受益于航空航天工业的蓬勃发展及国家政策的大力支持,我国无人飞行器发展迅速,在军用和民用领域都成果显著[35-37]。

1966 年 12 月 6 日,"长空一号"首飞成功,该机是我国独立研制的第一架大型喷气式无线电遥控高亚声速无人飞行器,可用于导弹打靶、防空部队训练等领域以及采样、监控等需求,为我国无人飞行器发展奠定了坚实的基础(图 1.11)。

图 1.11　长空一号

国内最早开发军用无人飞行器的单位有北京航空航天大学、南京航空航天大学、西北工业大学及其西安爱生技术集团公司等。西安爱生技术集团公司已开发出多个型号的军用无人飞行器,包括卡车发射型 ASN－206 活塞发动机无人飞行器及其改进型 ASN－207、ASN－104/5B 和 ASN－215。ASN－209 无人飞行器又名"银鹰"(Silver Eagle),2011 年加入中国海军服役。

中国航空工业集团公司有着充足的技术支撑及强大的工业实力,其下属成都飞机设计研究所研制的"翼龙"无人飞行器重 1 100 kg,于 2007 年完成首飞,2009年完成开发,与通用原子航空系统公司的"捕食者"(Predator)无人飞行器相似,可搭载空对地导弹和制导炸弹(图 1.12)。

图 1.12 "翼龙"无人飞行器

中航贵州飞机有限责任公司和成都飞机设计研究所联合研制的"翔龙"无人飞行器是一种长航程联翼布局无人飞行器,采用了菱形联翼结构设计,有较高的自然姿态恢复能力及气动静安定特性(图 1.13),航程达 7 000 km,于 2008 年完成首飞。中航贵州飞机有限责任公司还研制了 WZ－2000 喷气式无人飞行器,重 1 700 kg,于 2003 年 11 月成功首飞,2008 年投入生产,2009 年进行了武器测试。

图 1.13 "翔龙"无人飞行器

　　中国航天空气动力技术研究院研制了"彩虹‑4"无人飞行器,重 1 350 kg,航程达 3 500 km,可携带 2 枚 AR‑1 导弹和 2 枚 FT‑5 制导炸弹(图 1.14)。该型无人飞行器已出口至多个国家和地区。其研制的"彩虹"系列无人飞行器还包括双尾撑式"彩虹‑91""彩虹‑92""彩虹‑803""彩虹‑3",以及可折叠式"彩虹‑901"。

图 1.14　"彩虹‑4"无人飞行器

　　中国航天科工集团公司研制的无人飞行器有 HW‑100"雀鹰"无人飞行器、HW‑20"腾飞"无人飞行器、HW‑300"刀锋"无人飞行器、HW‑600"天鹰"喷气式无人飞行器以及 WJ‑500 喷气式隐身无人飞行器。其研制的 HW‑350"海鹰"小型多用途长航时无人飞行器,可以搭载光学吊舱、通信设备、导航设备、小型合成孔径雷达等任务载荷,广泛应用于海域监控、气象探测、试验带飞、应急通信与救援等多个领域(图 1.15)。

图 1.15　"海鹰"无人飞行器

　　其他研究单位及公司也进行了无人飞行器相关研究。南京仿真技术研究所开发了 Z 系列无人直升机(Z−1、Z−2、WZ−3、WZ−5/B、WZ−6/B)用于军事用途。成飞公司研发了"灵龙"无人飞行器,起飞重量 30 kg,由弹射器发射,于 2014 年 5 月进行了首飞。军队配备小型无人直升机和手抛发射型无人飞行器,有 ASN−15、中国航空工业集团的"夜鹰"以及中国航天空气动力技术研究院的 CH−802 等。

　　同时,无人装备具有低成本、小型化、功能单一、组网灵活等特性,使得无人装备集群作战可通过数量优势来打击敌人。在网络环境下,这类由异质、异智系统(智能体)通过彼此之间的信息交互构成的多维异构无人集群系统,可看作是异构智能群体系统,即多智能体(multi-agent)系统。

　　人工智能第三次浪潮方兴未艾,在民用领域掀起了无人飞行器集群表演的热潮,如 2016 年 10 月纪念红军长征胜利 80 周年的南京航空航天大学无人飞行器集群献礼、2018 年 2 月央视春晚珠海分会场的无人飞行器特技飞行,以及 2018 年 8 月长沙橘子洲头 777 架无人飞行器的灯光秀表演等(图 1.16)。这些表演主要体现了无人飞行器集群的编队控制能力,距离自主性和群体智能还有不小的距离。

图 1.16　无人飞行器灯光秀

　　无人飞行器集群系统也应用在物流方面,2021 年 3 月,美团 CEO 王兴表示美团在北京顺义区的无人配送试验,成功完成了 15 000 多个订单,深圳也进行了相关空中配送测试。现有的无人飞行器配送尚在区域性的试验阶段,但可以看出是未来的发展趋势,无人飞行器集群在地质勘测、灾害监测、农业植保、物流运输等领域有多种应用需求和广阔的发展前景。

　　在军事领域,中国电子科技集团的智能无人集群项目进行了 119 架固定翼无人飞行器集群飞行,刷新了固定翼无人飞行器集群试验的纪录,固定翼无人飞行器集群在未来作战应用上可能会发生重要作用。试验希望集群中的无人飞行器相互通信,分工协同,根据环境进行自适应调整,自主执行任务。试验原定目标是超过 120 架固定翼无人飞行器,但是有若干架无人飞行器出了问题,最后为 119 架,这也体现了无人飞行器集群的一个优势,即集群中部分无人飞行器出现问题后不会对整体造成很大影响。

中国电子科技集团的成功引发了一系列无人飞行器的竞演比测热潮,"无人争锋"和"如影随形"等特色鲜明、影响力广泛的挑战赛纷纷开展,强力牵引了无人飞行器集群智能与协同控制技术的发展,涌现出了一批技术实力过硬、产品质量可靠的优秀团队,如中国空天防御技术总体研究院的"空天神剑"团队。为快速提高技术成熟度与成果转化,中国空天防御技术总体研究院的"空天神剑"团队积极参与国内无人集群领域顶尖相关赛事(图 1.17、图 1.18),三年内五次获得以空军"无人争锋"为代表的一系列全国挑战赛冠军,在全国集群智能研究领域闯出了赫赫声名,有力支撑了智能协同控制专业稳步发展,确立了中国空天防御技术研究院在集群控制领域的领先地位。

图 1.17　测试对接试验

图 1.18　小规模集群试验

1.2.3　发展趋势

无人飞行器集群协同作战是未来战争中的重要样式,可执行监视侦察、网电干扰、毁伤评估、集群对抗等任务,未来无人飞行器集群的发展趋势主要体现在数量、平台复杂度、集群复杂度、异构和人-集群交互这些方面(图1.19)。未来的发展趋势主要体现在智能化与自主化、规模化与轻量化、场景化与产业化等方面[38-40]。

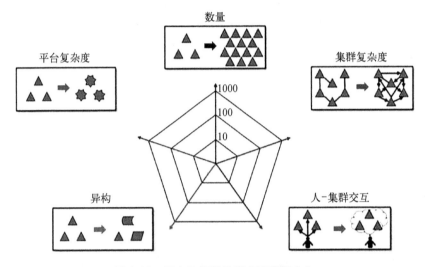

图 1.19　无人飞行器集群主要发展方向

1. 智能化与自主化

自主化是终极目标,智能化是实现的途径。现阶段无论是对于集群内的无人飞行器单体还是集群整体,其自主化水平都需要不断进化发展。即使构建了有人/无人飞行器集群混合编组,充分发挥了人在战场的灵活应变能力,然而一旦突发事件出现,战场指挥官需要先将突发事件展现的信息吸收消化,然后再传递给无人飞行器集群,仍然需要耗费不少时间,这些时间可能很短暂,但是也可能左右战场时局。例如空战是非常典型的高强度、高速度、高节奏对抗,在这种战场上武器装备固然重要,但是一旦开战,体能、毅力、冷静程度等因素往往更容易成为夺取战争胜利的关键因素。如果能够进一步强化无人飞行器集群与人工智能的融合能力与融合度,则有些决策、规划完全不用经过战场指挥官,可以直接依靠无人飞行器自身感知的信息来做决策规划,而且无人飞行器集群依靠自身强大的学习能力还可以不断进化,应对更多更加复杂的战场突发事件。

增强无人飞行器集群与人工智能的融合必将成为无人飞行器集群发展的重要趋势。例如为了满足多样化的作战需求,需要优化多飞行器的编队构型,使其能够更好地完成目标侦察、协同突防以及中末制导交接等任务,可以考虑采用深度学习方法或强化学习方法。深度学习以神经网络(artificial neural network，ANN)为主要模型,是机器学习当中一种强大的新方法,具有自主学习性强、拟合效果好、分配识别精度高等优点。面对多约束的复杂任务,利用深度学习实现快速任务规划与动态目标分配,是未来多飞行器协同作战技术的重点研究方向之一。强化学习能够在策略与环境反馈的不断交互中,以学习的方式对系统的性能指标进行优化,也是未来重要的研究方向之一。

2. 规模化与轻量化

无人飞行器集群的重要发展趋势与优势是规模化与轻量化,对应的是平台的小型化和低成本化。当前主流的无人飞行器大多为中大型无人飞行器,如主要的预警和侦察无人飞行器,具有飞行速度快、航时长、侦察范围广的特点。典型的战略侦察无人飞行器有美国 MQ - 1 "捕食者"和 RQ - 4 "全球鹰",无人预警机有 E - 3、E - 8。但是中大型无人飞行器造价昂贵、维修保养费用高,无法形成集群力量实施侦察任务,一旦受损经济代价巨大。未来战场上集群无人飞行器必然趋向于小型化,虽然在续航时间、载弹量、作战能力等方面不如大中型无人飞行器,但是面对未来战场上更加强大的侦察识别能力,小型化无人飞行器的反侦察能力会更强,如此其生存能力也必将大大提高,随着集成电子技术的发展,小型化乃至微小型化都更加近在咫尺。

低成本是任何武器平台技术追求的目标,小型化的无人飞行器成本更低,同样经费的前提下能够生产出更多的无人飞行器,即使在任务执行过程中被击落一架或者数架,花费也会更低,节约的经费可以用来研发其他有价值的武器装备;小型化无人飞行器的外形特征决定了其无法拥有比较强的续航能力,为了将其投向战场,必然需要依靠运输平台或者作战人员,如果集群无人飞行器便于携带,也将在一定程度上节约装载时间与运输时间、提高无人飞行器集群自身生存能力与运输平台的安全性;从节约成本的角度,执行任务的无人飞行器如果没有被击毁,肯定需要具备自主返回的能力,美军"小精灵"项目中也将可回收作为考察无人飞行器集群作战效能的重要指标之一,特别是遇到需要在战场上与运输平台或作战人员进行信息交互时,具备回收能力的无人飞行器集群不仅可以节约成本,还可以使得集群立即具备二次执行任务的能力;无人飞行器集群系统的造价低、易维修维护,能够支撑形成数量上的不对称优势,从而影响局部战争的走向。从美军"小精灵"等项目中不难看出,对于集群化的发展诉求逐渐聚焦到要形成一定的规模,其数量不仅是数十架,而是数百架甚至更多。而由于其规模化和轻量化的特点产生了涌现性、去中心化等优势,能够在信息化、智能化战争中发挥更加突出的作战优势。

3. 场景化与产业化

通过无人飞行器集群智能与协同控制技术的发展,实现在更多复杂场景中的成功应用,是当前无人飞行器行业的迫切需求。例如,安全问题是限制物流无人飞行器集群系统推广使用的最大障碍,受限于无人飞行器平台、监管政策及法规、航线因素等约束,支线无人飞行器物流和干线无人飞行器物流暂未开展,一直处于理论探索阶段,现有的无人飞行器配送尚处于区域性的试验阶段,其中首先要回答的问题就是基于现有技术水平和安全约束的场景设计问题,即无人飞行器送快递,到底是送到机场、转运站、小区门口还是家门口。此外,无人飞行器集群系统虽然在地质勘测、灾害监测、农业植保等领域有多种应用需求和广阔的发展前景,但是也不能回避与领域现有任务场景融合设计的问题。

在未来无人飞行器集群技术规模化应用的情况下,势必引发新一轮产业模式的升级甚至颠覆性变革,例如通过搭载通信载荷的无人飞行器集群覆盖一定区域,能够在应急通信保障中发挥重要作用,例如利用长航时的无人飞行器集群搭建快速移动环境监测网,能够解决传统监测手段常态化与时效性不足的痛点。总之,将无人飞行器集群智能与协同控制技术拓展,既可以在渗透侦察、察打一体、协同攻击等国防科技领域大显身手,还可以在智能交通、灾害监测、农业植保等其他国民经济领域发挥巨大的推动作用。

1.3　技　术　体　系

单个无人飞行器的核心功能主要包括感知、决策、制导和控制四个部分,升级为无人飞行器集群系统以后,上述功能依然保持,都可以归入协同控制的功能范畴。通俗地讲,感知相当于手眼,负责视听;决策相当于大脑,负责思考;制导相当于小脑,负责实现;控制相当于四肢,负责执行。

1.3.1　协同感知技术

协同感知技术是指无人飞行器集群系统通过单个无人飞行器的目标探测与跟踪、多个无人飞行器掌握信息的共享与融合、群体内外部的高动态组网通信和对群外的信息共享,完成无人飞行器集群系统内外部信息的融合与分发,并确保集群系统对目标探测、飞行环境、飞行状态等信息感知能力和信息支援能力的跃升,包括目标探测、目标跟踪、态势共识、组网通信、信息共享等关键技术[41~44]。

1. 目标探测

无人飞行器集群系统的目标探测包括探测和定位。

探测是利用集群系统充当分布式传感器决策,相互协作提升探测范围与精度,为任务执行提供信息基础,既能探测目标,又能集群内互相探测:一是支撑协同探测任务,平台间可采取频率、波段不同的探测设备进行全频谱探测;二是支撑电子干扰任务,无人飞行器之间可协作确定相对位置,制定最佳攻击时机,使各平台发出的电磁干扰攻击波尽可能同时到达目标;三是支撑战斗任务,无人飞行器集群可实现"兵力分散、火力集中"的分布式杀伤,在高效打击的同时兼顾自我防护。

定位是利用集群系统内部机载传感器或外部其他传感器获取自身位置以及与目标的相对关系,通过解算计算目标位置,目前基于传感器阵列的目标源定位技术主要包含基于最大输出功率的可控波束形成目标源定位技术、基于高分辨率谱估计的目标源定位技术、基于到达时间差的目标源定位技术。可支撑无人飞行器集群执行探测、测绘、侦察、打击等各项任务。

2. 目标跟踪

无人飞行器集群系统的目标跟踪是利用集群系统内部机载传感器或外部其他传感器获取视频或图像,通过视频或图像序列的上下文信息,对目标的外观和运动信息进行建模,从而对目标运动状态进行预测并标定目标的位置:一是可以支撑图像理解任务,是更高层级图像理解的前提和基础;二是能够支撑集群协同控制,预测集群内其他飞行器态势;三是可以引导集群制导飞行,并锁定目标,跟踪打击。

3. 态势共识

无人飞行器集群系统的态势共识分为两个阶段,一是融合,二是分发,是基于集群系统内各个智能飞行器获取,整合不一致态势感知信息,通过基于位置的共识主动性(position-based stigmergy)和神经模糊学习(neuro-fuzzy learning)等方式,达到集群系统的态势共识,并分发到各个个体:一是提高态势感知效果,综合所有态势信息,获得更广的观测范围、更高的定位精度以及更高的鲁棒性;二是形成一致性态势判断;三是支撑集群控制与决策,减少不同个体判定对决策的影响。

4. 组网通信

无人飞行器集群系统的组网通信是利用集群系统信息传输系统通过组网路由技术、信息有效交互技术、网络安全技术,提高无人飞行器集群通信稳定性、高效性、安全性,实时共享信息,实现个体间互通有无、高效协同:一是可以应对外部电磁干扰及网电攻击;二是可以应对集群通信故障或通信时滞情况;三是可以应对集群损毁情况,提高集群生存率,支撑任务执行。

5. 信息共享

无人飞行器集群系统的信息共享是在目标探测、目标跟踪、态势共识、组网通信的基础上,集群向外部进行的信息传输,是在集群内各个飞行器通过机载传感器或外部其他传感器共享信息数据,利用获取的环境态势变化不同,以及个体信息理解认知差异影响,提高信息理解的确定性,实现集群信息共享:一是提高信息全面性,支撑态势感知;二是提高状态评估准确性,支撑集群决策;三是减少信息冗余度,提高信息处理效率。

1.3.2　协同决策技术

协同决策技术是指无人飞行器集群系统利用协同感知获取的态势信息,通过集群层面任务的分解、无人飞行器个体航迹的规划、集群架构的动态调整和整体效能的实时评估,完成集群层面在初始阶段的决策、任务过程中的在线决策与事后阶段的评估等任务,并确保集群系统的最优决策和功能匹配,包括任务分配、航路规划、架构设计、效能评估等关键技术[45, 46]。

1. 任务分配

无人飞行器集群系统的任务分配是利用任务环境、任务需求、无人系统等信息,通过运筹学、系统论、图论、决策理论、人工智能等手段,决定无人集群系统的群内角色定义、目标分配、编队构型等,依据任务分配执行的时段,可分为初始阶段的任务分配以及任务过程中的在线任务分配。群内角色定义为集群系统内各无人飞行器的层级和功能,在层级方面,任务分配按主机-从机模式将集群划分为一个或多个主从系统;在功能方面,任务分配按任务需求、集群内各个无人飞行器性能及携带载荷情况,为各个无人飞行器定义侦察者或毁伤者等角色。目标分配为集群内各个无人飞行器分配待侦察或待打击的目标。编队构型为集群系统决定组成的编队队形。初始阶段的任务分配基于集群执行任务前的信息,在执行任务的过程中,由于信息变化、环境变化、突发情况等因素,往往需要集群进行任务的重分配,重分配一般在集群系统内闭环,在集群自主性不足的情况下,也会再上升到集群系统上层的协同决策阶段,实现任务的重分配:一是支撑任务决策,是完成任务的先决性因素;二是提高无人飞行器集群执行任务的能力和效果;三是集群智能性的体现,相当于集群系统的大脑。

2. 航路规划

无人飞行器集群系统的航路规划按阶段可分为初始阶段航路规划与任务执行过程中的航路规划,按层级可分为集群系统航路规划与单机航路规划。航路规划在保证系统内单机自主性和灵活性的基础上,协调个体飞行器与集群系统,通过搜索算法与最优化算法等方式[47-54],生成可靠的无人集群飞行轨迹。初始阶段航路规划依据执行前任务信息生成航路,执行过程中由于系统内部或外部变化导致初始规划航路需要调整时,进行航路重规划。集群层面的航路规划负责协调整个集群的航路,可以依据领机或集群中心等规划航路,个体层面的航路规划与集群层面相互协调,个体层面航路依据集群层面产生,又支撑集群层面航路执行:一是保证集群安全有效运行,在障碍物密集或存在未知障碍的复杂环境下,生成可行航路;二是支撑集群资源分配,在感知范围有限及计算资源有限情况下,规划可靠轨迹;三是支撑集群系统任务执行。

3. 架构设计

无人飞行器集群系统的架构设计是基于无人集群系统及其外部组网方式、信息传输方式、控制算法等,决定无人集群系统的架构,架构包括通信架构与控制架构,通信架构可以是有中心的、无中心的或混合式的,控制架构可以是协同控制或协同控制与单体控制混合,封闭式架构或开放式架构:一是支撑面向高动态场景的自组织无人集群系统的自主协同;二是支撑在线学习决策的无人集群系统分布式体系结构;三是支撑集群动力学系统演化分析与协同控制。

4. 效能评估

无人飞行器集群系统的效能评估是面向集群能力的"观察-判断-决策-行动"(observation - orientation - decision - action,OODA)循环,对集群各方面性能进行评估,评估的主要内容有感知、决策、通信、控制、执行等方面,指标可分为能力指标和可靠性指标:一是支撑系统性能分析,提供评价指标及分析手段,任务执行前的效能评估用于估计预测,辅助无人系统协同决策;二是支撑系统性能提升,促进系统学习进化;三是支撑任务复盘,评价任务执行完成度、完成成本等,任务执行后的效能评估用于任务复盘与评价,针对性发现集群能力优势与不足,辅助集群能力提升。

1.3.3　协同制导技术

协同制导技术是指无人飞行器集群系统根据协同决策的结果,基于协同感知获取的信息,通过多源制导信息的滤波处理、协同导引对无人飞行器航路的实时修正和无人飞行器个体的制导飞行,完成无人飞行器集群系统协同打击、协同围捕等任务,并实现集群协调匹配的最佳协同效果,是无人飞行器集群智能与协同控制的核心技术之一,包括信息滤波、协同导引、单体制导等关键技术[55-57]。

1. 信息滤波

无人飞行器集群系统的信息滤波是协同制导的基础,其主要作用为去除噪声、还原信息,理想情况下,获取的信息应该为真值,但是由于客观因素及物理约束限制,获取的信息会有噪声,为了提高信息的质量,无人飞行器集群系统通过集群滤波及单体滤波,将多种传感器和信息源的信息数据进行综合、特征提取、关联及融合等操作,经过多层次、多方面的处理实现信息滤波:一是支撑目标识别,获得目标准确的属性信息和精确的状态估计,完成对目标信息的获取;二是支撑态势评估,得到对战场态势的精确感知和威胁的完整评估;三是支撑集群系统性能提升,优化探测、识别、指挥、决策、控制等系统,促进集群系统从探测到控制的一体化构建及性能提升。

2. 协同导引

无人飞行器集群系统的协同导引是依据集群系统作战任务及需求,通过虚拟导引点设计及航迹规划算法,在集群层面实现的制导方法,为集群内各个单体导引设计提供基础,包括制导架构、制导交接、制导方法及单体的次序设计等:一是支撑集群系统航迹规划,在初始航路规划的基础上,为集群进行实时的航迹规划;二是支撑单体决策及导引，为单体航迹规划及单体制导提供参考；三是支撑复杂任务执行，通过对集群及各个单体导引的设计，实现协同打击、协同拦截及协同围捕等作战任务。

1）单体制导

无人飞行器集群系统的单体制导是考虑机动对抗、干扰对抗等输入的个体制导，包括群体层面对个体实时航迹规划的结果以及轨迹跟踪，利用集群系统内部机载传感器或外部其他传感器获取位置数据，通过期望轨迹与当前轨迹的偏差，由线性或非线性的轨迹跟踪控制算法计算出轨迹跟踪控制量，实现单体制导：一是支撑集群按期望轨迹飞行；二是支撑协同导引，追随虚拟导引点，实现协同打击、协同围捕；三是支撑集群一致性。

2）制导交接

无人飞行器集群系统的制导交接在集群系统接收信号及制导平台发射信号都有一定空间作用范围的情况下，为了提高无人飞行器的飞行精度，使集群系统按期望对目标进行打击，必须选择合适的时域和空域进行制导交接，切换制导平台或制导律，包括制导权移交或参数改变等：一是支撑目标跟踪，防止目标偏出导引视场；二是支撑飞行器轨迹平滑过渡；三是提高制导精度，提高目标打击成功率。

3）制导架构

无人飞行器集群系统的制导框架基于无人飞行器的运动特性和实现作战要求，设计制导策略，导引飞行轨迹，将无人飞行器集群系统的运动状态收敛到期望值，以"领导者-跟随者"协同制导架构或双层协同制导：一是支撑信息传递与可扩展；二是指导集群系统协同制导设计；三是支撑制导律的适应性，提高对目标的毁伤能力。

1.3.4　协同控制技术

协同控制技术是指无人飞行器集群系统根据协同制导的结果，基于协同感知的信息，通过各无人飞行器在稳定飞行阶段的编队保持、突发情况下的编队重构、飞行过程中的避障处理和各无人飞行器个体的姿态控制等，完成集群编队飞行任务，支撑协同任务的达成，是无人飞行器集群智能与协同控制发展最活跃的技术，包括编队保持、编队重构、自主避障、姿态控制等关键技术[58-60]。

1. 编队保持

无人飞行器集群系统的编队保持是集群系统协同执行任务过程中，依据集群系统成员的作战性能与携带载荷信息，实现集群系统作战阵位排布，保持特定编队进行飞行[61-63]：一是支撑集群系统内飞行器的性能，特定的编队队形能够影响无人飞行器受到的阻力，从而提升集群系统的飞行速度，节省燃料消耗等；二是支撑集群系统对目标的探测与跟踪；三是支撑编队协同控制，满足复杂的战场环境和作战任务的要求,提高任务完成率。

2. 编队重构

无人飞行器集群系统的编队重构是集群系统协同编队过程中,由于态势变化或集群决策规划的变化,进行的队形变换:一是支撑编队飞行及编队避障,通过队形改变提高飞行速度或避障效果;二是支撑应对态势变化,在敌方态势改变时变换队形并做出应对;三是支撑集群系统自愈能力,在集群系统受到打击损毁或通信异常的情况下,将现有成员进行编队重构,保证后续任务执行。

3. 自主避障

无人飞行器集群系统的自主避障是指集群系统在执行任务的过程中,通过系统态势感知周围环境信息,识别其威胁类型,进行状态评估,对冲突进行预判,做出规避决策。规避的对象是系统内部其他无人飞行器、外部环境或外部入侵等,完成冲突消解后进行状态更新,实现自主避碰(图 1.20):一是避免集群内误伤与误打击,以自主避碰技术应对集群数量增长可能造成的集群系统内部损毁;二是支撑复杂任务环境中集群生存能力,在局部战争中,集群系统的任务环境可能是城市、森林等,自主避碰是实现安全飞行的关键;三是支撑作战任务有效执行,规避敌方打击,减少损毁。

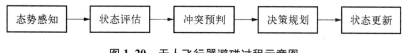

图 1.20　无人飞行器避碰过程示意图

4. 姿态控制

无人飞行器集群系统的姿态控制是利用集群系统内部机载传感器或外部其他传感器获取姿态数据,通过飞行器的角运动信息和线运动信息,与初始姿态、初始航向、初始位置一起传输到计算模块,由姿态控制算法给出控制量,实现姿态控制[64-67],包括相对姿态控制与单体姿态控制,相对姿态控制以相对集群内其他无人飞行器的期望姿态作为输入,单体姿态控制以相对惯性系的期望姿态作为输入:一是维持编队构型;二是修正姿态偏差;三是支撑集群系统稳定性,满足通信、避障等需求。

1.4　本书章节安排

本书一共包括 6 章,可以划分为前后两个部分,第一部分重点讲逻辑,包括前三章,即第 1 章到第 3 章。首先在第 1 章明确了无人飞行器集群智能与协同控制的概念内涵与技术体系,分析了背景需求和国内外研究现状,解决了本书目标与边界问题。然后在第 2 章阐述了群体智能的激发与汇聚过程,为集群智能与协同控制奠定了理论基础,同时也论述了从群体智能到无人飞行器集群智能的联系与区别,解决了本书在智能化方面的逻辑关系问题。最后在第 3 章介绍了人工智能的历史发展,论述了各种智能算法在无人飞行器集群智能与协同控制技术体系中的典型应用。

　　第二部分重点讲亮点,包括后面三章,即第 4 章到第 6 章,选取了本书编写团队理论认识深刻、技术优势突出、工程实践丰富的三个方面进行了深入论述,包括制导、控制、仿真三个方面。后面三章的论述方式都是统一从信息化技术入手,以智能化技术为目标,重点分析了由信息化向智能化过渡的过程中,传统的无人飞行器制导控制技术的深层变化,这一部分是本书的核心,也是本书著作团队最想表达的内容。

参考文献

[1] 王寒枫."飞天"探源[EB/OL]. https://new. qq. com/rain/a/20221121A00SYD00[2022 - 11 - 28].

[2] 李成智.飞行之梦:航空航天发展史概论[M].北京:北京航空航天大学出版社,2004.

[3] 殷义之.航空发展史简单介绍[J].科学大众(中学版),1953(4):120 - 121.

[4] 雪冬.世界航空发展简史一瞥[J].世界文化,2012(5):52 - 53.

[5] 夏鑫宇,肖君如.智能无人飞行器的发展现状及趋势[J].石河子科技,2021(1):17 - 18.

[6] 马斌,马铁林,黄大庆,等.无人飞行器及其系统发展研究[C]//2014 - 2015 航空科学技术学科发展报告.北京:中国科学技术出版社,2016.

[7] Federal Aviation Administration[EB/OL]. https://www. faa. gov/[2022 - 11 - 28].

[8] 相亮亮.无人机在军事中的应用与发展[J].科技展望,2016,26(14):292.

[9] 李伟,戚晓艳,李香,等.浅谈军用无人机的应用及发展趋势[C]//发挥科技支撑作用深入推进创新发展——吉林省第八届科学技术学术年会论文集,2014:240 - 242.

[10] Seiler P, Pant A, Hedrick K. Analysis of bird formations[C]. Las Vegas: Proceedings of the 41st IEEE Conference on Decision and Control, 2002.

[11] Dorigo M, Birattari M, Stutzle T. Ant colony optimization [J]. IEEE Computational Intelligence Magazine, 2006, 1(4): 28 - 39.

[12] Kennedy J, Eberhart R. Particle swarm optimization[C]. Perth: Proceedings of ICNN'95 — International Conference on Neural Networks, IEEE, 1995.

[13] 李晓磊.一种新型的智能优化方法-人工鱼群算法[D].杭州:浙江大学,2003.

[14] Basturk B, Karaboga D. An artificial bee colony (ABC) algorithm for numeric function optimization[C]. Indianapolis: IEEE Swarm Intelligence Symposium, 2006.

[15] Yang X S. Firefly algorithm, stochastic test functions and design optimization [J]. International Journal of Bio-Inspired Computation, 2010, 2(2): 78 - 84.

[16] Duan H B, Qiao P X. Pigeon-inspired optimization: A new swarm intelligence optimizer for air robot path planning[J]. International Journal of Intelligent Computing and Cybernetics, 2014, 7(1): 24 - 37.

[17] 印骏,谭玲,谭绍杰.美军无人机的作战应用及其发展趋势[J].飞航导弹,2010(8):

26 – 29.

[18] 贾高伟,侯中喜. 美军无人机集群项目发展[J]. 国防科技,2017,38(4)：53 – 56.

[19] 陆群. 美军颁布新版无人机路线图[J]. 国际电子战,2005,9：14 – 16.

[20] 张学明,张书启. 解读美国空军新版小型无人机发展路线图[J]. 国防科技,2016(4)：81 – 84.

[21] 张洋,谭健美,朱家强. 美国空军未来 25 年无人机系统路线图解析[J]. 飞航导弹,2015(1)：54 – 57.

[22] United States Department of Defense. Unmanned Aircraft Systems Roadmap, 2005 – 2030[EB/OL]. https://www. scribd. com/document/325531400/UNMANNED-AIRCRAFT-SYSTEMS-ROADMAP-2005-2030[2022 – 10 – 30].

[23] 史国荣,蒋超,崔玉伟. 基于美军无人机路线图的未来无人机关键技术分析[J]. 中国军转民,2022(3)：22 – 25.

[24] 曹鹏,侯博,张启义. 以色列无人机发展与运用综述[J]. 飞航导弹,2013(10)：41 – 44.

[25] 郑波. 以色列无人机发展概况及启示[J]. 国防科技工业,2014(6)：66 – 69.

[26] 姚鑫. 以色列无人机发展探析[J]. 外国军事学术,2010(12)：64 – 66.

[27] 盛德林,宫朝霞. 以色列无人机中的"竞技神"——赫尔墨斯[J]. 飞航导弹,2007(4)：20 – 23.

[28] 张爱华,秦武. 以色列军用小型无人机发展概览[J]. 飞航导弹,2010(2)：19 – 23.

[29] 徐文. 俄罗斯无人机的发展现状[J]. 飞航导弹,2004(2)：23 – 27.

[30] 宫朝霞,张婵,邢艳丽. 俄罗斯无人机概述[J]. 飞航导弹,2010(8)：34 – 44.

[31] 沈玉芳,蒋丽娜,李悦霖. 俄罗斯无人机发展现状及未来发展[C]. 北京：2013 中国无人机系统峰会,2013.

[32] 肖霞. 俄罗斯展示不断发展的无人机技术[J]. 电子对抗,2011(5)：31,40.

[33] 张娜. 俄罗斯"猎人"无人机发展之路[J]. 国际航空,2021(8)：24 – 26.

[34] 郭正祥. 俄"军队 – 2021"国际军事技术论坛的新式武器解析(下)[J]. 坦克装甲车辆,2021(21)：9 – 17.

[35] 石海天,田军生,张丽琴. 我国无人机发展现状与思考[C]. 北京：2006 中国无人机大会,2006.

[36] 陈永灿. 2020—2021 年中国无人机产业发展研究年度报告[J]. 电子科学技术,2021(4)：24 – 30.

[37] 前瞻产业研究院无人机研究小组. 我国无人机行业发展现状与前景分析[J]. 军民两用技术与产品,2020(7)：8 – 19.

[38] 罗华,戎皓,彭乐林. 无人机发展趋势及关键技术[C]. 北京：2008 中国无人机系统峰会,2008.

[39] 包琦. 无人机发展现状及相关技术[J]. 工程技术,2016(4)：236.

[40] 刘怡彪,薛珂,王春科. 国外无人机发展趋势研究[J]. 工程与试验,2020,60(3)：41 – 42,64.

[41] 唐帅文,周志杰,姜江,等. 考虑扰动的无人机集群协同态势感知一致性评估[J]. 航空学报,2020,41(S2)：13 – 23.

[42] 王鹏,马永青,汪宏昇,等. 无人机通信应用设想及关键技术[J]. 飞航导弹,2011(5)：53 – 56.

［43］　王东.无人机协同组网感知融合技术研究［D］.成都：电子科技大学,2016.

［44］　李惠峰,易文峰,程晓明.基于近似动态规划的目标追踪控制算法［J］.北京航空航天大学学报,2019(3)：597－605.

［45］　段海滨,张岱峰,范彦铭,等.从狼群智能到无人机集群协同决策［J］.中国科学：信息科学,2019,49(1)：112－118.

［46］　傅莉,谢福怀,孟光磊,等.基于滚动时域的无人机空战决策专家系统［J］.北京航空航天大学学报,2015,41(11)：1994－1999.

［47］　Tsardoulias E G, Iliakopoulou A, Kargakos A, et al. A review of global path planning methods for occupancy grid maps regardless of obstacle density［J］. Journal of Intelligent and Robotic Systems, 2016, 84(1－4)：1－30.

［48］　刘二超.不确定环境下的无人机航路规划算法研究［D］.沈阳：沈阳航空航天大学,2016.

［49］　Liang Y Q, Jia Y M. Combined vector field approach for 2D and 3D arbitrary twice differentiable curved path following with constrained UAVs［J］. Journal of Intelligent and Robotic Systems, 2016, 83(1)：133－160.

［50］　Khatib O. Real-time obstacle avoidance for manipulators and mobile robots［J］. International Journal of Robotics Research, 1986, 5(1)：90－98.

［51］　Volpe R A, Khosla P K. Manipulator control with superquadric artificial potential functions：Theory and experiments［J］. IEEE Transactions on Systems Man and Cybernetics, 1990, 20(6)：1423－1436.

［52］　Connolly C I, Burns J B. Path planning using Laplace's equation［C］. Cincinnati：IEEE International Conference on Robotics and Automation, 1990：2102－2106.

［53］　Constantinescu D, Croft E A. Smooth and time-optimal trajectory planning for industrial manipulators along specified path［J］. Journal of Robotic Systems, 2000, 17(5)：233－249.

［54］　Ge S S, Cui Y J. New potential functions for mobile robot path planning［J］. IEEE Transactions on Robotics and Automation, 2000, 16(5)：615－620.

［55］　赵建博,杨树兴.多导弹协同制导研究综述［J］.航空学报,2017,38(1)：22－34.

［56］　王建青,李帆,赵建辉,等.多导弹协同制导律综述［J］.飞行力学,2011,29(4)：6－10.

［57］　施广慧,赵瑞星,田加林,等.多导弹协同制导方法分类综述［J］.飞航导弹,2017(1)：85－90.

［58］　张婷婷,蓝羽石,宋爱国.无人集群系统自主协同技术综述［J］.指挥与控制学报,2021,7(2)：127－136.

［59］　潘华,毛海涛.无人机编队飞行面临问题及关键技术研究［J］.现代电子技术,2014,37(16)：77－79.

［60］　李文,陈建.有人机/无人机混合编队协同作战研究综述与展望［J］.航天控制,2017,35(3)：90－96.

［61］　Lee S M, Kim H, Myung H, et al. Cooperative coevolutionary algorithm-based model predictive control guaranteeing stability of multirobot formation［J］. IEEE Transactions on Control Systems Technology, 2014, 23(1)：37－51.

［62］　Malvankar-Mehta M S, Mehta S S. Optimal task allocation in multi-human multi-robot interaction［J］. Optimization Letters, 2015, 9(8)：1787－1803.

［63］　Saska M, Baca T, Thomas J, et al. System for deployment of groups of unmanned micro aerial vehicles in GPS-denied environments using onboard visual relative localization [J]. Autonomous Robots, 2017, 41(4): 919-944.

[64] Pounds P E I, Bersak D R, Dollar A M. Stability of small-scale UAV helicopters and quadrotors with added payload mass under PID control[J]. Autonomous Robots, 2012, 33(1-2): 129-142.

[65] Xiong J J, Zheng E H. Position and attitude tracking control for a quadrotor UAV[J]. ISA Transactions, 2014, 53(3): 725-731.

[66] Baljeet S, Raktim B. Near time-optimal waypoint tracking algorithm for a 3-DOF model helicopter[C]. Hilton Head: AIAA Guidance, Navigation, and Control Conference, 2007.

[67] Jurado F, Palacios G, Flores F, et al. Vision-based trajectory tracking system for an emulated quadrotor UAV[J]. Asian Journal of Control, 2014, 16(3): 729-741.

第 2 章
群体智能与集群智能

2.1 群体智能理论

　　无人飞行器集群智能与协同控制技术起源于无人飞行器技术的不断应用与进步,近年来取得重大进展的一大驱动力是人工智能技术的第三次浪潮,特别是群体智能技术的方兴未艾。各国纷纷制定与群体智能技术相关的政策,群体智能技术已经成为新的科技与经济增长点,并逐渐改变人们的日常生活。我国 2017 年发布的《新一代人工智能发展规划》中,将群体智能(swarm intelligence)作为新一代人工智能发展的核心研究领域,甚至是整个信息社会发展的核心驱动力。人们普遍认为,现阶段应用广泛的各类机器人一旦拥有群体智能,就可让其完成生物群体所能做的各种事情,像生物群体那样地思考、行动以及合作。无人飞行器作为军民应用都很广泛的一类机器人,论述其集群系统相关技术,群体智能技术是一个绕不过去的话题。

　　群体智能的设计初衷是模仿动物群体协调有序的集体运动模式,让集群系统在环境中表现出分布式、自适应、鲁棒性等智能特性,从集群整体层面上涌现出单个个体不可能达成的智能现象。然而生物群体的思维机制却远比机械的物理运动复杂得多,需要对自然界生物群体建模仿真,并通过大量的实验数据,探究生物群体中个体行为对应的集群规则,并研究个体行为与集群整体行为表现的关系,进而将简单的机械运动上升到复杂的集群协作,这涉及一系列的哲学与数学原理。此外,人类作为特殊的生物群体,同样演绎着形式丰富的集群行为。由于人类的特殊性,人类群体的异质性更强,人与人之间的交互规则也更复杂。相较其他生物群体的集群行为,人类社会在不同的环境下的集群行为表现出更复杂也更丰富的形式,既有通过人群中简单信息交互涌现出的集群行为,如大厅里的同步掌声或紧急情况下的人群疏散,也有以维护自身权利或利益为目的的游行示威或罢工,更有因不满情绪的发泄而形成的集会甚至骚乱。综上可知,群体智能是一项基础性技术,还有许多运行与演化机理方面的问题需要研究,理论色彩非常浓厚。例如研究群体智能理论,不仅要深入探究自然界生物群体的协作机制,也要系统研究社会系统中的集群行为演化的内在机理。

　　本书在论述相关内容时,为了突出工程化、实用化的技术内容,便于读者更好地理解本书著作团队最想表达的核心内容,我们将群体智能定位为基础理论,在此基础上将集群智能定位为应用方法,将无人飞行器集群定位为应用技术,形成一个从理论到方法再到技术的论述体系。

2.1.1　群体智能的历史起源

　　群体智能的相关研究早已存在,且一直伴随人类社会不断成长。1991 年 Colorni 等[1]提出了蚁群优化(ant colony optimization, ACO)理论,自此群体智能作为一个理论被正式提出,并逐渐吸引了大批学者的关注。1995 年,Eberhart 和 Kennedy [2]提出了粒子群优化(particle swarm optimization, PSO)算法,并在 2001 年出版 *Swarm Intelligence* 一书,此后群体智能理论研究迅速掀起热潮。随着 2006 年人工智能技术第三次浪潮的兴起,群体智能理论一方面与复杂系统理论、博弈论等理论结合,展开了更加宏大的基础理论架构,另一方面与无人自主、集群协同等技术结合,衍生出更加广阔的应用领域或方向。2017 年 7 月,国务院印发《新一代人工智能发展规划》,首次明确提出群体智能的研究方向,群体智能超越理论范畴,成为我国科技创新的焦点领域和战略性新兴产业。

　　令人感兴趣的是,从群体智能诞生之日起,哲学与数学就是与这个学科联系最紧密的科学分支。哲学家从古希腊以来就提出了种种人类理智的模型,人工智能的设计本质上无法跳出人类理智的模型,但以具体可行的实现方式丰富了模型的内涵。智能的实现需要抽象思维、逻辑思维和创造性思维,与此分别对应的是表征、计算以及涌现三种机制。为了实现智能的这些功能,现有的方法主要有物理符号主义、联结主义、行为主义、群体智能理论等几类方法,其中群体智能理论的目标就是实现涌现性,即"一加一要远大于二"。

　　群体智能中最基本的组成单元称为智能体(agent),其有一定的智能性,能感知环境,可从自身经验中学习,这种种行为的背后离不开数学,尤其是从线性代数、概率统计到拓扑学之类的众多数学分支。早期人工智能的成功,就是建立在逻辑推理模型的基础上的,在随后的发展过程中的一个明显趋势是,人类做出的许多判断都涉及不确定或概率推断。到 20 世纪 90 年代,这种概率推理的建模,在人工智能中变得司空见惯,因此,逻辑推理和概率推理是智能建立的数学基础。而智能体的行为并不局限于人类的推理,还可以从近似于人类行为的最终结果出发,忽视达到这一结果的手段——推理,即忽视因果关系的逻辑性而关注因果关系的必然性,这就涉及当前火热的深度学习方法的底层逻辑。

　　群体智能与数学也密不可分,例如拓扑学对群体智能架构的支撑,作为群体智能中重要的数学原理,拓扑学是研究几何图形或空间在连续改变形状后还能保持不变的一些性质的学科,可以用来描述个体之间的关系。再例如控制论作为基本的数学原理,由维纳对系统的控制机制和现代生物学所发现的生物机体中某些控制机制加以类比后提出,加深了对生物群体智能的数学认知。

总之,技术创新中碰到的深层次问题可能无法单纯依靠技术去解决,需要哲学、数学等一系列学科的协同合作,一方面,通过理论层面的创新,可以实现从理论到方法再到技术的"链式突破";另一方面,哲学家们与数学家们走出象牙塔,在深入了解方法与技术的发展趋势之后,才能立足于实践,丰富与升华理论研究的维度。

2.1.2　群体智能的哲学内涵

作为一切学科的起源,哲学的研究内容一直在不断地发展,并在各个领域都有着最终解释权。几千年以来,古今中外的哲学家对群体智能有着不同的认识和见解,本节我们这些"攻城狮"(工程师)尝试从哲学的视角来探讨群体智能的内涵。

西方哲学一直以来更注重对自然的探索与征服,以及对知识本质的把握,通过事物的表面现象追求第一原因或最终本质等抽象答案是西方哲学的终极目的。对于群体智能这类自然界中存在已久的现象,西方主要关注对"智能"内涵的探讨和发展,以及群体智能中的普遍规律研究这两个方面。

早在古希腊时期,亚里士多德在《工具论》中提出形式逻辑,对人的理性思维进行反思,其中对思维的法则、公式、方法的探讨,可以看作对"人类智能"的概括与总结。亚里士多德在《形而上学》中指出:唯有人类才凭技术和推理生活,即与靠表象和记忆生活的动物不同,人类具有"智能"。类似的探讨在近代哲学中处于核心地位,哲学家们以"人性研究"或"人类知识研究"为名建立各种"智能"的理论,形成了"唯理论"和"经验论"两大阵营。最后康德在《纯粹理性批判》中提出的先验逻辑认知模型统一了两大阵营,之后的哲学家们继承了康德的模型并不断发展,直到后来开始从哲学的角度探究"机器智能",笛卡尔和莱布尼茨提出了用机械来实现智能的设想,拉美特里提出人是机器,那么造一台智能机器去模仿人这台"机器"具有了可能性。近代数理逻辑的发展,为人工智能的实现提供了工具,经过图灵、冯·诺依曼等众多数学家和计算机科学家不断努力,最终使"人工智能"得到初步的实现。随后人工智能不断壮大,分支不断变多,越来越多人试图探索智能哲学中从单个个体的简单问题转为对群体的复杂性科学及信息整合等角度的困难问题,并在不断探索中具备了实现真正"群体智能"的可能。

在群体智能方面,西方哲学致力于研究自然界的集群现象和人类社会群体行为中蕴含的普遍规律,并且用实验和科学的办法进行最终的分析和判断。苏格拉底作为西方哲学的奠基人之一,一直致力于寻求事物的普遍规律,并加以总结归纳。牛顿在《自然哲学的数学原理》中提出了四条"哲学中的推理规则",强调寻求自然事物的原因,不得超出真实和足以解释其现象者,以及对于相同的自然现象,必须尽可能地寻求相同的原因等,提出了万物的普遍属性,以及宇宙万物是按简单、和谐和统一的原则构成的。显然对普遍规律及属性的探究是与群体智能中的哲学相契合的:集群系统中复杂的智能特性,是利用具有普遍属性的个体,遵循非常简单而高效的行为规则,在整体层面上涌现出来的。

　　人类作为特殊的智慧生物群体,演绎着形式更为丰富的群体智能。西方哲学对人类社会群体行为的研究始于 18 世纪,勒庞(Le Bon)的"群众行为"和威廉·麦独孤(William McDougall)"团体行为"的提出被视为社会群体行为研究的开端。受勒庞的影响,帕克(Park)先后撰写了《聚众与公众》与《社会学导论》,第一次明确提出社会"群体行为"的概念。在帕克的学说中,群体行为是一种在共同和集体情绪冲动的影响下发生的个人行为,冲动情绪和群体环境是群体行为的两个重要因素。随后米尔格拉姆(Milgram)提出集群行为是在没有组织的情况下自发产生的,它依赖于参与者的相互刺激,具有不可预测性。总而言之,西方的社会哲学家们认为群体行为作为人类社会中的一类群体智能涌现现象,是个体自发的、无组织的、简单的、难以预测的,其本质与自然界中总结出来的群体智能普遍性理论是一致的。

　　相比于西方哲学,中国哲学虽然也对群体智能的哲学有所追求,但不是从分析对象世界入手,而是从考察主体世界与对象世界的联系入手;不是追求决定这种关系的最终实体,而是探讨这种关系的各个因素的连接及其功能。这是一种非原子论、非实体性的思维方式。因此,中国哲学在群体智能中的体现,主要在于群体与个体关系的探讨以及对于群体智能由简生繁的思考两个方面。

　　春秋战国时期,诸子百家兴盛繁荣,对于个体与群体的关系有着深刻的探讨。儒家作为百家争鸣的代表,追求的是个体绝对服从群体的哲学,认为群体是个体价值实现的基础。而同时代与之争锋的老庄哲学,极力强调个体存在的自由性和独立性,力图打破儒家的束缚。道家的创始人老子曾提出"小国寡民"的思想,即个体与群体可以自由生活在世间的治世状态。"自然"与"无为"不仅是群己的依存法则,更是个体生存面向的展开与生命个体追求的价值体现。在老子的思想中,个体生存真正得以保障,是个体与群体融洽的前提与基础,依此群体社会生活才具有真正和谐的可能存在。之后中国哲学家们将个体与群体的关系上升到了"群己之辩",探讨了群体、群众、集体和个体、个人、自我的相互关系问题,并形成了对群己关系所持的较为系统、稳定的观点,称为群己观。

　　以历史的发展和不同时期的历史特点为线索,群己观可划分为先秦百家的群己互益说、汉唐儒家和宋明理学的群体至上说、宋明清儒家功利派的群己关系学说和近现代儒家的个体自觉说等。从中国特定的社会条件、历史传统的演化发展,中国的哲学对群己关系已经形成了逻辑构成,并辩证地发展了群己关系。

中国哲学对简单和复杂的思考主要体现在道家学说之中。道家崇尚"大道至简",这与集群中的哲学不谋而合。集群中用简单的个体加上普遍的规则,也能汇聚出复杂的科学和群体的智能。然而中国的哲学在这一方面是有局限性的。"大道至简"的理论只从哲学角度出发,并不能解决所有的具体问题。因为哲学具有普遍性,但却是在抹杀具体特征基础上的整体总结,具体到各类现象的独特性,又不能用一句"大道至简"来解释。中国的哲学善于运用这种大道至简的哲学思想去认识世界,包括人类自身,但是并没有从这个高明的哲学中获得各方面的简单规律,而是一直停留在哲学层面上认识和理解世界。

不同于中国的哲学角度,西方的哲学能够更深入地探寻本质。西方科学的革命性进步都是由繁至简探寻本质的过程,例如牛顿力学方程、爱因斯坦质能方程、麦克斯韦方程及热力学定律,它们分别对机械运动、质量能量关系、电磁场和能量守恒进行了准确精彩的描述,也都是美而且简单的代表。

现代科学中的许多科学大家都是追求大道至简这种哲学高度的战士,例如后半生致力研究的统一场论的爱因斯坦,从科学角度来认识神和人类思维统一的牛顿。而这两种哲学态度在集群智能上也有着鲜明的反映。很多集群智能系统只是简单地模仿生物群体,而并不能解释生物集群的现象和群体行为发生的规律,认识不到简单交互规则的存在,也限制了从个体角度来分析和理解各个个体的行为规律,更不能发现群体智能涌现的机制。只有先从智能的角度深入地去研究每个个体,从拓扑学或者其他数学原理了解个体间的交互规则,通过多次实践洞察涌现的机制,才能汇聚出群体智能。

综上,从哲学角度看群体智能,可以发现这其中蕴含着个体与群体的统一的哲学内涵,以及大道至简的哲学高度。个体与群体是事物存在的普遍现象,个体与群体概念本来都只属于生物学范畴,如果要把个体与群体这两个概念作为哲学范畴,那么它们的含义就需要相应地扩展。个体可以解释为一类事物的单个存在,群体可解释为同类事物个体的集合。

2.2　集群智能方法

2.2.1　集群智能定义及特点

集群智能与群体智能的英译都是"swarm intelligence",本书著作团队人为地将群体智能放在了理论的最顶层,在上一节利用工程师们浅薄的哲学知识结构,简单讨论了一些历史和内涵,而将集群智能作为一种现象在本节进行深入论述。

　　集群智能是与集群伴随而生的一个概念,也称群体智能或群集智能。生物群体所呈现出的各种协调有序的集体运动模式,由个体之间相对简单的局部自组织交互作用产生,在环境中表现出分布式、自适应、鲁棒性等智能特性,使系统在整体层面上涌现出单个个体不可能达成的智能现象。集群智能这个概念,最早由 Beni 和 Wang[3] 在关于细胞机器人系统的论述中引入,该概念形成的一个显著标志是 1999 年由牛津大学出版社出版、博纳博(Bonabeau)等学者编著的专著 *Swarm Intelligence：From Natural to Artificial Systems*。

　　在 2001 年肯尼迪(Kennedy)等学者编著的 *Swarm Intelligence* 一书中提到集群智能的特点包括四个方面:① 控制是分布式的,无须中心控制;② 以激发工作 (stigmergy)机制进行通信;③ 个体行为规则简单;④ 系统组织机制是自组织的。其中,所谓的激发工作机制是法国生物学家皮埃尔(Pierre)于 1959 年在研究白蚁行为时提出,其原理是大量个体以一个共同的环境作为媒介而间接地发生相互作用,即个体首先感知环境,并产生响应行为,这个行为在环境中留下一定痕迹,致使环境产生变化;新的环境又进一步影响自身和其他个体的行为,这些随后的行为是建立在大量个体彼此的行为之上,并往往能够得到强化,如图 2.1 所示。如此循环,最终形成一种以环境为媒介的激励与响应、交互与反馈机制,推动环境不断演化,导致了集群行为的涌现,即整体上展现出明显具有协调性和系统性的活动,并且这种集群行为能力往往要大于所有个体行为能力的简单叠加。

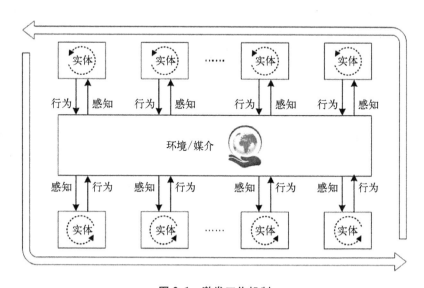

图 2.1　激发工作机制

　　现有的主流学者普遍认为集群行为遵循五大基本原则:① 邻近原则,即群集中的成员能够进行简单的空间和时间计算;② 品质原则,即能够响应环境中的品质因子;③ 多样性反应原则,要求集群行动范围不应该太窄;④ 稳定性原则,要求集群不应在每次环境变化时都改变自身的行为;⑤ 适应性原则,集群在所需代价不太高的情况下,能够在适当的时候改变自身的行为。

通过大量的生物行为研究,可以总结出生物集群具有以下特点。

(1) 组织结构的分布式。生物群体中不存在中心节点,个体遵循简单的行为规则,仅具备局部的感知、规划和通信能力,通过与环境和邻近同伴进行信息交互从而适时地改变自身的行为模式以适应动态环境。集群系统具有较强的鲁棒性,不会由于某一个体或部分个体出现故障而对系统整体造成影响,表现出一定的自愈能力。

(2) 行为主体的简单性。集群中个体的能力或遵循的行为规则非常简单,每个个体仅执行一项或者有限的几项动作,并针对外部情况做出简单的几种反应,这种看似笨拙的个体行为却使它们组成的群体极其高效,体现出智能的涌现。但生物集群系统不是个体的简单加和,而是通过个体之间的组织、协调、合作,实现能力的倍增。以蚂蚁为例,尽管蚂蚁个体比较简单,但整个蚂蚁群体却表现为一个高度机构化的社会组织,在许多情况下能完成远远超过蚂蚁个体能力的复杂任务,如通过信息素的作用找到食物源和巢穴之间的最短路径。

(3) 作用模式的灵活性。灵活性主要体现在群体对于环境的适应性,在遇到环境变化时,集群中的个体通过改变自身行为适应环境的变化。如鸟群在遇到捕食者时能迅速做出集体逃避动作;鱼群在受到鲨鱼攻击时会改变自身涡旋运动,以获得更强的生存能力。这些群体中表现出的灵活性,与系统集群运动的稳定性是相矛盾的,而自然界中的生物群体,往往兼具稳定性和灵活性,这种奇妙的特性的内部作用机制,是集群行为研究的一项重要内容。物理学家提出一种假设,生物集群工作在系统相变的临界点附近,使得系统在保持稳定性的同时又具备灵活性,这也是生物集群体现智能的一个重要方面。

(4) 系统整体的智能性。在生物群体中,个体通过感知周围的环境信息,进行信息的交换和共享,按照一定的行为规则,对外部刺激做出响应,通过调整自身状态来增强群体的生存能力,这个过程即为学习和进化的过程。群体中的个体通过环境反馈的状态适应性地改变自身行为,实现策略、经验的学习,以获取自身对外部环境的最佳适应性。群体的学习和进化包含时间、空间两个方面,在时间上表现为个体对自身历史经验的学习,在空间上表现为与其他个体、外部环境间的交互学习。

在集群智能的早期研究中,大量的工作集中在对自然界生物群体的建模仿真上。学者们通过大量的实验数据,探究个体行为、个体与个体之间关系对群组整体行为表现的影响。1987 年,雷诺兹(Reynolds)提出一种 Boid 模型,这种模型的特点为:

（1）聚集,使整个组群中的智能体紧密相邻;

（2）距离保持,相邻智能体保持安全距离;

（3）运动匹配,相邻智能体运动状态相同。

引述这个模型的原因是上述特点大体概括描述了自然界中群体的运动特征。1995 年,维切克(Vicsek)等提出一种粒子群模型,这种模型中每个粒子以相同的单位速度运动,方向则取其邻居粒子方向的平均值。该模型仅实现了粒子群整体的方向一致性,而忽略了每个粒子的碰撞避免,但是仍为群体智能体建模方面作出了重要贡献。

近年来,对复杂系统集群行为的研究主要集中在动物学、物理学等领域,通过设定简单的动物间的交互规则,对动物群体的整体行为涌现进行建模仿真和机理分析,其研究重点是建立合理的仿真模型以反映真实的动物集群行为并揭示其内在机理。生物系统的集群行为本质上是具有异质认知能力的个体在没有组织者的情况下自发产生的。集群行为受参与规模、外部环境等因素影响,演化趋势有多重可能,具有不可预测性。集群的涌现形式表现为同步飞行、游走等,主要包括涌现形式、交互规则和耦合结构等。

2.2.2　典型生物集群智能现象

对于集群智能现象的观察和思考最早可追溯到两千年前对成群椋鸟的观察,近年来生物群集的研究吸引了越来越多的科研人员的兴趣,从生物学家、物理学家、数学家到控制工程师等各类科研人员均试图解释鱼群、鸟群及其他群集生物在没有统一控制的情况下如何达到飞行或游行方向一致,从而进行各种各样的群体活动。随着科学技术的发展,以全球定位系统(Global Positioning System, GPS)定位跟踪、视频分析(单/双/多目)、声呐成像为代表的经济、高质量的观测技术,使得人们对生物集群行为的观测更加便捷,对于群集中个体的空间聚集性、运动的有序性有了更加深入的理解。

对"集群"(swarm)的典型研究是 Grassé 在 1953 年对昆虫群落的行为研究。蚂蚁个体结构和行为非常简单,但由这些简单个体构成的群体——蚁群却表现出了高度结构化的社会组织特性,能够完成远远超出个体能力的复杂任务。研究表明,蚂蚁有着奇妙的信息交互系统,其中包括视觉信号、声音通信和更为独特的信息素。基于这些复杂的系统,蚁群可以实现个体简单行为之间的相互协调,通过大规模集群的涌现机制,表现出明显的集群智能行为。

生物集群行为是一种普遍存在的自然现象,从成群迁移的角马、集体飞行的鸽子、结队巡游的鱼类,到觅食的蚂蚁、采蜜的蜜蜂,乃至细菌等微生物、细胞和蛋白质,不同尺度的生命体都存在着复杂的群体行为[4]。在生物群体中,个体的感知与行动能力有限,遵循简单的行为规则,却能够通过相互协作完成迁徙、觅食、筑巢、御敌等复杂的团队活动,在群体层面上呈现出有序的自组织协调行为。生物群体既能形成协调有序的集体运动模式,又能快速一致地应对外界刺激,表现出分布式、自组织、协作性、稳定性等特点以及对环境的适应能力。这种高效灵活的运动模式的内在机理和作用规律,长期以来一直是生物集群研究的核心问题。下面简要介绍几种典型的生物群体的智能现象及原理。

1. 蚂蚁群体智能现象

蚂蚁是典型的社会性群体,有着明确的职能分工。蚂蚁群体有着高度结构化的社会组织,如图 2.2 所示,其觅食行为是一种典型的集群行为,是自然界中最早被研究的群体智能现象。蚂蚁在觅食过程中会释放出信息素,其他蚂蚁可以通过信息素的浓度选择前进的方向。随着时间的推移,未被选择的路径上信息素会逐渐挥发,被选择多的路径上信息素浓度会得到加强,从而促使更多蚂蚁选择该路径,形成正反馈过程[5]。蚂蚁群体通过这种简单的信息交流,实现正反馈的信息学习机制,从而找出食物源和巢穴之间的最短路径。蚂蚁群体智能主要被应用于优化算法,即蚁群算法。

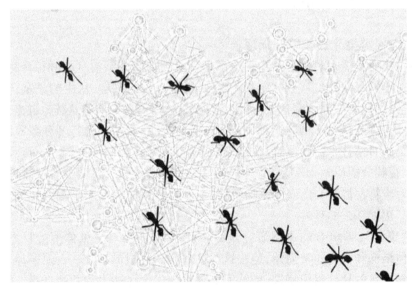

图 2.2　自然界中的蚁群觅食行为

为了更加形象地展示蚁群算法的原理,下面我们引用 Colorni 等[1] 所举的例子进行说明。如图 2.3 所示,设蚂蚁的巢穴为 N,食物源为 S,BK 为两处之间的障碍。蚂蚁为了绕开障碍,只能经由 B 或 K 由 N 到达 S,或者由 S 到达 N,各点之间的距离如图 2.3 所示。设每个时间单位有 60 只蚂蚁由 N 到达 P,有 60 只蚂蚁由 S 到达 Q 点,蚂蚁经过后留下的总信息素为 1。为方便计算,设该物质停留时间为 1。

在初始时刻,由于路径 PB、PK、QB、QK 上均无信息存在,位于 P 和 S 的蚂蚁可以随机选择路径。可以从统计的角度认为它们将以相同的概率选择 PB、PK、QB、QK。经过一个时间单位后,由于路径 PKQ 为路径 PBQ 的一半,所以 PKQ 上的信息量为 PBQ 的 2 倍,$t=1$ 时刻,将有 40 只蚂蚁由 P 和 Q 到达 K,有 20 只蚂蚁由 P 和 Q 到达 B。随着时间的推移,蚂蚁将会以越来越大的概率选择路径 PKQ,最终完全选择路径 PKQ,从而找到由蚁巢到食物源的最短路径。由此可见,蚂蚁个体之间的信息交换是一个正反馈过程[5]。

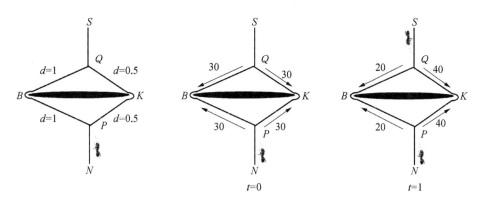

图 2.3　蚁群系统示意图

2. 蜂群智能现象

蜂群中每个社会阶层的蜜蜂一般而言只能完成单一的任务,但是通过舞蹈、气味等多种信息交流方式,蜂群能够协同完成多种任务。类似于蚁群的觅食行为,蜂群收集花粉的自组织行为也是一种典型的集群行为,是自然界中常见的群体智能现象。蜂群在采集花粉的过程中,负责寻找蜜源的工蜂发现蜜源后,会返回蜂巢通过"8 字舞"或者"圆形舞"交互蜜源信息。"8 字舞"和"圆形舞"是一类特殊的舞蹈,不同的舞蹈形式和动作预示着蜜源的方位和距离,舞蹈的幅度与蜜源的质量、种类以及数量等相关。其他采蜜蜂根据舞姿的不同决定探索蜜源的方位,从而发现并引导整个蜂群在较优蜜源处的聚集,收集到足够优质的花粉。

在此基础上启发了人工蜂群算法(artificial bee colony algorithm, ABC 算法)。有研究者总结了蜂群实现群体智能的最小搜索模型,包括蜜源、引领蜂、跟随蜂和侦察蜂四个组成要素,以及招募蜜蜂和放弃蜜源两种基本的行为[6]。如图 2.4 所示,根据上述蜂群收集花粉的行为,可将蜜蜂对蜜源的搜索行为描述为以下三个步骤:一是引领蜂发现蜜源并通过舞蹈的方式共享蜜源信息;二是跟随蜂根据引领蜂所提供的蜜源信息,选择优质蜜源进行采集;三是当引领蜂多次搜索到的蜜源均质量不佳时,就放弃现有的蜜源,转变成侦察蜂在蜂巢附近继续寻找新的蜜源,当搜寻到高质量的蜜源时,其角色又将转变为引领蜂。

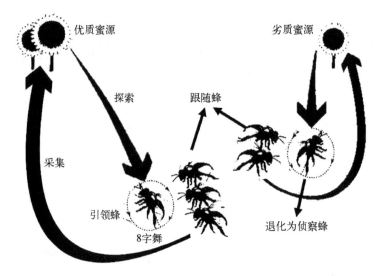

图 2.4　蜂群系统示意图

3. 鸽群智能现象

不同于上述两类群体,鸽群是大量自治个体的集合。鸽群之间通过个体内部的交互,使得整个鸽群能够在群体层面涌现出复杂的群体智能行为。有研究者指出,鸽群中的每个个体仅与周围一定数量的个体进行信息交互,高等级个体在飞行过程中起到引领作用,低等级个体的行为会受到高等级个体的影响。如图 2.5 所

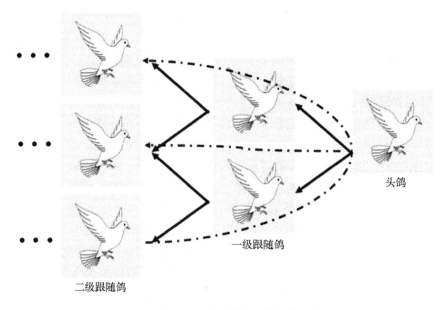

图 2.5　鸽群等级示意图

示,鸽群在飞行过程中内部存在一定的层级作用网络,各层级的鸽子有着不同的分工,遵循着特定的交互方式。这种网络结构使得群体在应对外界突发情况时或躲避障碍时能够有较快的反应速度。当飞行轨迹平滑时,个体尽力与其周围邻居的平均方向保持一致,而当出现突然急转弯变向时,个体迅速与高等级个体保持一致[7]。

北京航空航天大学段海滨教授团队对鸽群的行为机制有着诸多研究,他们通过研究发现,鸽群领导机制与蜂群等其他生物群体的模式并不相似。鸽群中除头鸽外,其他跟随鸽也存在层次等级:头鸽处于绝对领导地位,其余跟随鸽均服从头鸽,反过来跟随鸽对头鸽无法产生影响;跟随鸽中的下层鸽子行为不仅受头鸽影响,也受其他上层鸽子的影响,而且往往来自邻近上层的影响更为直接迅速[8]。基于上述复杂作用网络,段海滨教授团队通过模仿鸽群特有的层级行为,建立了鸽群行为机制模型,解决了有限交互环境下的信息不完整等一系列问题。

4. 鱼群智能现象

水中成群游动的鱼群,会随着洋流整齐划一地游动,其觅食和躲避行为是两类典型的集群行为。在觅食过程中会自行或尾随其他鱼找到食物丰富的地方。在遇到捕食者攻击时,边缘的个体会产生快速躲避的行为,从而带动整个鱼群做出迅疾的反应。与鸽群类似,鱼群主要也是与周围一定数量的个体进行信息交互以涌现出群体智能行为的。鱼群中的个体通过观察同伴身体两侧的侧线以调节自己的游向和速度,维持相互之间的安全距离,进而形成整个鱼群特定的自组织方式。此外,涡旋运动也是常见的鱼群智能现象,这种运动形式具有局部稳定特性,在遇到突发情况时还会转换为水平迁徙运动。

浙江大学的李晓磊教授通过对鱼类生活习性的观察,总结并提取出了适用于该算法的以下几种典型的行为[9]:

(1)鱼的觅食行为:如图 2.6 所示,平时会看到鱼儿在水中自由地游来游去,这一般可视为一种随机移动,当发现食物时,会向着食物逐渐增多的方向快速游去。

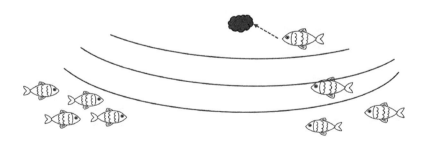

图 2.6　鱼群觅食示意图

(2)鱼的集群行为:鱼在游动过程中会自然地聚集成群,这也是为了保证群体的生存和躲避危害而形成的一种生活习性。鱼群的形成也是一种涌现的生动示例,鱼类的群集的形成并不需要一个领头者,只需要每条鱼遵循一些局部的相互作用规则即可,然后群集现象作为整体模式从个体的局部的相互作用中涌现出来。所采用的规则有三条:一是分隔规则,尽量避免与邻近伙伴过于拥挤;二是对准规则,尽量与邻近伙伴的平均方向一致;三是内聚规则,尽量朝邻近伙伴的中心移动。

（3）鱼的追尾行为:在鱼群的游动过程中,当其中一条或几条发现食物时,其邻近的伙伴会尾随其快速到达食物点。

上述鱼的几个典型行为在不同时刻会根据环境变化相互转换,而这种转换通常是鱼通过对变化的感知来自主实现的,这些行为与鱼的觅食和生存都有着密切的关系,并且与优化问题的解决也有着密切的关系。此外,行为评价是我们用来模拟鱼能够自主行为的一种重要方式。在解决优化问题中,可以选用两种简单的评价方式:一种是选择最优行为执行,也就是在当前状态下,哪一种行为向优的方向前进最大,就选择这一行为;另一种是选择较优行为前进,也就是任选一种行为,只要能向优的方向前进即可。将鱼群这些典型行为和评价方式引入优化算法中,采用自下而上的思路,应用基于行为的人工智能方法,最终形成了一种新的解决问题的模式[10]。该模式应用于寻优中,形成了人工鱼群算法。

5. 狼群智能现象

狼群作为一类制度森严的动物种群,有着超强的认知能力和环境适应性,广泛分布于山地、平原、冻土以及沙漠地区等恶劣的环境中。为了保持自身的生存优势,狼群练就了一套合作捕猎的本领,能够高效地完成围捕猎物这一集群行为。狼群中的个体始终在学习、理解和利用周边的环境,以提升对环境的适应能力。通过对围捕目标微妙行为的侦察,狼群能够迅速掌握目标整体的行为特征,并利用既定的套路进行围捕。另外,狼群中每个个体都对自己有清晰的定位,通过呼唤或者气味,能够建立各个阶级之间的信息交流,从而依靠群体的力量进行环境的感知以扩大感知范围。

空军工程大学的吴虎胜教授分析了狼群严密的组织系统及精密的捕猎结构[11],通过分析协作捕猎及猎物分配等活动,抽象出三种人工狼（探狼、头狼、猛狼,如图2.7所示）的三种智能行为——探狼游走行为、头狼召唤行为和猛狼围攻行为;提炼出两种智能规则——"胜者为王"的头狼角逐规则和"优胜劣汰"的狼群更新规则;建立了狼群捕猎模型,提出了新的狼群算法WPA,并基于马尔可夫链理论证明了算法收敛性。

图 2.7   三种人工狼

2.2.3 激励机制与涌现机理

激励机制是集群内部运行的核心机制,涌现机理是集群外部显现的核心能力,前者是后者的必要条件,两者共同构成了学界有关集群智能研究中最为重要、最有价值的部分。

由于集群智能的涌现过程中参与者的高度自治性和多样性,涌现的时间、强度和代价都呈现强不确定性。需要探索集群智能参与者动机的多样性与丰富性问题,研究不同场景下群智涌现模式,揭示其内在机理,设计复合式和网络化的群智激励机制,探索不同激励机制对群智涌现程度的影响,建立理论模型和方法,自适应地动态调整,实现可预知、平稳和持续的集群智能涌现。

合理有效的激励机制能够促进参与者之间的合作,减少个体间的冲突与对抗,降低资源损耗,促使集群智能可预知、平稳和持续涌现。集群智能的激励机制主要可以分为内在激励、社区激励和金钱激励三大类:内在激励来自群智参与者的内在需求,如利他主义、娱乐、好奇学习等;社区激励是一种外在的激励机制,利用社区认同感、荣誉、排名机制、知识共享等方式,使社区成员愿意多做贡献;金钱激励也属于外在的激励,既包括奖金、报酬等实际的物质奖励,也包括职务晋升、工作机会等相关激励。

现有的关于激励机制的研究主要集中在社区激励和金钱激励两方面。在社区激励方面,美国斯坦福大学 Anderson 等[12]研究了 Stack Overflow(一个与程序相关的 IT 技术问答网站)群智社区问答中信誉等级激励与社区投票数量和问答的长远价值的关系。他们发现,在群智社区问答中,回答问题的速度与回答者信誉等级紧密相关,其中信誉等级高的回答者常常率先回答问题,并获得较多的社区赞同投票。随后,他们研究了 Stack Overflow 群智社区问答中勋章激励对用户行为和对群智知识库贡献的影响,Stack Overflow 在用户回答一定数量的问题或对回答质量进行一定数量的投票之后,会授予用户虚拟勋章。勋章代表了对用户成就的认可,用户会花费时间和精力努力获得这些勋章,因此勋章具有激励作用。同时,不同类型的勋章具有不同的激励效果,而且用户在接近勋章授予条件时会更加活跃,对群智知识库贡献更多。综上,勋章授予条件与产生的激励效果是可以定量建模的,这就使得群智涌现可控可预知。

金钱激励主要用于基于市场机制的集群智能组织架构,如群智计算任务平台,通过构造群智任务的交易市场,实现群智任务的发布和交易。美国谷歌公司与加州大学伯克利分校的研究人员针对通用的在线众包平台上的参与者群体提出了两种定价策略:一是在给定众包任务预算约束的条件下,通过优化定价策略来最大化被分配的任务数量;二是在给定需完成任务数量的约束条件下,最小化支付成本。针对每种定价策略,分别给出了常数竞争比的在线近似算法。苏黎世联邦理工学院的研究人员 Singla 和 Krause[13]利用采购拍卖与"多臂赌博机"之间的联系,提出了一个基于遗憾最小化方法(regret minimization approach)的在线激励机制。该机制提出了一种基于贪心策略的采购拍卖算法,从而在预算约束下获得近似最优的求解保障。实验结果表明,在群智任务发布者效用指标上,该机制比现有机制提升了180%。

激励机制的最终目的是促使集群智能的涌现。在集群系统中,通过对群体设计简单的交互规则可使群体涌现出单个个体不具备的协调、有序的群体智能行为,称为群智涌现。现有的群智涌现机理大致可分为以下几类。

(1)链接驱动的群智涌现:是从链接角度探索促使智能涌现的机理。典型代表为网页排名(PageRank),其通过网页之间的链接发现枢纽网站与权威网站。

(2)交互驱动的群智涌现:是从交互角度探索促使智能涌现的机理。典型代表为维基百科(Wikipedia),其通过互联网群体交互并设计一系列激励机制与质量保障机制,使群体行为产生智能。

(3)人机融合的群智涌现:是跨层、异质对象之间的智能涌现解析与调控。典型代表为显式和隐式反馈(explicit and implicit feedback),其通过收集、分析、挖掘互联网群体在与机器交互过程中显式和隐式的反馈,训练机器产生更智能的机器学习模型以及设计更人性化的人机交互界面与系统。

(4)信誉激励下的群智涌现:是从信誉系统激励机制角度探索促使智能涌现的机理。典型代表为Stack Overflow,其通过虚拟积分、等级、徽章等一系列信誉系统机制,激励群智参与者产出高质量提问与回答。

(5)物质激励下的群智涌现:是从物质激励(如酬劳)角度探索群体协同、竞争下智能涌现的机理。典型代表为亚马逊土耳其机器人(Amazon Mechanical Turk,AMT),其通过群智任务发布者的反馈与支付酬劳,激励参与者完成更多高质量的工作。

集群智能是涌现出来的,具有不确定性,一般无法预知,在同样的环境进行重复试验,由于个体行为具有一定随机性,产生的结果虽然在总体上相近,但细节上并不完全相同。集群智能是一种自下而上产生的智能行为,这与传统的以知识表示为核心,从全局视角自上而下对个体行为进行规划和预设的符号主义人工智能是不同的。

值得关注的是,复杂系统就是一种典型的能实现涌现的集群系统。复杂性科学是系统科学发展的新阶段,其方法论具有非线性、不确定性、自组织性、涌现性等特征。就科学思维层面来看,复杂性科学的融贯论要求把整体论和还原论结合起来,在整体的观照下分析,在分析的基础上综合,在分析和综合的矛盾运动中实现从整体上认识和解决复杂性问题。

就哲学层面来说,复杂性科学的融贯论要求做到"五个结合":还原方法和整体方法相结合;微观分析和宏观综合相结合;定性判断和定量描述相结合;认识理解和实践行动相结合;科学推理和哲学思辨相结合。也有学者认为融贯论的精髓包括四个方面:一是既包括客观的过去和现在,也包括未来;二是既重视分析,也重视综合;三是在研究具体系统时,既注意部分也注意整体;四是从内外上下、横纵前后认识和解决问题。在复杂性科学研究中注重坚持整体着眼和细处分析相结合的原则。融贯论是在整体观的指导下,把向下和向上的两条路径结合融贯起来,形成还原论和整体论有机结合的方法论。

复杂系统内部个体之间通过局部相互作用,产生在系统层面上才能观察到的一些新属性和新现象。在复杂系统中,随着系统从局部到整体的过渡,少数规则可以产生复杂而神奇的系统现象,在这些复杂的系统现象中存在一些特定的模式,通常将这些可识别并且可以重复发生的特征和模式称为涌现现象。因此可识别并且可以重复是涌现现象必不可少的特征之一,这也意味着涌现现象反映着系统中某些规律性的部分。在孕育涌现现象的复杂系统中,通常不存在一个中心控制者,即涌现现象是在没有中心控制的情况下发生的,它基于众多主体的简单相互作用而产生,但同时又远远超过了主体个体的能力范围。由于无法从简单的局部规则中预测到会发生什么样的涌现现象,因此无法预料是涌现的另一重要特征,这一特性同时也带来了搜索和寻求问题更优解的可能性。

仍以蚁群为例,其在探索最优路径的过程中,整个蚁群是一个复杂系统。在没有中心控制的情况下,单只蚂蚁独立探索最优路径。而在局部探索中,蚂蚁之间能相互探测到之前的探索中留下的信息素,信息素越浓厚,选择对应路径的概率越大,由此整体的最优路径信息素将逐渐浓厚,蚁群复杂系统从局部的探索逐渐过渡到整体的最优的现象,即可认为蚁群涌现出了智能,这种智能显然是可重复的,但也存在不可预料性。

复杂系统除了具有涌现性外,还具有自组织性、主体异质性、智能性、非线性以及不确定性等属性,当一个复杂系统同时具有自组织性和涌现特性时,就称之为自组织涌现系统。集群行为是生物群体中的一类涌现现象,是特殊情况下,生物的自发的、无组织的、无结构的、难以预测的群体行为,是一种群体自发形成的自组织涌现系统。

2.2.4　集群智能的数学基础

用数学原理解释自然现象是掌握其本质的根本手段。一个现实的集群系统在经过适当的简化分析后,可以用状态方程准确而简单地描述出来,但在控制策略上,其数学原理往往变得比较复杂。适用于集群智能的控制策略主要包括基于虚拟结构、基于生物行为、基于一致性算法以及目前新兴的基于强化学习等方法,其中,基于生物行为以及基于强化学习的控制策略难以用简单的数学原理概括,而基于一致性算法的集群智能理论性更强,其数学原理起源于控制论,并在应用通信拓扑理论之后发展壮大。

　　控制论是维纳在 20 世纪创立的,根据其参与研究高炮火力网系统的实际经验,他准确地抓住了自动化系统与通信系统中相关机制的共同特征,通过将这些系统的控制机制和现代生物学所发现的生物机体中的某些控制机制加以类比后,创立了控制论。维纳发现通信和控制系统的共同特点在于都包含一个信息变换的过程,也就是包含着一个信息的接收、存取和加工的过程,但是一个通信或控制系统一般不会总是重复地传送某种信息,它们总是适应人的需要传送各种不同的信息内容。类似地,从集群系统整体来讲,群体不会重复某种单调的动作,而是需要根据周围环境的变化自动调整自己的运动;从集群系统中的个体来看,个体也需要通过邻居的信息交互调整自己的策略。因此,控制论的核心思想是反馈,无论是个体系统控制还是集群系统的控制,其目标都是通过收到的信息分析出系统所处的状态,进而设计控制律来使系统实现给定的目标。

　　在数学模型构建方面,隶属于拓扑学理论的拓扑图,只考虑物体间的位置关系而选择性地忽略它们的形状和大小,应用于集群系统的通信中后极大地推动了集群智能理论的发展。将集群系统中的每一个个体看作节点,个体间的通信关系用边来表示,便可以形成类似图 2.8 代表通信关系的拓扑图,再由每条边的权重,定义邻接矩阵和度矩阵,进一步得到拉普拉斯矩阵(Laplacian matrix)。其中,拉普拉斯矩阵的特征值与集群系统的通信连通度有关,由此便可以将集群系统的通信关系数字化。

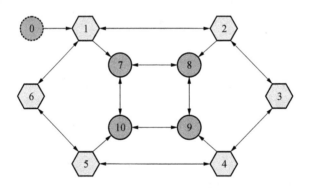

图 2.8　代表通信关系的拓扑图

　　在稳定性分析方面,通过拓扑图和反馈建立了集群系统的数学模型之后,对于集群系统的稳定性分析,则主要采用李雅普诺夫(Lyapunov)定理。Lyapunov 定理是李雅普诺夫于 1892 年创立的用于分析系统稳定性的理论,实质是考察系统由初始状态扰动引起的受扰运动能否趋近或返回到原平衡状态,在控制领域有着极为广泛的运用。从数学上来说,Lyapunov 定理是对于微分方程解的稳定性的研究,可以判定集群系统在特定控制律作用下,状态方程的解是否能够稳定的问题。一般的步骤为通过建立与误差相关的 Lyapunov 函数,选择合适的参数使其负定,则可得到误差趋于零邻域内,由此系统便可判定为稳定,得出集群系统稳定的充分条件。

随着科学界对集群智能的不断关注,相关的科学研究也在逐渐增加,其中包含的数学原理也在研究中得到扩展,例如新兴的多智能体强化学习算法,在集群智能博弈中有着机器学习独特的优势,但最为关键的仍然是上述的控制论、通信拓扑以及 Lyapunov 定理等理论方法,它们始终是集群智能研究的数学基石,在未来仍是实现通往集群智能的重要途径。

2.3　无人飞行器集群智能技术

2.3.1　定义及特点

从哲学的视角探讨了群体智能理论之后,本书又从数学的视角分析了集群智能方法,下面在本节回归到本书的主题——无人飞行器集群智能。围绕群体智能或集群智能,学者们在对自然生物群落建模仿真的基础上,从对表象模拟推演层面跨越到从理论角度探寻个体与系统整体之间的关系层面。近年来,针对多智能体系统理论的研究进入实际应用阶段,大量的工作越来越侧重于解决实际问题,尤其是军民应用场景中出现的问题,无人飞行器集群智能技术由此诞生。

无人飞行器集群智能是指多个具有共同任务目标的无人飞行器个体,借助现代控制与决策手段,维持无人飞行器以群体形式有序执行任务的智能技术。随着控制技术、通信技术、传感器技术和智能调度技术的快速发展,无人飞行器集群智能在区域测控与搜索、军事侦察与打击、信息通信、气象监测和物流运输等军事与民用领域得到了广泛应用。无人飞行器集群智能技术能够使无人飞行器在极少人为干预的情况下做出自主协同决策,具有自组织性、协同性、并行性和安全性的特点,是未来飞行器技术信息化、智能化发展的必然趋势。

目前,无人飞行器蜂群作战是无人飞行器集群智能技术最典型的应用场景,一组具备部分自主能力的无人飞行器在有/无人操作装置的辅助下,实现无人飞行器间的实时数据通信、多机编队、协同作战,并在操作员的指引下完成渗透侦察、诱骗干扰、集群攻击等一系列作战任务。

借鉴生物集群的特点,可以概括提炼无人飞行器集群智能技术的特点。

1. 分布式的系统架构

传统集群系统的任务模式一般是自上而下的,部分顶层的指挥控制节点能够决定任务和信息的产生和发布方式,信息和决策的流向往往是单向的,从感知节点将信息逐层传递给指挥控制节点,再从指挥控制节点将命令传递给作战节点,形成自顶向下的系统组织协作方式。在集群智能的支持下,无人飞行器集群协同中感知、决策和执行的产生是分布式和双向的,通过功能节点的分布式跨域协同,形成复杂的分布式体系架构,通过局部信息和功能节点的分布式协同,在整个集群系统中没有单一故障点,没有单一数据链,没有一种可以让系统彻底失效的单节点,单个节点或小节点群的损失不会使整个系统崩溃。集群功能要素分解与分布式系统形成协同链路的非线性增长能力,最终实现弹性抗毁并降低体系脆弱性,分布式网络化协同提升群体效率,低成本节点实现经济可承受性。

2. 任务分解与协作智慧

集群智能基于“观察、判断、决策、行动”循环,将集群能力分解为最小实用要素,即观察节点、判断节点、决策节点和行动节点,跨节点的竞争、合作与对抗等协作通过高级数据链实现。功能要素的分解有助于集群能力的恢复,因他们某个功能节点的损失只代表一个功能的损失,随遇接入相应的其他相同功能节点即可恢复系统作战能力。互操作性,即各功能节点间具备高度互操作性是实现敏捷互联、随遇接入的关键。这种互操作性不需要精心设计的统一组件和接口,而是通过兼容多种方式组装的组件和接口,使用许多不同类型的数据链、通信和消息格式进行互联,具有自动发现、连接和识别其他集群功能元素的信息需求能力,进行按需自动化连接和信息共享,从而将各种互操作平台在系统层面进行联合,根据不同场景的任务需求自适应敏捷生成群体能力。

3. 动态演化与自适应性

集群间协同随任务的改变和时间的推移发生动态演化。一方面,在一定任务环境下,集群功能节点根据任务需求动态加入和退出,不同的任务参与协同的节点应该动态选取,节点之间的协同关系也会随着任务不断发生变化;另一方面,集群协作拓扑的结构、状态、特性、行为、功能等随时间的推移而发生变化。从宏观的角度来看,无人飞行器集群的组成节点和网络结构的动态演化,支撑形成了其自适应性的特点,能够根据任务的变化自组织调整。

2.3.2　从生物群体智能到无人飞行器集群智能

前面章节中,介绍了一些生物群体的特点与原理,这些生物群体的集群智能特点启发了一系列的集群智能算法。集群智能优化算法是对一些生物的群体行为进行模仿,利用种群中社会等级或是信息交流方式等构建算法机制,遵循搜索机制在搜索空间中找到满足要求的解,从而实现对问题的优化求解。由典型的生物集群现象启发的最有代表性的优化算法有蚁群优化(ant colony optimization,ACO)、粒子群优化(particle swarm optimization,PSO)、人工鱼群算法 (artificial fish-swarm algorithm,AFSA)、人工蜂群(artificial bee colony,ABC)算法、萤火虫算法(firefly algorithm,FA)、鸽群优化(pigeon-inspired optimization,PIO)等。下面将介绍几种典型由生物群体的智能现象启发的集群智能算法及相应分析。

1. 蚁群算法分析

意大利学者科洛尔尼（Colorni）等[1]早在 20 世纪 90 年代初期便通过模拟自然界中蚂蚁集体寻径的行为提出了基于种群的启发式仿生进化算法——蚁群算法。在国内最先利用蚁群算法解决组合优化问题是张纪会和吴庆洪，他们给出蚁群算法的定义是一种随机搜索算法，与其他模拟进化算法一样，通过候选解组成的群体的进化过程来寻求最优解，该过程包含两个基本阶段：适应阶段和协作阶段。在适应阶段，各候选解根据积累的信息不断调整自身结构；在协作阶段，候选解之间通过信息交流，以期望产生性能更好的解。

蚁群算法是一种自组织算法，无需外界指令便能够将系统从无序状态演化为有序状态，具有群智激发的潜力。应用蚁群算法于优化问题中能够发现较好的解，避免陷入局部最优，主要有以下几点原因：一是该算法是一种本质并行的算法，个体之间不断进行信息交流和传递，有利于发现较好解；二是该算法利用了正反馈原理，在一定程度上可以加快进化过程；三是单个个体容易陷入局部最优，而多个个体通过协同合作，能够较快地收敛于解空间的某一子集，有利于对解空间的进一步探索，从而发现较好解。蚁群算法也存在一些缺陷，如需要较长的搜索时间。

蚁群之所以能够涌现出复杂有序的行为，个体之间的信息交流与相互协作起着重要的作用。作为一种模仿生物特征的新兴进化算法，蚁群算法在时间调度、路径规划、组合优化等领域中已展现出它特有的优势能力。但蚁群算法理论与遗传算法、模拟退火算法等理论相比还远不成熟，实际应用也远未挖掘出其真正潜力，还有许多方面有待发展，主要体现在以下几个方面。

（1）参数设计理论有待加强。启发式因子作为最重要的参数，决定了信息素和启发信息之间的相对重要性，对算法的收敛性和收敛速度、避免陷入局部最优值的能力有着重大的影响。解决不同优化问题时合理地设计启发式因子能有效地平衡探索与开发的关系，对算法的各项性能的提升非常重要。此外，信息素挥发系数、蚂蚁数量、运行时间等参数设计理论也亟须进一步发展和数学分析。因此，该算法的参数设计理论研究将在未来成为研究的一个重要方向。

（2）与其他类型方法综合。在最优化理论中有一个"没有免费午餐"定理，指的是任何单一的智能算法自身都会存在一定的缺陷，无法做到面面俱到。因此很多研究者尝试基于蚁群算法开发混合优化方法，进而发展出功能更强大、解决更复杂问题的智能算法。例如，一些研究者将蚁群算法与神经网络、模糊控制、遗传算法、模拟退火算法等相融合，均取得了相应性能的提升。总之，与其他类型方法综合也将成为未来蚁群算法领域内新的研究方向。

（3）深化蚁群算法的实践应用。近年来，蚁群算法虽在调度、规划、优化等问题得到了广泛的应用,但其中落到实际应用中的研究较少,大多仅仅是对蚁群算法在该方面应用的一个数值仿真。因此需要进一步深化蚁群算法在实际应用中的潜力,在对现有应用领域进行深化研究的同时,进一步扩大其应用范围。此外,蚁群算法的硬件实现也将成为研究的热点方向之一。

2. 蜂群算法分析

如前面章节提到的,ABC 算法是模拟蜜蜂的采蜜过程而提出来的群体智能算法,其与遗传算法最大的区别就是角色转换。三类蜜蜂的作用分别为:引领蜂用于维持优良解;跟随蜂用于提高收敛速度;侦察蜂用于增强摆脱局部最优的能力。基本的 ABC 算法主要存在以下问题:ABC 算法存在"早熟"的收敛性缺陷;ABC 算法具有较好的探索能力,但开发能力不足,局部搜索能力较弱,收敛速度相对较慢。针对 ABC 算法的不足,国内外的学者提出了较多的改进方法,主要包括算法参数调整、综合其他算法和设计新的学习策略等三个方面:

(1)在参数调整方面,国外许多研究者进行了大量的实验研究,发现参数设置对 ABC 算法性能的影响主要有以下几点:一是问题的维数对 ABC 算法的影响不大,这使得 ABC 算法也适用于高维问题;二是群体规模(colony size,CZ)对 ABC 算法的性能影响并不显著,少量的群体个数仍可获得优良解;阈值对算法的性能有较大的影响,太小的阈值不利于蜂群协作搜索,太大的阈值降低了算法的探索能力,对于较复杂的函数,阈值的初始设置为群体规模与维数的乘积最好。

(2)在综合其他算法方面,目前一些研究者引入了其他智能优化算法以改进 ABC 算法,研究集中在 ABC 算法与 DE 算法、PSO 算法等的综合上。与上文中的蚁群算法类似,ABC 算法作为一类单一的智能算法无法包揽所有的优点,总会存在一定的缺陷,如何使得其他智能优化算法与 ABC 算法自然融合便成为一个改进方向。不同的智能优化算法具有某些相同的机制和原理,但它们表现出不同的行为特征。例如,遗传算法强调群体的进化能力,ABC 算法强调群体之间的协作,粒子群算法强调群体的学习,面对不同的问题时,可以运用上述算法在对应需求上对 ABC 算法进行综合改进。

(3)设计新的学习策略方面,基本 ABC 算法的学习策略是通过个体与个体之间的交互实现的,这种策略具有较好的探索能力,但是开发能力有待加强,使得 ABC 算法的收敛速度和搜索精度受到较大影响。因此,设计新的学习策略以平衡强化开发能力,是提高 ABC 算法性能的一条重要途径。目前主要在引入最佳个体和全局最优位置上有较多研究。例如在跟随蜂的搜索公式上添加了迄今为止最佳个体(best-so-far)的适应度值来提高开发能力,还有在蜜源搜索公式上增加了全局最优位置的引导来平衡开发和搜索能力。

目前,基于 ABC 算法的改进研究都在一定程度上提升了对应性能,但表现各有千秋。综合对文献的调研结果和对未来的发展态势来看,"设计新的学习策略"

目前的研究成果不多,但在未来或许将成为最具前景的改进方法。

值得注意的是,作为无人飞行器集群智能在军事作战中应用最广的无人飞行器蜂群作战,主要受以蜂群算法为代表的昆虫群智方法的启发。最开始的群智算法是由法国生物学家 Grassé 在对昆虫群落的行为研究中发现的,他在 1953 年提出,虽然蚂蚁、蜜蜂等昆虫的个体结构非常简单,但成群的蚂蚁、蜜蜂却可完成远超个体能力的复杂任务,呈现出明显的智能行为。之后随着人工智能技术的加持,生物界的集群智能现象被美军视为一项重大颠覆性技术来源。20 世纪初,DARPA率先启动了无人飞行器"蜂群"空中战役研究计划。2014 年,美国防部提出第三次抵消战略,并于次年将无人飞行器"蜂群"作为其五大关键技术之一,这是在美官方首次提出无人飞行器"蜂群"作战概念。之后于 2016 年 5 月,美空军在首份专门针对小型无人飞行器系统的《小型无人机系统飞行规划:2016—2036》中,进一步明确了无人飞行器"蜂群"在不同对抗环境下的作战概念:低对抗环境下,无人飞行器"蜂群"可直接由 C‐130 运输机投送,执行情报侦察、监视及目标指示任务;而面对强对抗环境,无人飞行器"蜂群"将有两点变化,一是改为由更加先进的 B‐2 隐身轰炸机投送,二是新增加了对空/对地电子攻击、压制摧毁敌防空火力等功能。该规划中还对无人飞行器"蜂群"做出了定义,指出无人飞行器"蜂群"应参照蜜蜂等生物的集体行动模式,通过自组网执行任务,"蜂群"中的无人飞行器既可以相同,也可以不同,既可以有中心,也可以无中心。之后美国各个研究机构分别完成了"郊狼"小型无人飞行器、"灰山鹑"无人飞行器、"小精灵"无人飞行器以及进攻性蜂群使能项目的试飞试验。这些试验中,强调不再由当前的高价值多用途平台独立完成作战任务,而是将能力分散部署到诸如无人飞行器蜂群中,由多个平台联合形成作战系统,共同完成任务。

3. 鸽群算法分析

鸽群算法基于鸽群行为机制及聚类模型演化而来。鸽群层级行为对无人系统集群智能有很大启发,具体可体现在:首先,鸽群具有不同于一般陆地群体的单一领导机制,这与无人飞行器集群中的多领导者和个体局部信息交互方式有相通之处。因为鸽群在编队飞行中,每只鸽子受到通信距离和视野的限制,很难实时观察并跟踪头鸽,但能实时观察到通信距离内和视野范围内的其他鸽子的行为。处于拒止环境中的无人飞行器集群系统也面临着类似的问题,个体不能保证实时处于领导者的通信范围内,此时可利用多个全知跟随者作为其他跟随者的领导者,以及确定跟随者之间的局部信息交互方式来解决该问题。其次,并不是任何两只鸽子之间均可进行通信,鸽群之间存在严格的等级划分,且个体与群体的联系方式并不唯一。该机制与无人飞行器集群智能中的拓扑通信方法有着相同的效果,可以在保证集群系统通信可靠性的基础上节省单个飞行器通信系统的占用空间,并且在个体出现故障后仍可进行编队重构,继续执行任务。

4. 鱼群算法分析

鱼群算法的特点包括：算法中只需要比较目标函数值，因此对目标函数要求不高；算法对初值的要求不高，初值随机产生或设定为固定值均可以；算法对参数设定的要求不高，有比较大的容许范围。同时，它也存在一些有待改进的地方：随着人工鱼数目的增多，将会需求更多的存储空间，也会造成计算量的增长；由于视野和步长的随机性和随机行为的存在，使得寻优的精度难以很高。不过，由于鱼群模式可以采用面向对象的方式来实现，所以对功能的扩展和改造有着良好的基础。例如，在鱼群算法中，当寻优的域较大或处于变化平坦的区域时，一部分的人工鱼将处于无目的的随机游动中，这影响了寻优效率，可以引入竞争机制和生存机制加以改善。此外，还可以使用分段优化和组合优化的方法，来提升算法的收敛精度，克服局部极值等问题。

一般而言，鱼群算法中不包含所谓的领导者，单个个体的行为也相对比较简单。如果只是关注个体，那么会觉得个体的行为是盲目且随机的，但如果关注到全局的行为，却可发现鱼群的行为是存在秩序与目的的。因此，鱼群算法不同于传统设计方法，是一种自下而上的设计方法，即动物自治体模式。动物自治体指的是自主机器人或动物模拟实体，鱼群算法能够体现动物在复杂多变的环境里面能够自主地产生自适应的智能行为的自治能力，对无人飞行器集群智能中的涌现机制的研究有着巨大的启发作用。

5. 狼群算法分析

狼群算法作为一种随机概率优化算法，起源于模拟狼群捕食及食物分配等集群行为中诞生的协同合作机制。相比于其他优化算法，狼群算法有许多优点，比如算法结构简单，需要调节的参数少，较为容易实现；再如狼群算法中存在能够自适应调整的收敛因子以及信息反馈机制，能够在局部寻优与全局搜索之间实现平衡，因此在对问题的求解精度和收敛速度方面都有良好的性能。但狼群算法也存在如下缺点：

（1）种群多样性差，这是由狼群算法的初始种群生成方式导致的。随机初始化生成初始种群的方式无法保证较好的种群多样性。

（2）后期收敛速度慢，这是由狼群算法的搜索机制造成的。狼群主要依据与头狼的距离来判断与猎物之间的距离，导致后期的收敛速度较慢。

（3）易陷入局部最优，这是因为头狼不一定是全局最优点，在不断地迭代中，其余狼不断逼近头狼，导致狼群算法陷入局部最优解。

针对狼群存在的缺陷，许多学者进行了相关改进，以便提升狼群算法的性能。类似于蜂群算法，有学者将精英反对学习策略和单纯形法引入到狼群算法中，提出了一种基于精英反对学习的新型混合狼群算法——EO 狼群算法，该算法丰富了种群的多样性，提高了算法的局部搜索能力，更好地实现了全局搜索与本地搜索之间的平衡。此外,还有种基于复数值编码改进初始种群参数的方法。初始种群的好坏对群体智能优化算法的全局收敛速度和解的质量有很大的影响,多样性好的初始种群能够提高算法的寻优能力。

综上可知,关于生物群体算法的大量研究集中在经典组合优化以及参数优化方面,而在更具现实意义的多目标优化、多约束优化、动态不确定等问题中的应用较少,诸如多约束条件下的生产调度问题、基于动态需求的库存与配送等问题。

在各个方面,生物集群智能与无人飞行器集群智能在映射机理上都存在相似性。下面以经典的狼群算法为例,介绍狼群智能与无人飞行器集群协同决策的相似性。

首先,狼群对待猎物的围捕行为可与无人飞行器集群对抗目标的拦截或攻击行为相对应。狼群生活在恶劣的环境中,经过长时间的动态演变逐渐成为食物链的顶端,形成了一套快速准确的决策手段以选择最有利于自身的行动策略。处于拒止环境下的无人飞行器集群系统,也需要实时高动态地进行分布式决策与控制,以完成对目标的协同围捕或协同拦截。目前除了模仿狼群的围捕行为,也有部分研究者考虑得更加长远,采用多智能体强化学习的方法对无人飞行器集群系统进行训练,以期望集群系统能够产生类似于狼群的进化机制。

其次,无人飞行器集群系统在态势感知认知方面与狼群协同侦察的行为相似。狼群在捕猎之前,一般由团队合作进行大范围狩猎环境的侦察,掌握周边环境和围捕目标的典型特征,并以特有的通信方式进行群内交互。无人飞行器集群系统在拒止环境下也需要借助多机信息融合实现对动态目标的感知认知,模仿狼群的分工和通信方式,可获得更加详细、准确和实时的信息。

再者,狼群中等级森严的协同机制也可映射到无人飞行器集群系统中来。正是因为狼群内部的社会等级结构,狼群拥有着稳定应对突发情况和一致决策的能力。狼群各个等级的成员之间具有明确的上下级关系,当头狼通过了解全面信息确定群体任务并得到其他成员的认同后,狼群将会迅速做出正确的决策。无人飞行器集群系统也可通过建立个体与邻居交互的通信拓扑网络,确定出领导者和全知跟随者,设计出所有个体能够不同程度参与协同决策的一致性协议,最终做出有利于推动任务完成的机动策略。

综上可知,狼群智能行为机制可作为强化无人系统集群对抗决策的重要依据。

在研究无人飞行器集群智能技术的时候,更加重视生物集群智能,不仅是因为前文所述的两者之间的渊源关系,还有深层次的技术层面的需求和考虑。如同人工智能应用于机器以提升其智能化一样,基于生物集群智能研究无人飞行器集群智能的根本目的,是提升其任务能力。无人飞行器集群系统在动态对抗环境下需要动态感知、快速决策和足够的系统一致性,因此,首先要将生物群体智能技术针对无人飞行器集群行为模型和工程需求进行适配,在此基础上,基于生物种群的本质规律,结合理论建模和工程手段优化无人飞行器集群系统的控制与决策技术。

2.3.3 研究现状

无人飞行器集群智能是分布式任务能力跃升的倍增器,在军事应用及军民融合领域具有广泛的发展前景,特别是近年来军事领域的作战概念和实际案例一次次引起社会的关注聚焦和学界的大范围讨论,加速推进了相关技术研究的进展。

2019年上映的电影《天使陷落》中有这样一幕场景,让观众们印象深刻:美国总统在钓鱼时遭到像"蜂群"一样的大批无人飞行器的袭击,数十上百架的无人飞行器配合默契,行动迅速,即使是训练有素、装备精良的总统卫队面对蜂拥而来的无人飞行器集群也毫无还手之力,顷刻之间就全军覆没。接二连三的爆炸场面让观众目瞪口呆,大家第一次直观感受到了无人飞行器蜂群作战的威力。在当年召开的中国指挥与控制学会集群智能与协同控制专业委员会成立大会上,到会的八位报告专家中有五位专家都提到或引用了《天使陷落》中的这个桥段,大会现场的串场视频也在反复播放这部分影片片段,在学界引发了巨大反响。

下面主要从无人飞行器集群建模与协同控制理论、无人飞行器集群智能与协同控制技术两个方面,简单梳理了相关研究进展。

1. 集群建模与协同控制理论

前面章节介绍过,集群建模与协同控制理论描述集群行为有两种最为常见的模型,分别是 Boid 模型和 Vicsek 模型。Boid 模型是1987年由 Reynolds 提出的一种计算机模型,用于模拟鸟类等动物的群体运动。假设每只鸟只能观察到它周围固定范围内的个体,那么基于靠近、对齐和避碰3条规则就可以在计算机中复现出自然界中鸟类的集群现象[14]。Vicsek 模型则由匈牙利物理学家 Vicsek 等于1995年从统计力学的角度提出的,通过改变群体密度以及噪声强度,对集群行为进行定量分析[15]。Boid 模型与 Vicsek 模型共同构成了集群行为理论研究的基石,也为无人飞行器集群智能的研究提供了重要的理论架构、分析工具和方法支撑。

值得注意的是,当前学界对于集群建模与协同控制理论的研究常常基于无人飞行器集群来构建研究体系,采用旋翼无人飞行器这种容易获取、能够开源开发且具备全自由度控制的无人飞行器来进行试验验证,这是作者在文献过程分析中最大的体会,文献作者往往忽视了集群与无人飞行器集群的概念边界。分析这个现象产生的原因,一方面是因为旋翼无人飞行器等民用无人飞行器的全社会普及,验证方便且成果直观可见,另一方面是无人飞行器比无人车、无人船等无人平台多了一个行动空间维度,建模与控制更加复杂。下面从无人飞行器编队问题入手,介绍几种常用的建模与控制策略。

1) 长机-僚机策略

长机-僚机策略基本思想是位于编队中的第一架无人飞行器作为长机,其他无人飞行器作为僚机。在整个编队飞行过程中,长机按照预先规划好的航迹进行飞行,而僚机参考编队中领航者无人飞行器的相对位置进行飞行。长机-僚机的编队控制一般有两种模式,模式一是长机模式,模式二是前者模式。在长机模式中所有的僚机都是以长机作为参考来实现队形的控制,而在前者模式中,每架无人飞行器一般参考位于自己前面的无人飞行器。图 2.9 即为长机-僚机的两种模式,可以看到无人飞行器之间的通信是逐级传递的,且只有长机向僚机通信。

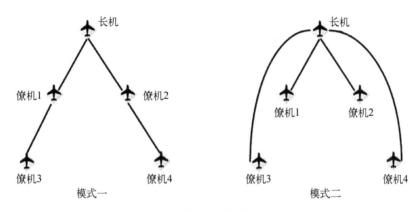

图 2.9　长机-僚机法示意图

长机-僚机策略的优点是简化了多无人飞行器系统的控制,但它仍然具有一定的局限性,主要体现在:一是处于编队中的长机没有僚机的位置误差反馈,当采用链式长机-僚机进行编队飞行时,僚机的位置误差迭代增加时,或当跟随者受到较大扰动时,都将导致整个编队失效;二是长机的控制失效或故障将导致整个编队无法维持。

2）虚拟结构策略

虚拟结构策略是一种集中式控制方法,由美国加利福尼亚大学 Lewis 等在 1997 年首次提出。其将编队作为一个虚拟刚体,在编队中设定一个虚拟长机或虚拟几何中心,如图 2.10 所示,队中所有无人飞行器都参照虚拟长机或虚拟几何中心运动。

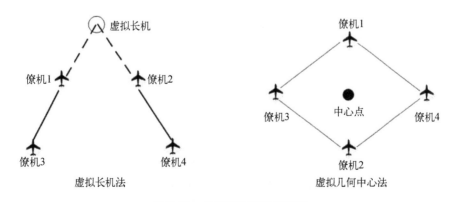

图 2.10　虚拟结构策略示意图

虚拟结构策略避免了领导者-跟随者方法中领航无人飞行器出现故障或毁机时编队无法保持的缺点。而且该方法通过把编队误差反馈加到控制器,得到了较高的编队控制精度。然而,合成虚拟长机和获取邻机位置,需要较高的通信质量和计算能力,这使得编队可靠性较差。而且此方法要求编队飞行必须刚性运动,限制了实际飞行的应用范围。

3)基于行为策略

基于行为的策略首先要定义无人飞行器的几种基本控制行为,如跟随、避障和队形构成等,再对定义的几种行为进行加权得到协同控制方法,使系统中的每个单体都具备依据自身决策来协调其他单体完成目标或任务的能力。受生物群体社会行为的启发,越来越多的团队通过分析生物系统的行为规律研究无人飞行器编队飞行问题。

在传感器数据错误或缺乏的情况下,基于行为的方法能够综合考虑无人飞行器协同编队飞行中的多个行为,有效整合各种行为,从而使整个编队仍然可以保持。该方法根据预设信息和触发条件来形成控制指令,因此降低了编队的适应性和灵活性。

4)一致性策略

每个个体利用与之通信的相邻个体的状态信息更新自身的状态,并最终使所有个体状态达到一致。采用一致性理论进行无人飞行器编队控制研究,基于分布式网络实现无人飞行器之间的信息感知与交互,可以实时应对突发情况,提高编队安全性。一致性概念最早出现在计算机分布式计算网络化的动态系统中。

基于一致性进行分布式大规模编队具有良好的灵活性和适应性,同时编队鲁棒性也不会因某架无人飞行器个体损伤或毁机而降低。但是分布式控制算法比较复杂,对通信信道容量及通信时延的要求较高,目前所设计的编队控制器不能长时间保障所有无人飞行器收敛到一致状态。

为了更加关注群体智能理论的发展,很多研究将无人飞行器抽象为二阶或高阶智能体进行更加偏向群体的研究,并将无人飞行器集群系统称为多智能体系统。在上述围绕无人飞行器编队策略论述的基础上,下文不失一般性地论述多智能体集群控制的现状,包括通信网络、协同控制方法、仿真验证等。其中,通信网络主要用于个体间信息的传递,包括有向图和无向图两类,图又可以分为有权重图和无权重图两种。针对复杂系统的通信网络又诞生了一个新的分支——复杂网络控制科学。

协同控制通常根据个体间的相对位置和相对姿态信息结合一致性算法和人工势场法来实现。其中,一致性算法用于个体之间的速度匹配,人工势场法则是主要用于调节个体之间的距离,包括个体间避障、队形控制和通信网络的连通性保持。此外,模型内部的不确定性和外部扰动(如风的影响等)会导致控制方法失效,Q学习算法和自适应鲁棒控制是目前解决集群控制中涉及的模型不确定性和外部环境干扰问题的有效方法之一。

除了基于一般的人工势场法来协调集群问题中的个体间距,Sahu 和 Subudhi[16]提出了模糊人工势场法,并将其应用于多智能体的集群协同控制中,与一般的人工势场法相比具有更高的执行效率。Yazdani 等[17]则是通过设计基于采样周期的时变约束条件,来保证多智能体集群系统的连通性和个体间的避碰。此外,基于位置度量的模型预测控制方法已经被用于多智能体的集群控制研究中,但并未涉及个体间的避碰和通信网络的连通性保持问题[18]。基于线性的模型预测控制方法也被用于执行多智能体的集群控制仿真和实验,但并未做详细的理论分析[19]。在考虑输入有界的前提下,华中科技大学的研究团队分别研究了基于二阶积分器模型[20]和基于 Cucker-Smale 模型[21]的多智能体集群控制问题,设计了模型预测控制协议,给出了完整的证明,也考虑了避障的情况。在有向拓扑条件下,基于 Cucker-Smale 模型的多智能体集群控制问题也已经被进一步讨论,并考虑了多领航者的情况[22]。滑模控制方法也被用于解决多智能体的集群控制问题,但大部分研究在仿真验证中只涉及了无人飞行器的高度控制和方向角对准[23]。将无人飞行器集群系统简化为多智能体系统是一种无可奈何的行为,但也因为这样的模型简化才使得集群系统突破了单体复杂模型的限制,在群体智能理论方面有了长足的发展。

2. 集群智能与协同控制技术

前面的章节总结提炼了集群智能与协同控制的技术体系,作为本书论述相关内容的重要基础,其主要包括集群协同感知技术、集群协同决策技术、集群协同制导技术和集群协同控制技术等方面。

1)集群协同感知

无人飞行器集群协同感知是无人飞行器集群控制和决策的基础。在实际研究中,要实现态势的协同感知,主要需要进行协同目标探测、目标跟踪、组网通信和信息共享,以获取完整、清晰、准确的信息,为决策提供支持。

针对目标探测与跟踪,早期相当一部分研究[24, 25]在线性、高斯条件下采用卡尔曼滤波对目标位置进行估计,然而在对协同目标的探测与跟踪研究工作中,分布节点之间的一致性问题逐渐凸显,一些学者引入了一致性估计方法对目标状态进行分布式估计[26],这其中就涉及组网通信和信息共享。一致性估计方法将无人飞行器作为通信网络节点进行组网,采用无人飞行器只与其邻居节点进行通信的方式进行信息共享。众多学者[27-30]在此基础上将有向或无向的通信拓扑运用到编队飞行中,考虑通信算法和控制技术的耦合,研究基于通信质量约束的集群控制方法,能够有效提高无人飞行器集群完成任务的效能。目前组网通信和信息共享仍处于发展阶段,未来主要有以下几方面挑战:一是如何应对强电磁干扰环境下通信的延迟、丢包、异步以及拓扑切换等情况;二是如何克服由于分布式的应用环境、平台计算能力差异导致的空间、时间不确定性;三是自身小型化带来的续航与自主能力降低的问题。因此,下一步应积极探索无人飞行器集群网络通信相关技术,重点提高无人飞行器集群通信稳定性、高效性、安全性,满足未来无人飞行器集群作业自主性、智能化、多任务情况下对组网通信的需求。

2)集群协同决策

无人飞行器集群协同决策是实现无人飞行器集群优势的核心。集群协同智能决策的内容主要包括任务分配、航路规划等任务的动态调度,以及架构调控、效能评估等方面的智能决策。

任务分配问题重点需要考虑任务优先级、任务执行路径以及外部动态环境等约束,力求使得无人飞行器在执行任务生存概率和作战效能达到最佳。针对任务优先级这一约束,有研究者将任务分配分为目标聚类、集群分配和目标分配三个方面,考虑了优先级的同时解决了计算复杂的难题[31]。这其中目标分配也是协同决策的一大研究热点,有学者针对作战多目标分配问题进行了探讨,主要针对的是多无人飞行器对多作战飞机的目标优化分配,旨在解决如何根据战场态势合理分配目标,以避免重复攻击,并相互支援,充分发挥无人飞行器的打击效能[32]。针对任务执行路径最优化的要求,可采用蚁群算法[33]、遗传算法[34]等智能算法,结合路程、通信、无人飞行器自主化水平,建立目标群模型,解决路径约束问题。针对外部环境动态变化的问题,可引入粒子群算法[32]、合同网协议[35]等进行在线实时任务分配。航路规划需要在保证路径全局最优的同时,考虑避障、避撞以及时间最短等约束,目前主要通过分层管理[36]、引入协同变量及函数[37]、建立航路综合规划框架[38]等方法来解决。至于智能决策方面,通过任务完成度、任务执行成本、可靠性指标等参数对无人飞行器集群系统进行架构调控和效能评估,一直以来都是使其在高对抗的战场环境下作出合理判断与决策的有效手段。

3)集群协同制导

无人飞行器集群协同制导是执行集群协同打击、协同围捕等任务的技术核心,目前在信息滤波、协同导引、单体制导等方面有着许多研究。

单体制导的历史由来已久,以比例导引为代表的传统制导律已发展得相当成熟,近年来主要围绕高超声速飞行器等具有强机动性和快速性的目标作一系列改进。而随着大规模群体性目标的兴起,单体制导已难以应对,在此基础上协同制导迅速发展起来。协同制导可分为分层协同制导架构、分段协同制导架构以及领-从协同制导架构三个方面。分层协同制导架构[39]是较早提出的一种架构,顶层是协同制导变量协调层,底层则是协调变量的执行层。有学者基于最优控制理论,提出了能够同时满足遭遇时间、终端角度和法向过载约束的双层协同制导架构[40]。分段协同制导架构在不同阶段考虑不同的约束条件,例如在最优一致性方法中规定时间,可实现最优协同制导性能和攻击时间一致性的同时保障。领-从协同制导架构[41]主要由国内学者提出,通过多跟随者对领导者进行跟踪,能够间接实现制导协调变量的一致性,这种架构下协同制导律设计更加灵活。滤波作为制导的基础,最常见、最基本的方式是卡尔曼滤波,但随着协同制导的发展,信息滤波逐渐发展起来,信息滤波是一种以信息矩阵为参数的高斯滤波,在解耦和估计更新上更加简单。为降低滤波算法的计算量和通信量,目前很多学者基于扩展信息滤波展开了大量研究[42-45],例如中心差分信息滤波(center differential information, CDIF)、分散式增广信息滤波(distributed augmented information filter, DAIF)以及稀疏扩展信息滤波(sparse extended information filter, SEIF),还有基于 SEIF 提出的不依赖于环境特征的双视觉同步定位和构图方法等。

4)集群协同控制

无人飞行器集群协同控制是无人飞行器集群执行任务的基础和基本支撑。作为无人飞行器集群智能与协同控制发展最活跃的技术,除了内环的姿态稳定和姿态一致性控制外,外环的编队保持、编队重构、自主避障等关键技术一直都是国内外研究的热点。

无人飞行器以集群编队形式执行任务过程中,受平台性能、战场环境、战术任务等因素的制约,不可避免地会遇到障碍物,或是出现飞行器之间的碰撞现象,所以如何既合理地避免这些情况,又最大限度地保持编队队形,便是编队保持、编队重构、自主避障三种技术需要解决的问题。如前文所述,编队保持主要有基于长机-僚机、基于行为、基于虚拟结构以及基于一致性的策略。长机-僚机策略形式简单、易于实现,但由于过于依靠长机,编队鲁棒性较差。虚拟结构策略将整个编队队形看成是一个虚拟的刚体结构,编队精度高,但可靠性及实用性受限。基于行为策略来源于生物集群现象,但分析基本行为融合的不确定性很难,因此一致性策略逐渐成为编队控制的主流,众多学者基于一致性策略做了大量研究[46-49],考虑了异构模型、干扰抑制、多种通信约束等问题下的编队保持。此外,单一固定的编队队形往往无法满足集群的实际飞行需求,队形重构也有着许多研究,例如仿雁群长途飞行的编队重构、基于切换系统理论和积分滑模编队重构控制器、基于纳什均衡及凸优化理论的编队重构等。自主避障技术常用的策略主要有基于优化的策略和人工势场策略。相较于基于优化的策略,人工势场策略将无人飞行器所处的环境视为混合势力场,即假设目标周边有引力场,其他飞行器和障碍物周边有斥力场,以此实现任务的同时能够躲避障碍和防止碰撞,具有控制器设计简单、更新参数少、实时性强的优点。

无人飞行器集群智能系统是由大量不同类型和功能,具备自主决策、信息交互和协同控制能力的无人飞行器组成的群体智能系统,在军民领域都有着广泛的应用。近几十年来,众多学者基于集群建模与协同控制理论,建立起完备的集群智能与协同控制技术体系,包括协同态势感知技术、集群协同智能决策技术、集群协同制导技术和集群自主编队控制技术及其各类子技术。通过理论与技术的结合,无人飞行器集群智能技术不仅有了集群智能理论作为技术发展的内核,也多了许多技术实践作为理论创新的可靠性支撑。目前理论与技术在互相验证、互相催化中不断发展,已经促使无人飞行器集群系统逐渐走向自主化、自治化、智能化,涌现出远远超越单体功能的集群智能。无人飞行器集群智能技术正逐渐成为军事智能中的新型作战颠覆性技术,未来在智能化战争时代将具有无可比拟的现实意义,在民用空天领域也将具有广阔而长远的应用空间。

参考文献

[1] Colorni A, Dorigo M, Maniezzo V. Distributed optimization by ant colonies[C]. Paris: Proceedings of the First European Conference on Artificial Life, 1991.

[2] Eberhart R, Kennedy J. Particle swarm optimization[C]. Perth: Proceedings of the IEEE International Conference on Neural Networks, 1995.

[3] Beni G, Wang J. Swarm intelligence in cellular robotic systems[M]//Dario P, Sandini G, Aebischer P. Robots and biological systems: Towards a new bionics? Berlin, Heidelberg: Springer, 1993.

[4] 段海滨,李沛.基于生物群集行为的无人机集群控制[J].科技导报,2017,35(7): 17－25.

[5] 张纪会,徐心和.一种新的进化算法——蚁群算法[J].系统工程理论与实践,1999, 19(3): 84－87.

[6] 秦全德,程适,李丽,等.人工蜂群算法研究综述[J].智能系统学报,2014,9(2):127－ 135.

[7] 霍梦真,魏晨,于月平,等.基于鸽群智能行为的大规模无人机集群聚类优化算法[J].中国科学:技术科学,2020,50(4):475－482.

[8] 邱华鑫,段海滨,范彦铭.基于鸽群行为机制的多无人机自主编队[J].控制理论与应用, 2015,32(10):1298－1304.

[9] 李晓磊,邵之江,钱积新.一种基于动物自治体的寻优模式:鱼群算法[J].系统工程理论与实践,2002,22(11):32－38.

[10] 李晓磊.一种新型的智能优化方法——人工鱼群算法[D].杭州:浙江大学,2003.

[11] 吴虎胜,张凤鸣,吴庐山.一种新的群体智能算法——狼群算法[J].系统工程与电子技术,2010,35(11):2430－2438.

[12] Anderson A, Huttenlocher D, Kleinberg J, et al. Discovering value from community activity on focused question answering sites: A case study of Stack Overflow[C]. Raleigh: Proceedings of the 18th ACM SIGKDD International Conference on Knowledge Discovery and Date Mining, 2012.

[13] Singla A, Krause A. Truthful incentives in crowdsourcing tasks using regret minimization mechanisms[C]. Rio de Janeiro: Proceedings of the 22nd International Conference on World Wide Web, 2013.

[14] Reynolds C W. Flocks, herds, and schools: A distributed behavioral model, in computer

graphics[C]. Anaheim: SIGGRAPH '87 Conference Proceedings, 1987.

[15] Vicsek T, Czirók A, Ben-Jacob E, et al. Novel type of phase transition in a system of self-driven particles[J]. Physical Review Letters, 1995, 75: 1226 − 1229.

[16] Sahu B K, Subudhi B. Flocking control of multiple AUVs based on fuzzy potential functions [J]. IEEE Transactions on Fuzzy Systems, 2017, 26(5): 2539 − 2551.

[17] Yazdani S, Haeri M, Su H. Sampled-data leader-follower algorithm for flocking of multi-agent systems[J]. IET Control Theory and Applications, 2019, 13(5): 609 − 619.

[18] Zhan J Y, Li X. Flocking of multi-agent systems via model predictive control based on position-only measurements[J]. IEEE Transactions on Industrial Informatics, 2012, 9(1): 377 − 385.

[19] Iskandarani M, Givigi S N, Fusina G, et al. Unmanned aerial vehicle formation flying using linear model predictive control[C]. Ottawa: 2014 IEEE International Systems Conference Proceedings, 2014.

[20] Zhang H T, Liu B, Cheng Z, et al. Model predictive flocking control of the Cucker-Smale multi-agent model with input constraints[J]. IEEE Transactions on Circuits and Systems I: Regular Papers, 2016, 63(8): 1265 − 1275.

[21] Dong J G, Qiu L. Flocking of the Cucker-Smale model on general digraphs [J]. IEEE Transactions on Automatic Control, 2016, 62(10): 5234 − 5239.

[22] Zhang H T, Cheng Z, Chen G, et al. Model predictive flocking control for second-order multi-agent systems with input constraints[J]. IEEE Transactions on Circuits and Systems I: Regular Papers, 2015, 62(6): 1599 − 1606.

[23] Rao S, Ghose D. Sliding mode control-based autopilots for leaderless consensus of unmanned aerial vehicles[J]. IEEE Transactions on Control Systems Technology, 2013, 22(5): 1964 − 1972.

[24] Redding J, Mclain T W, Beard R W, et al. Vision-based target localization from a fixed-wing miniature air vehicle[C]. Minneapolis: 2006 American Control Conference, 2006.

[25] Madison R, Debitetto P, Olean A R, et al. Target geolocation from a small unmanned aircraft system[C]. Montana: 2008 IEEE Aerospace Conference, 2008.

[26] Yang P, Freeman R A, Lynch K M. Distributed cooperative active sensing using consensus filters[C]. Roma: IEEE International Conference on Robotics and Automation, 2007.

[27] Talebi M S, Kefayati M, Khalaj B H, et al. Adaptive consensus averaging for information fusion over sensor networks[C]. Vancouver: 2006 IEEE International Conference on Mobile Adhoc and Sensor Systems (MASS), 2006.

[28] Kokiopoulou E, Frossard P. Accelerating distributed consensus using extrapolation[J]. IEEE Signal Processing Letters, 2007, 14(10): 665 − 668.

[29] Xiao F, Wang L. Consensus protocols for discrete-time multi-agent systems with time-varying delays[J]. Automatica, 2008, 44 (1): 2577 − 2582.

[30] Jiang F, Wang L. Finite-time information consensus for multi-agent systems with fixed and switching topologies[J]. Physica D: Nonlinear Phenomena, 2009, 238: 1550 − 1560.

[31] Hu X X, Ma H W, Ye Q S, et al. Hierarchical method of task assignment for multiple cooperating UAV teams [J]. Journal of Systems Engineering and Electronics, 2015, 26 (5): 1000 − 1009.

[32] 岳源,屈高敏.分布式多无人机协同侦察目标分配研究[J].兵器装备工程学报,2018, 39(3):57-61.

[33] 张浩森,高东阳,白羽,等.基于蚁群算法的多无人机协同任务规划研究[J].北京建筑大学学报,2017,33(2):29-34.

[34] 王庆贺,万刚,柴峥,等.基于改进遗传算法的多机协同多目标分配方法[J].计算机应用研究,2018,35(9):2597-2601.

[35] 龙涛.多UCAV协同任务控制中分布式任务[D].长沙:国防科学技术大学,2006.

[36] 宋绍梅,张克,关世义.基于层次分解策略的无人机多机协同航线规划方法研究[J].战术导弹技术,2004(1):44-48.

[37] 丁琳,高晓光,王健,等.针对突发威胁的无人机多机协同路径规划的方法[J].火力与指挥控制,2005,30(7):5-8.

[38] 严平,丁明跃,周成平,等.飞行器多任务在线实时航迹规划[J].航空学报,2004,25(5):485-489.

[39] 赵世钰,周锐.基于协调变量的多导弹协同制导[J].航空学报,2008,29(6):1605-1611.

[40] Sun X, Xia Y Q. Optimal guidance law for cooperative attack of multiple missiles based on optimal control theory[J]. International Journal of Control, 2012, 85(8):1063-1070.

[41] 张友安,马国兴,王兴平.多导弹时间协同制导:一种领弹-被领弹策略[J].航空学报, 2009,30(6):1109-1118.

[42] Liu G L, Worgotter F, Markelic I. Nonlinear estimation using central difference information filter[C]. Nice: Proceedings of the 2011 IEEE Statistical Signal Processing Workshop (SSP), 2011.

[43] Capitan J, Merino L, Caballero F, et al. Delayed-state information filter for cooperative decentralized tracking[C]. Kobe: Proceedings of the 2009 IEEE International Conference on Robotics and Automation, 2009.

[44] Huang S D, Wang Z, Gamini D. Exact state and covariance sub-matrix recovery for submap based sparse EIF SLAM algorithm[C]. Pasadena: Proceedings of the 2008 IEEE International Conference on Robotics and Automation, 2008.

[45] 穆华.多运动平台协同导航的分散式算法研究[D].长沙:国防科学技术大学,2010.

[46] 田磊,赵启伦,董希旺,等.异构多智能体系统分组输出时变编队跟踪控制[J].航空学报, 2020,41(7):301-312.

[47] 王林波,王蒙一,周思全,等.考虑未知输入的异构集群系统群体智能合围跟踪控制[J]. 中国科学:技术科学,2023,53(2):291-306.

[48] 周思全,董希旺,李清东,等.无人机-无人车异构时变编队控制与扰动抑制[J].航空学报,2020,41(S1):128-139.

[49] 田磊,王蒙一,赵启伦,等.拓扑切换的集群系统分布式分组时变编队跟踪控制[J].中国科学:信息科学,2020,50(3):408-423.

第 3 章
集群智能与人工智能

3.1 人工智能的历史发展

人工智能是一种引领许多领域产生颠覆性变革的使能技术,合理并有效地利用人工智能技术,意味着价值创造和竞争优势。人机协同的混合增强智能是新一代人工智能的典型特征,智能机器已经成为人类的伴随者,人与智能机器的交互、混合是未来社会的发展形态。人类面临的许多问题具有不确定性、脆弱性和开放性,人类也是智能机器的服务对象和最终"价值判断"的仲裁者,因此,人类智能与机器智能的协同是贯穿始终的。

3.1.1 人工智能的内涵

人工智能(artificial intelligence, AI)[1]一词最早出现在 20 世纪 50 年代的达特茅斯会议上,该会议讨论并确定了人工智能最初的发展路线与目标,后来由阿瑟·塞缪尔(Arthur Samuel)提出机器学习理论[2],实现了人机对弈的西洋跳棋游戏,人工智能得以逐步发展。有人认为,人工智能源于数字机械化,数学家大卫·希尔伯特(David Hilbert)期望将数字世界机械化,以对应牛顿的机械世界数字化,这样使得智能世界形成一个闭环。回顾历史,计算机科学理论奠基人图灵(Turing)提出"图灵测试":如果一台机器能够与人展开对话,并被人误以为是人,那么这台机器具有智能[3];马文·明斯基(Marvin Minsky)将人工智能定义为"让机器做本需要人的智慧才能够做到的事情"的一门科学[4];而司马贺(Herbert Simon)认为,智能是对符号的操作,最原始的符号对应于物理客体[5]。

人工智能实际上是融合了图像学、概率论、心理学、仿生学等诸多学科,集中表现在计算机科学领域的一种技术分支,它既反映了人造机器所表现的智能,也反映了人脑智能的一种拓展与延伸,可用于模拟、开发、探究生物智慧的理论、方法、技术在社会域、军事域、信息域等的应用。作为一门发展强势并已取得突破性进展的科学,人工智能却很难被精确定义,但正因为人们对它模糊的认知,夹杂着对边缘学科、交叉领域的探索,人工智能才能在多变的社会环境中快速发展。人工智能在研究领域(如机器人控制、计算机视觉、语义分割识别、专家系统等)已取得显著成果,对提升劳动力产值、降低劳动成本、优化社会人力结构、创造消费新需求、营造新工作岗位带来革命性的成果,为疲软的国际经济注入新动力,已然成为社会发展所不可或缺的重要组成。

与30年前的人工智能,即我们所说的"人工智能1.0"相比,当前人工智能已进入一个崭新的发展阶段——"人工智能2.0"时代。"人工智能2.0"的主要技术变化是:从早期的知识工程到当今的数据驱动学习,人工智能的学习方式正转化为数据驱动与知识工程相结合,从表象和特征的机器学习到机器综合推理;从利用类型单一的结构化数据到深度整合多种媒体的非结构化数据,人工智能正在跨入跨媒体感知、学习和推理的深层次;从早期以"机器为中心"到人机和脑机交互技术,人工智能正在走向人机混合的增强智能时代;从强调与追求"个体智能"研究,转化为重视基于网络的群体智能,形成群体使能的互联网服务(如百科知识编辑和共享经济等);从机器人到自主智能系统。

未来5到10年,人工智能将引发国计民生、国家安全等领域的重大变革,成为增强国力的利器。在与互联网、物联网、大数据、多媒体、虚拟现实结合后,人工智能将从原有的机器智能转向群体智能与人机融合智能,以解决人类社会面临的各种难题,践行从数据到知识,从知识到预测、规划、决策等智能的巨大升级。从自动辅助驾驶到智能扫地机器人和老人看护机器人,人工智能产业的发展不仅改变着工业化面貌,也改变了战争。人工智能的基础性研究突破将引发其他科学技术的链式突破,成为整个科学技术发展的新资源、新支撑。2018年全球军事人工智能产业产值已达75亿美元,许多国家开始在战场上广泛应用各种空中、地面和海上军事无人设备。

3.1.2 人工智能的三起三落

当前人工智能蓬勃发展的热潮并不是历史上第一次出现,实际上至今人工智能经历了"三起三落"的发展历程:1956年之前的萌芽期;1956~1960年的第一次上升,以及随后的第一次低谷;1975~1991年的第二次突破,以及随后的第二次低谷;2006年至今的爆发。1956年、1975年、2006年是其中的标志点。几经上升、衰退、突破与淡忘,人工智能逐渐突破瓶颈,最终发展至如今的盛景,其发展历程包含着诸多科学家提出的理论方法,传承至今,如图3.1所示。近年来,神经网络、遗传算法、深度学习、强化学习等先进理念如雨后春笋般涌现,推动着智能社会的发展。

1. 第一次上升期(1956~1960年)

1936年,年仅24岁的英国数学家图灵在"理想计算机"论文中提出著名的图灵机模型(图3.2)[6],1945年他进一步论述电子数字计算机的设计思想,直至

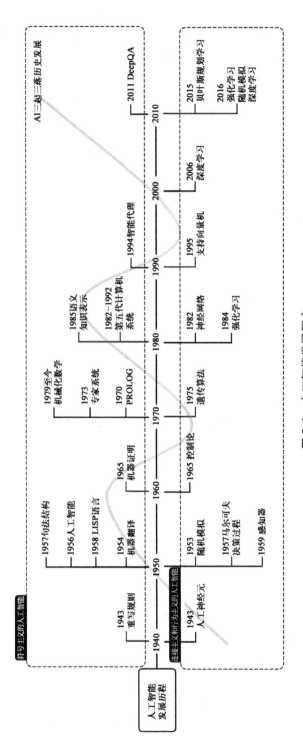

图 3.1　人工智能发展历史

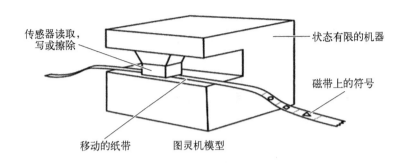

传感器读取，
写或擦除

状态有限的机器

磁带上的符号

移动的纸带   图灵机模型

图 3.2   图灵机理念

1950 年提出机器能够思维的论述[7]。1938 年德国青年工程师康拉德·楚泽（Konrad Zuse）研制成第一台累计数字计算机，后改进至 1945 年发明 Planka. kel 程序语言。计算机科学的起步是人工智能领域的开端。1943 年麦卡洛克（W. McCulloch）和皮茨（W. Pitts）提出神经元概念[8]，1949 年赫步（D. Hebb）提出赫步型学习（Hebbian Learning）规则[9]。这一切的学术发展都为人工智能学科的诞生做出理论和实验的巨大贡献，人工智能理念萌生。

1956 年夏，麦卡锡（J. McCarthy）、明斯基（M. Minsky）、罗切斯特（N. Rochester）和香农（C. Shannon）发起达特茅斯研讨会，准确描述人工智能概念。那时人工智能研究处在"推理期"，以人类的意识、理解、判断，形成抽象的概念，描述一个全新的领域，用机器来模拟智能。达特茅斯会议的参会者多逻辑研究背景深厚，以符号逻辑为出发点，规范符号主义，用符号逻辑表示已有知识和要解决的问题，通过逻辑求解器求解各类智能任务。1959 年罗森布莱特（F. Rosenblatt）提出感知机模型，可视为一种简单的前馈式人工神经网络、二元线性分线器，描述神经网络的典型结构[10]。此外，1956 年乔姆斯基（N. Chomsky）的文法体系[11]，1958 年McCarthy 建立的行动计划咨询系统，1958 年塞弗里奇（Selfridge）等的模式识别系统程序等，都对人工智能的研究产生有益的影响。随着概念的确定及计算机的辅助，研究人员通过国际象棋程序、跳棋程序、问答系统、规划系统等呈现推理计算的机制。作为人工智能的第一次热潮，研究者乐观地推测，10 年内计算机将成为国际象棋的冠军，但事实是在 40 年后 IBM 的深蓝系统才实现这一愿景，人工智能的发展难度远远超过最初的预期。随着泡沫的褪去，1969 年人工智能进入 10 年之久的严冬（AI winter）。

2. 第二次突破期（1975~1991 年）

在人工智能的第二次浪潮中，符号主义依旧占据主导地位，1982 年日本发布五代机计划，规划在 10 年内建立可运行 PROLOG 的高效智能计算系统，同时专家系统得到实际应用，如医学系统的 MYCIN（使用 LISP 语言）和 CADUCEUS、商业领域 DEC 公司的 R1 根据用户需求为 VAX 型计算机自动选型等，标志着人工智能进入突破期。1977 年第五届国际人工智能联合会议上，费根鲍姆(Feigenbaum)教授系统阐述了专家系统的思想，并提出知识工程的概念[12]，他认为知识工程是研究知识信息处理的学科，应用人工智能的原理和方法，对那些需要专家知识才能解决的应用难题，提供了求解的途径。知识工程的研究使人工智能从理论转向应用，从基于推理的模型转向基于知识的模型。20 世纪 80 年代中期，神经网络迎来革命，强化学习理念萌生，语义知识表达转化为数学框架得到实际应用，人工智能结合数学理论得到进一步的发展。数学理论(如信息论)用于机器翻译；贝叶斯网络用于非确定性推理及专家系统；隐马尔可夫模型用于语音识别等。1982 年生物物理学家霍普菲尔德(Hopfield)提出一种全互联的神经元网络模型 Hopfield 模型[13]，利用其能量单调下降特性，可求解优化问题的近似解。1985 年 Hopfield 利用这种模型成功求解了"旅行商(travelling salesman problem，TSP)"问题[14]。1986 年 RumelHart 提出神经网络方法的反向传播算法(back propagation，BP)[15]，以梯度下降法为基础建立多层神经元网络，解决多层人工神经元网络学习问题，提供一种与符号主义并驾齐驱的联结主义方法，再次成为研究的焦点。符号主义的核心是符号逻辑的推理，虽逻辑可行，但却存在很多难以克服的困难，如逻辑求解器时间复杂度极高、缺乏保留足够表达力的简洁逻辑形式等，而联结主义的出发点是借鉴神经网络神经元的连接形式，来拟合智能行为。第二次浪潮中无论是符号主义或是联结主义，都没有找到合适的落地应用点，随着 1991 年日本五代机计划失败及经济衰退的影响，人工智能再次跌入近 20 年的冬天。

3. 第三次爆发期(2006 年至今)

人工智能的第三次浪潮始于深度学习(多层大规模神经网络)的发展。2006 年，G. E. Hinton 和 R. R. Salakhutdinov[16] 在 Science 上发文指出，借用无监督逐层初始化方法可解决深度神经网络训练难题，利用多层神经网络可刻画数据的本质[16]。2011 年，IBM 开发人工智能程序 Watson 参加智力问答节目，Watson 存储 2 亿页数据，能够将与问题相关的关键词从看似相关的答案中抽取出来，后该技术广泛应用于医疗诊断领域。2012 年，AlexNet 深度学习神经网络方法获 ImageNet 大规模视觉识别比赛冠军[17]，使深度学习方法在业内得到广泛关注。2016 年，美国 Google 公司开发的人工智能程序 AlphaGo 接连击败围棋高手李世石和柯洁，标志着深度学习理论已经成功转化为技术应用，进一步推动机器学习、计算机视觉等诸多智能算法的落地推广[18]。同年，美国辛辛那提大学与美国空军联合研发的空战人工智能系统阿尔法 AI 在模拟空战中 100% 击败美国空军退役上校基恩·李。2017 年深度学习大热，AlphaGo Zero(第四代 AlphaGo)在无任何数据输入的情况下，自学 40 天后，战胜了第三代 AlphaGo，实现智能水平的飞跃[19]。2019 年 2 月，美国国防部发布《2018 国防部人工智能战略概要》，强调了军用人工智能在国防领域的重要性，并指出了美国国防部部署人工智能的战略举措。人工智能正表现出巨大的军事潜力,如取代人类从事危险、枯燥的低端工作,取代人类从事复杂、精密的高端任务等。

人工智能的第三次浪潮有其历史必然,一是由摩尔定律所描述的指数增长的计算能力规划着时代的硬件水平,如 AlphaGo 需上千个中央处理器(central processing unit,CPU)、图形处理器(graphics processing unit,GPU)群进行运算,强大的硬件基础决定着强大的训练计算能力;二是因互联网的快速增长得到数据积累,随着移动互联网的高速发展,人们的生活方式不断改变,云计算和大数据的发展奠定了机器智能的基础;三是物联网的快速发展为人工智能的传感器技术提供强大支撑,让通信、交互、人机融合成为可能。人工智能领域的国际竞争日益激烈,国际竞赛已经拉开帷幕,并且将日趋白热化。2018 年 4 月,欧盟委员会计划 2018 至 2020 年在人工智能领域投资 240 亿美元;法国总统马克龙在 2018 年 5 月宣布《法国人工智能战略》,目的是迎接人工智能发展的新时代,使法国成为人工智能强国;2018 年 6 月,日本《未来投资战略 2018》重点推动物联网建设和人工智能的应用。世界军事强国也已逐步形成以加速发展智能化武器装备为核心的竞争态势。我国同样给予高度重视,习近平总书记 2017 年在中国共产党第十九次全国代表大会,2018 年在全国网络安全和信息化工作会议、中共中央政治局第九次集体学习以及中国科学院第十九次院士大会、中国工程院第十四次院士大会等场合多次强调要加快推进人工智能的发展。2017 年,我国先后发布了《新一代人工智能发展规划》和《促进新一代人工智能产业发展三年行动计划(2018—2020 年)》,旨在推动人工智能科技革新。

4. 促进人工智能走向的外在动力

回顾人工智能发展历程中的主要挫折,不难发现当人工智能的发展与信息环境的变化趋势不符时,人工智能往往就会失败。促使人工智能变化的动力既有来自人工智能研究的内部驱动力,也有来自信息环境与社会目标的外部驱动力,两者都很重要,相比而言,在更多时候后者的驱动力更加强大。特别是随着互联网的普及、传感器的泛在、大数据的涌现、电子商务的发展、信息社区的兴起,以及数据和知识在信息空间、物理空间和人类社会之间交叉融合并相互作用,人工智能发展所处的信息和数据环境已经发生了巨大而深刻的变化,这些变化形成了驱动人工智能走向新阶段的外部驱动力。与此同时,一系列技术萌芽也预示着内部驱动力的成长。

促进人工智能走向 2.0 的外部驱动力至少来自以下四种变化。

(1)21 世纪的信息环境已发生巨大而深刻的变化。随着移动终端、互联网、传感器网、车联网、可穿戴设备等的流行,感知设备已遍布城市,计算也与人类密切相伴,遍布全球的网络正史无前例地连接着个体和群体,开始快速反映与聚集他们的发现、需求、创意、知识和能力。与此同时,世界已从二元空间[即物理-人类

(physics-human, PH)空间]演变为三元空间[即赛博-物理-人类(cyber-physics-human, CPH)空间][20]。CPH 空间三者间的互动将形成各种新计算,包括感知融合、人机共融、增强现实(augmented reality, AR)[21]、虚拟现实(virtual reality, VR)[22]、跨媒体计算等。在三元空间中形成的新的信息流带来了如下几种新变化:一是人工智能 2.0 新计算,其建立在 CPH 空间互动之上;二是新通道,其为自然科学、工程技术和社会科学研究提供了新途径、新方法;三是新门类,其让人们能够认识复杂巨系统,如城市运行系统、环境生态系统和健康医疗系统。

(2)社会对人工智能的需求急剧扩大。人工智能研究正从过去的学术牵引迅速转化为需求牵引。智能社会、智能城市、智能经济、智能制造、智能医疗、智能交通、智能物流、无人驾驶、智能机器人、智能手机、智能游戏等应用的进步,都依赖于人工智能的新发展。为此,很多政府和企业已主动布局,进行人工智能新研发。

(3)人工智能的目标在发生大转变。人工智能过去追求"用计算机模拟人的智能",现在呈现出以下三个趋势:一是将机器与人结合成混合增强智能系统;二是将机器、人、网络结合组织成新的群体智能(简称群智)系统;三是将人、机器、网络和物结合成智能城市等更复杂的智能系统。

(4)人工智能的数据资源在发生大改变。人工智能的基本方法是数据驱动的算法,今后会更多地涌现出大数据驱动计算、传感器和网络驱动计算跨媒体驱动计算。因此,大数据智能、感知融合智能、跨媒体智能的发展是必然的,而传统的以字符为基础的机器智能测试方法(即图灵测试)将受到挑战。

上述种种巨变将促进人工智能技术的重大提升,为人工智能 2.0 的形成与发展创造有利的外部环境。同时,一系列新智能技术已处在萌芽状态。

3.1.3　人工智能 2.0

人工智能 2.0 是在正在发生重大变化的信息新环境中,面向新目标的新一代人工智能。其中,信息新环境是指互联网的普及、传感网的渗透、大数据的涌现和群智社区的崛起等;新目标是指类人智能、仿脑智能、群体智能、混合智能和自主智能等智能新形态。

区别于传统人工智能,人工智能 2.0 主要推动以下五个方面的发展:一是从人工知识表达技术到大数据驱动知识学习技术,人工智能的实现方法正转变为从大数据中进行知识发现和学习,使得机器学习从表象深入到综合推理;二是从聚焦研究"个体智能"到聚焦研究基于互联网络的群体智能,形成群智能力的互联网服务创新(如共享经济)体系;三是从只能处理类型单一的数据到能够综合视觉、听觉、文字等多种媒体的语义,迈向跨媒体认知、学习和推理的新高度;四是从追求"智能机器"和高水平的人机与脑机交互技术,走向人机混合的增强智能;五是从机器人到自主智能系统。

人工智能 2.0 的研究内容不仅包括基础理论、发展支撑体系,还包括大数据智能、群体智能、跨媒体智能、混合增强智能和智能无人系统五大技术方向,以及创新应用,如图 3.3 所示。

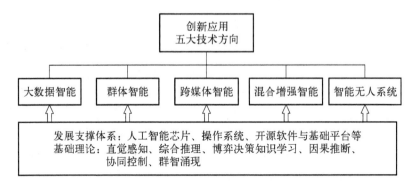

图 3.3　人工智能 2.0 的研究内容

(1) 大数据智能:大数据智能是指通过人工智能方法对大数据进行深入分析,以探究其隐含模式和规律的智能形态,发掘从大数据提取知识,进而从大数据得到决策的理论方法和支撑技术。当前大数据智能的发展重点是建立可解释的通用人工智能(artificial general intelligence,AGI)模型[23],实现"大数据+人工智能"的方法论在更多军民应用场景中发挥更大效能。

(2) 群体智能:群体智能是指通过特定的组织结构吸引、汇聚和管理大规模自主参与者,令自主参与者以竞争和合作等多种自主协同方式共同应对挑战性任务。特别是在面对开放环境下的复杂系统任务时,群体智能涌现出来的智能超越个体智力。这也是无人飞行器集群智能与协同控制技术的理论出发点,在前面章节已经详细论述过。

(3) 跨媒体智能:跨媒体智能综合利用视觉、语言、听觉等各种感知通道所记忆的媒体信息,构建出实体世界的统一语义表达,完成识别、推理、设计、创作、预测等功能。跨媒体智能是各类智能系统与外界沟通的重要信息源和"使能器"。

(4) 混合增强智能:混合增强智能是指将人的作用或人的认知模型引入人工智能系统,形成更强的智能形态。这种形态有两种基本实现形式:一是人在回路的混合增强智能;二是基于认知计算的混合增强智能。

(5) 智能无人系统:智能无人系统是指在无人干预的前提下,利用先进智能技术实现自主操作与管理。智能无人系统包括海、陆、空、天自主无人运载平台、复杂无人生产加工系统、无人化作战平台等典型对象,是具备自主感知、理解、协同、任务规划与决策能力的复杂智能系统。本书重点论述的无人飞行器就是一种智能无人系统,其组成的无人飞行器集群系统就是一种复杂智能系统。

为了推动人工智能与经济、社会深度融合,提升我国人工智能科技创新能力,中国工程院于 2015 年 12 月批准了由潘云鹤院士负责的"中国人工智能 2.0 发展战略研究"重大咨询研究项目,将加强人工智能研究和应用作为当前我国实施国家战略创新发展非常重要的工作之一,中国工程院院长周济院士和副院长陈左宁院士担任项目顾问。

该项目分为 1 个综合课题(负责综合汇总)和 6 个子课题,具体布局如表 3.1 所示。

表 3.1　"中国人工智能 2.0 发展战略研究"重大咨询研究项目子课题布局

课 题 名 称	课 题 组 组 长	课题组副组长
基于大数据的人工智能	潘云鹤(中国工程院、浙江大学)	陈纯(浙江大学)、谭建荣(浙江大学)
基于互联网的群体智能的理论、方法与技术	李未(北京航空航天大学)	李国杰(中国科学院计算技术研究所)、郑志明(北京航空航天大学)
跨媒体推理	高文(北京大学)	何新贵(北京大学)
人机协同的混合智能	郑南宁(西安交通大学)	徐扬生(香港中文大学)
自主式高级无人系统	吴澄(清华大学)	孙优贤(浙江大学)、王天然(中国科学院沈阳自动化研究所)
人工智能 2.0 的创新性应用	李伯虎(中国航天科工集团第二研究院)	徐志磊(中国工程物理研究院)、刘玠(中信泰富特钢集团)、李兰娟(浙江大学医学院附属第一医院)、汪懋华(中国农业大学)、孙九林(中国科学院地理科学与资源研究所)、赵春江(国家农业信息化工程技术研究中心)、吴志强(同济大学)

3.1.4　人工智能算法的分类

人工智能算法主要分为三大学派,即行为主义、符号主义和联结主义,如表3.2 所示,其中联结主义算法是业界关注的焦点。

表 3.2　人工智能学派

学　派	内　涵	对 应 哲 学
行为主义	学 imitating 习 practicing	具身哲学 控制论 机器人学
符号主义	演绎 deducing 归纳 inducing	柏拉图主义 逻辑学 数学

学　派	内　涵	对应哲学
联结主义	学 learning 思 thinking 延伸 extending 坎陷化 routinizing 理解 comprehending 吸收 understanding	心学 现象学 唯心主义

1. 行为主义

行为主义又称进化主义、控制论学派,其核心思想在于控制论及感知-动作性控制系统的应用。人工智能自主性的行为主义最早是一个心理学概念,它主张从客观的角度出发研究人和动物的行为,这一研究模式摒弃了以往内省式的心理学研究方法。后来以布鲁克斯为代表的研究者将行为主义引进人工智能领域,形成了有别于传统人工智能的新学派。控制论思想起源于 20 世纪 40~50 年代,1943 年罗森勃吕特(A. Rosenblueth)、毕格罗(J. Bigelow)、维纳(N. Wiener)提出所有目的性行为都需要负反馈做支持[24],1948 年 Wiener 和 McCulloch 提出控制论及自组织系统,研究生物与机器的控制与通信,讨论了机器实现国际象棋的可行性[25]。研究者期望用控制论构建感知动作的控制系统,模拟类似小脑的人工智能行为,通过反馈来实现运动(如行走、跑动、平衡等),具有很大的实用价值。机器人通过感知和行动完成指令,在控制论的作用下形成类似有限状态自动机的行为,根据机器人的环境和状态信息完成反馈分析,获得一系列连续的运动。行为主义所述方法一般表现在弱人工智能上,即能够完成某种特定具体任务的人工智能,而强人工智能或通用人工智能,即具备与人类等同或超越人类智慧的智能,却是未来智能领域长期发展的目标。

2. 符号主义

符号主义(图 3.4),又称逻辑主义、心理学派、计算机学派,主要通过物理符号系统将问题转化为逻辑表达式进行求解,完成推理、认知与行动。符号主义认为人类的认知与思维的基本单元是符号,最常见的物理符号系统是计算机,由 0、1 的逻辑单元组成,可以计算一切能够数学化的问题。符号逻辑的实质是利用逻辑运算构建一套描述人脑认知的数学方法来模拟左脑的抽象逻辑思维,将认知转化为计算。最常见且最简单的符号逻辑是命题逻辑,考虑与、或、非三种操作,但命题逻辑的表达力很弱,因此科学家引入谓语逻辑,应用量词用来加强表达力,后连接谓词描述执行的函数。

符号主义曾长期一枝独秀,为人工智能的发展做出重要贡献,为人工智能走向工程应用具有特别重要的意义。但符号主义存在着一些本质性的问题。一是逻辑梳理问题,逻辑表达虽然清晰易执行,但是不是所有的信息都能够方便地找到合适又简洁的逻辑体系来描述,如时间信息、空间信息、概率信息、未来的不确定性等。二是常理问题,常理代表着人类的固有知识体系,人类的知识体系过于庞大,且在不断发展,其实只有少部分已经转化为数字存储下来,仍有很大的空白没有进行数据归类。在这样的情况下,将全部常理用逻辑表达式完成记录需要大量时间。三是求解问题,符号主义最核心的就是逻辑求解,它需要根据已有知识来判断问题是否成立,逻辑求解器复杂度太高,如谓语逻辑无法在有限时间内通过机械方法完成判定。

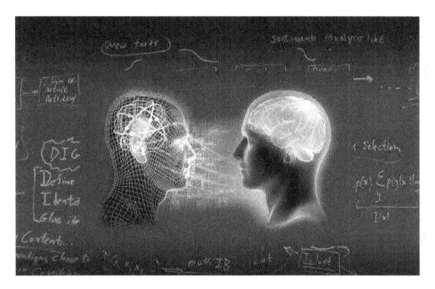

图 3.4　符号主义逻辑推理理念

图片来源: https://www.163.com/dy/article/EFI7F0LH05374224.html

3. 联结主义

联结主义又称仿生学派、生理学派(图 3.5),主要通过模仿生物的神经网络及神经网络间连接机制进行学习与计算。联结主义是认知科学领域中的一种方法,旨在使用人工神经网络(artificial neural network,ANN)解释精神现象[26]。它提出一种同步性认知理论,认为通过连接获得的分布信号活动可以用数字来描述,并可通过根据经验修改连接强度来实现学习。联结主义方法适用性强,具有与生物神经元相似的结构,对先天结构要求低。但也存在难解读的问题,如难以解释人工神经网络处理信息的过程、难以解释神经要素的组成,以及难以解释更高阶的复杂现象等。在过去的十年中,深度学习理论的发展,成功地推动了联结主义方法的普及。

联结主义起于 1943 年生物学家 McCulloch 和数理逻辑学家 Pitts 创立的 MP 脑

模型[27]。神经网络代表一种模型结构,仿造生物神经元的构造,使计算机获得一定感知认知的能力。生物大脑的神经元细胞很复杂,包含细胞体和突起两部分,细胞体由细胞膜、细胞核、细胞质组成,而突起分为轴突树突,不同神经元间轴突树突接触传递信号形成突触。以神经网络理念为基础,通过学者们的不断努力,发展出感知机模型、反向传播训练方法、卷积神经网络、深度学习等方法。其中深度学习技术应用广泛,本质为一种特征提取和模式分类的方法,能够在图像识别、语音识别、自然语言处理等领域发挥极大潜质,已经逐渐形成万亿级智能产业,遍布人们生活的方方面面。以神经网络为代表的联结主义是现今人工智能算法的主流。2019年3月,国际计算机协会(ACM)宣布将2018年图灵奖授予约书亚·本吉奥(Yoshua Bengio)、杰弗里·辛顿(Geoffrey Hinton)和杨乐昆(Yann LeCun)以表彰他们在深度学习神经网络获得的突破性成果。

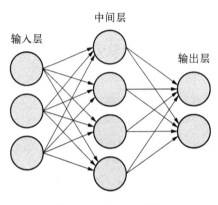

图 3.5 联结主义理念

4. 当前技术的局限性

在现实世界中,人们无法为所有问题建模,这里存在条件问题(qualification problem)和分支问题(ramification problem),即不可能枚举出一个行为的所有先决条件,也不可能枚举出一个行为的所有分支。人脑对真实世界环境的理解能力、非完整信息的处理能力和复杂时空关联的任务处理能力是机器学习不能比拟的,而人的大脑神经网络结构的可塑性以及人脑在非认知因素和认知功能之间的相互作用是形式化方法难以描述甚至无法描述的。人脑对非认知因素的理解更多地来自直觉,并受到经验和长期知识积累的影响。人脑所具有的自然生物智能形式,为提高机器对复杂动态环境或情景的适应性、加强非完整、非结构化信息处理和自主学习能力,以及构建基于认知计算的混合-增强智能提供了重要启示[28]。

因此,当前的深度学习算法有如下局限:一是过分依赖数据,无法判断数据的正确性,训练之后很难修正学习结果,更新数据之后需要进行重新训练,鲁棒性低;二是缺乏解释性,深度学习所给出的学习结果通常难以用自然语言进行解释,无法掌握算法的安全边界,造成军民应用的场景范围受到限制;三是计算量大、便携性差,对于硬件要求高。

对于数据的过分依赖带来可靠性和试验验证评估方面的局限性。以深度学习算法自动目标识别为例,考虑实际的应用场景,基于神经网络的目标检测系统在军事中的应用往往存在可迁移性、资源成本、小样本、随机初始化等方面的问题。

首先是算法可迁移性的问题,目前的深度学习识别算法对已经训练过的场景准确率一般较高,而采用另一来源的人工图像和另一组对象类,算法完全有可能产生不同的结果。

在实现层面的主要问题在于,按照计算机视觉标准,深度学习算法的训练往往依赖海量标注数据集。如何利用人工数据源来生成真正的海量数据集是一个关键问题,这是因为真实世界中获取海量数据集的成本极其高昂。因此,算法训练必须要考虑的因素是,对人工图像而言,要生成比真实图像更好的海量标记数据集所需具备的各种资源成本,包括时间、金钱、人力等是否可获取、可承受。

另一问题是,算法的效果取决于多个变量,例如用于训练和评估的精确图像集、神经网络的初始参数值以及用于训练神经网络的许多超参数(学习率进度表或批量大小等)。理想情况下,对数据集中的每个数据点,训练过程中会用这些变量的不同值进行数次实验,并求得结果的平均值。这种方式也有助于获得误差条形图,通过实施更多试验,可以挖掘其中的规律,并衡量精确率和召回率对真实图像和人工图像数量的依赖性。

最后一个局限是,深度学习算法中使用的超参数一般是高维且海量的,大家一般采用预训练权重对网络进行初始化。如果从随机初始化的网络开始,结果可能得到改善但训练时间会变长。

下面再来探讨自主性与风险方面的局限性,随着人工智能技术在武器系统中的应用日益增多,关于将人工智能系统应用于军事作战体系中是否合法、安全、合乎道德的重大问题也相伴而生。那些反对在武器中使用人工智能技术的人认为,各国应就限制或约束该类系统及其使用的问题进行谈判。还有人担忧自主武器系统可能加大冲突升级的可能性,并且关于需要采取哪些步骤来确保此类系统能使意外军事交战、无意和不可控制的冲突升级的风险最小化的争论仍在继续。自2014 年以来,联合国《特定常规武器公约》多次召开缔约国会议,对"致命性自主武器系统领域中的新兴技术"的技术、军事、法律和道德层面展开讨论。具体而言,该公约委员会目前致力于审查自主技术能否遵守国际人道法条约,以及是否有必要采取其他措施确保人类对武器应用的适当管制。

在研究围绕人工智能和自主武器系统的法律、伦理和战略问题时(包括它们潜在的军事利益和风险、可能出现的伦理问题、相关国际规范,以及它们对国际人道法条约的遵从性等),红十字国际委员会已向民间团体、学术组织和政府机构进行了咨询。作为对上述讨论的总结,红十字国际委员会作出了以下判断:如果得到人类指挥官或作战人员的授权使用,无论是过去还是将来,经过适当设计和测的AI 赋能自主武器系统在使用时都将遵循国际人道法条约的规定,国防部的现有程序能够确保部署安全可靠的 AI 赋能自主武器系统,并在使用时遵循国际人道法条约的规定。红十字国际委员会不赞成在全球范围内禁止使用 AI 赋能自主武器系统。

该判断基于国际人道法条约的以下几大原则。

（1）区分原则：区分原则认为，武装冲突必须区分平民和战斗人员。如果武器使用的 AI 赋能目标识别系统的准确度越高，就越有可能减少误认目标的情形，从而减少平民伤亡和对附带基础设施的破坏。

（2）比例原则：比例原则指的是禁止攻击造成的平民伤亡大于预期的军事利益。AI 赋能自主武器系统可以并且也应该设计为按照上述比例原则进行作战。这一考量中涉及的道德推理（权衡预期的军事优势与潜在的平民伤害）仍然属于人类指挥官的职责。

（3）问责制原则：确保问责制和指挥责任，对于遵守国际人道法条约至关重要。人类可以也应该对任何自主武器系统（无论其是否具备人工智能功能）的开发、测试、使用和行为负责。自主武器系统操作采用的常规参数与人类指挥和控制系统相同，人类指挥和控制系统是专门设计用于确保对行动负责并遵守国际人道法条约的，其他武器系统也是如此。

红十字国际委员会认可国防部的政策体系，即在武装冲突中夺取人的性命必须要有人的判断。为了对自主武器系统的使用负责，人为介入方式将根据形势的紧迫性、作战背景、环境、所涉及武器系统的类型而有所不同。

各国有义务建立相关程序，确保在使用 AI 赋能自主武器系统时依靠适当的人类判断力，并确保使用此类系统的作战人员对其使用结果负责。人类对致命性攻击结果负责，并不一定需要人类对交战过程的每个步骤都进行监督。一旦人类授权对一个或一组目标进行攻击，这一系列攻击的后续步骤可以在不放弃人类责任的情况下自动完成。

3.2　集群智能与协同控制中的人工智能

集群智能与人工智能有着密不可分的关系，主要体现在理论方法与技术应用两个层面。

从理论方法层面看，集群智能是人工智能重要的研究领域，人工智能 2.0 提到的五大方向中，群体智能为无人飞行器集群智能奠定了理论基础，智能无人系统支撑了无人飞行器及其集群系统的研究发展，大数据智能、跨媒体智能、混合增强智能为无人飞行器集群智能在复杂任务场景中有效发挥效能提供了重要的理论方法支撑。

从技术应用层面看，集群智能技术体系中的协同感知、协同决策、协同制导与协同控制各个方向，都广泛应用了人工智能技术。可以说，无人飞行器集群智能的能力景象,是由其每个环节中人工智能技术的广泛应用构成的,下面将进行详细论述。

3.2.1　协同态势感知中的人工智能

1. 协同态势感知技术特点

协同感知且信息共享是协同控制与决策的依据。受限于单个平台所携带的载荷及传感器的数量及种类,在面对采用信号有限的低信噪比的传感器情况下,又希望能获得更多更完备的信息,那么采取多平台协同工作是一种最佳举措。基于机载传感器,实现协同战场态势感知,能够获得更广的观测范围、更高的定位精度以及更高的鲁棒性。基于机间链,实现态势信息共享,形成统一的通用作战视图(common operational picture,COP),为协同作战奠定基础。相关技术主要包括协同目标探测、协同目标状态融合估计、协同态势理解与共享等。

协同态势感知在复杂的多元领域(例如空中交通管制、船舶导航、紧急响应、军事指挥与控制等)中进行决策,在很大程度上取决于决策者的态势感知。通常,这种理解概念被定义为:对单位的态势进行分析和判断,确定所存在的因素之间的关系,并对任务完成的威胁,任务完成的机会和双方存在的差距进行分析而得出结论。

无人飞行器的态势感知是态势评估作为中心进程服务于传感器设备管理、辅助决策及自适应管理等。无人飞行器的态势评估是基于有人控制飞行器的定义、性质及其研究而提出的,与其息息相关,然而无人飞行器的态势感知还具有其鲜明的特点,主要表现在:

(1) 智能性。无人飞行器协同态势感知要求飞行器对所处环境及非合作目标具有全面的感知能力,环境感知包括对自身状态、外部环境和威胁区域的感知,目标感知则指在复杂环境态势下对非合作目标的精准识别。环境信息及目标信息感知是集群智能技术 OODA 环的前端外界输入信息,特点是数据量大、干扰较多。面临复杂的干扰环境,目标识别领域的人工智能算法能够有效提升智能目标感知的效率和性能。

(2) 动态性。外部环境态势瞬息万变,且飞行器集群从群体层面到个体平台层面其自身的动力学行为也在不断发生变化。具有高度动态性及不确定性的信息输入,要求态势感知技术能够对多源信息进行快速融合并动态评估。

(3) 复杂性。任务环境的复杂多变导致无人飞行器集群间通信网络拓扑结构快速变化,此外宽带受限、通信干扰、通信延时等问题也增加了协同态势感知问题的复杂度。态势感知技术还要求通过传感器滤波、多源信息融合等关键技术建立详细的外部环境信息,而多源的传感器数据、异构的传感器类型极大增加了协同态势感知技术的复杂性。

　　从应用需求出发,战场态势分为战略态势、战役态势和战术态势,它们分别为国家级、战区/军种级和作战行动级的指挥员提供战场感知服务。显而易见,这样划分的三级态势作战涵盖区域、态势粒度、要素类型等方面是有差别的,具体取决于用户需求,但这三个层次的战场态势并没有十分严格的界线。战场态势及态势图的层次结构如图3.6所示。

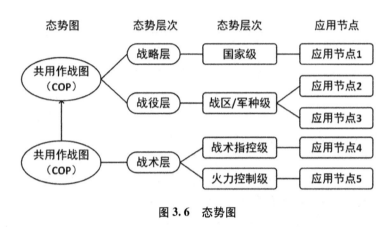

图 3.6　态势图

　　图3.6阐明了美军互动作战图族三级态势图与三级态势层次、指挥级别、应用节点的关系。

　　1995年安德斯雷(Endsley)提出了态势感知(situation awareness, SA)的三级模型：一级SA,环境元素察觉(perception)是SA最底层,此阶段尚未完成感知数据的解释,只是形成一个原始态势画面;二级SA,当前态势理解(comprehension),紧随元素察觉之后进行理解,本质上是认识这些元素的含义并获得一个分析/估计态势画面,所达到的理解程度标志人的专业知识水平;三级SA,未来状态预测(prediction),是最高级别的SA,其与对环境元素的未来状态、关系、事件的预测能力相联系。预测态势提供给当事人,使其预先采取措施、行为和方法,以适时处置可能出现的问题。

　　根据系统中智能节点功能结构的不同,可将无人飞行器群体分为同构系统和异构系统。同构系统指系统中每个飞行器的结构、功能、载荷相同;而异构系统中每个飞行器的结构、功能和载荷等都不尽相同。同构无人飞行器集群协同态势感知只能为集群系统提供单一类型的态势要素信息,异构协同态势感知则能够提供多种类型的态势要素信息并进行有机结合,因此需要对两种情况的态势感知技术分别研究。

　　此外,态势感知中目标识别任务需要采用深度学习技术,如卷积神经网络(convolutional neural network, CNN)、循环神经网络(recurrent neural network, RNN)、贝叶斯神经网络等算法技术;态势评估任务则需采用粗糙集理论等工具进行研究;态势推理任务则采用推理贝叶斯网络、D-S 证据推理等方法,最终通过态势评估一致性得到相对一致的战场态势认知。

2. 无人飞行器协同态势感知模型

1）同构无人飞行器协同态势感知模型

无人飞行器集群的功能分布和鲁棒自愈等特点是以其成本优势来实现的,即无人飞行器集群的数量优势。从整体来看,集群的作战范围必然要覆盖作战区域;从局部来看,个体需要尽量交叠覆盖作战子区域,才能充分发挥数量优势,当出现无人飞行器损毁时,及时自组织弥补"空缺",体现鲁棒性,图 3.7 为无人飞行器集群作战区域覆盖示意图,从功能看,与传统的大型多功能平台中心式作战相比,无人飞行器集群系统功能分布在各同构无人飞行器群上,各同构无人飞行器群实现集群系统在执行任务时所需的各种作战能力,协作形成具有完成作战任务所需综合能力的同构无人飞行器群系统。

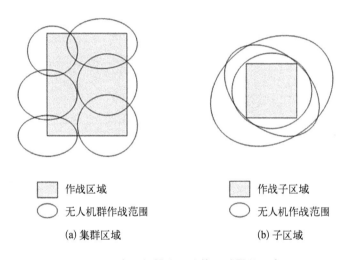

作战区域　　　　　　　作战子区域

无人机群作战范围　　　无人机作战范围

(a) 集群区域　　　　　　(b) 子区域

图 3.7　无人飞行器集群作战区域覆盖示意图

对同构无人飞行器群体中的个体来说,在三级态势感知模型中,其人机智能模型是相同的。Endsley 指出共享态势感知包括 4 方面因素:共享态势感知要求,即团体成员对其他成员需求信息的理解程度;共享态势感知背景,即共享的环境等;共享态势感知机制,即共享的心智模型;共享态势感知过程,即分享相关信息的过程。

同构无人飞行器集群态势感知符合共享态势感知的特征:集群中无人飞行器具有相同的人机智能模型;执行相同的作战任务,面临相同的作战子区域;理解集群中其他成员的信息需求;集群中各无人飞行器通信形成一致的态势感知。同构无人飞行器集群态势感知可以借助的态势感知模型进行分析,但共享态势感知没有体现个体间的信息交互,这在强对抗环境中是不合理的。需要考虑 Salas 等提出的个体信息交互的重要性。信息交互包括通信和非通信两种。通信交互可能受到其他态势感知元素的影响,非通信交互关注于共享态势感知元素的信息交互,以通信交互为主。

同构无人飞行器集群态势感知可以借助图 3.8 的态势感知模型进行分析,但图中共享态势感知没有体现个体间的信息交互,这在强对抗环境中是不合理的。需要考虑个体信息交互的重要性。为此,给出图 3.9 所示同构无人飞行器集群态势感知模型。信息交互包括通信和非通信两种。通信交互可能受到其他态势感知元素的影响,非通信交互关注于共享态势感知元素的信息交互,以通信交互为主。

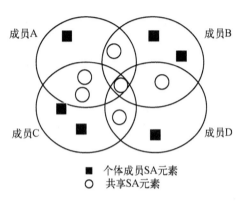

图 3.8　团体态势感知

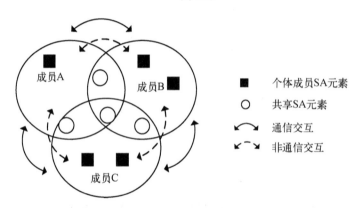

图 3.9　同构无人飞行器集群态势感知模型

2) 异构无人飞行器协同态势感知模型

按照作战任务(主要是察打任务)和功能分布的程度,同构/异构无人飞行器集群 SA 要求不同。传统的多功能平台中心式,往往具有电子侦察、火力打击、遥感探测、电子干扰、毁伤效果评估等能力。相应的多平台功能分布式:当功能分布程度较低,异构无人飞行器集群中,包含察打无人飞行器集群、干扰无人飞行器集群等;当功能分布程度一般,异构无人飞行器集群中,包含侦察无人飞行器集群、打击无人飞行器集群、毁伤评估无人飞行器集群等;当功能分布较高时,异构无人飞行器集群组成有两种可能,其一按照(传感器)载荷类型,集群包含电子侦察无人飞行器集群、通信侦察无人飞行器集群、红外无人飞行器集群、打击无人飞行器集群、毁伤评估无人飞行器集群等;其二按照载荷功能,集群包括目标离散属性(目标类型、目标敌我属性等)侦察无人飞行器集群、目标连续属性(速度、距离、航迹等)侦察无人飞行器集群、打击无人飞行器集群、毁伤评估无人飞行器集群等。同构无人飞行器集群协同态势感知为无人飞行器集群系统提供对某些特定态势要素的协同感知,多种同构无人飞行器集群协同态势感知有机结合产生对作战整体态势要素的感知,即异构无人飞行器集群协同态势感知。

异构无人飞行器分布式协同,多种不同类型的无人飞行器协同完成特定的作战任务,不同类型的无人飞行器的目标、子任务、能力等各不相同,对战场态势具有不同的认知,但是能够协同完成作战任务,符合分布式态势感知(distributed situation awareness, DSA)的观点。利用DSA去研究异构无人飞行器集群态势感知模型,结合同构无人飞行器分布式集群态势感知模型,给出如图3.10所示的异构无人飞行器分布式集群态势感知模型。图3.10中表示了异构无人飞行器集群态势感知模型中相容态势感知的机制,同时交互态势感知不仅是态势感知元素信息的交互,还包括对态势感知理解信息、态势感知预测信息的交互,是一种高层次的交互。

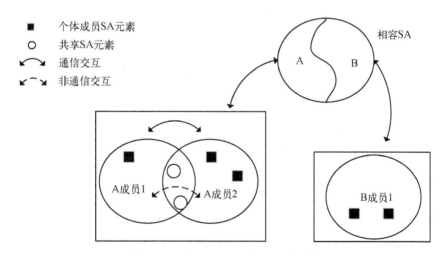

图3.10　异构无人飞行器协同SA模型

3. 深度学习算法用于目标识别

目标识别(object detection)是指对传感器获取的信息进行一定处理后,将待识别目标从其他目标中区别出来,同时得到目标位置信息的过程。协同目标识别是指无人飞行器编队协调各平台上的多种传感器资源,把分布在不同空间位置的同类传感器或异类传感器所探测的不完整信息进行统一处理,完成对目标的综合识别,实现编队各无人飞行器共享高质量的目标态势信息。目标识别的深度学习算法主要包括如下几种神经网络模型：

1）卷积神经网络[29]

卷积神经网络（CNN）是一类包含卷积计算且具有深度结构的前馈神经网络，是深度学习的代表算法之一。卷积神经网络具有表征学习能力，能够按其阶层结构对输入信息进行平移不变分类，因此也被称为"平移不变人工神经网络"。

卷积神经网络仿造生物的视知觉机制构建，可以进行监督学习和非监督学习，其隐含层内的卷积核参数共享和层间连接的稀疏性使得卷积神经网络能够以较小的计算量对格点化特征，例如像素和音频进行学习、有稳定的效果且对数据没有额外的特征工程要求。

2）循环神经网络[30]

循环神经网络（RNN）是一类以序列数据为输入，在序列的演进方向进行递归且所有节点（循环单元）按链式连接的递归神经网络（recursive neural network）。对循环神经网络的研究始于20世纪80~90年代，并在21世纪初发展为深度学习算法之一，其中双向循环神经网络（Bi-RNN）和长短期记忆（long short-term memory，LSTM）网络是常见的循环神经网络。

循环神经网络具有记忆性、参数共享并且图灵完备，因此在对序列的非线性特征进行学习时具有一定优势。循环神经网络在自然语言处理，例如语音识别、语言建模、机器翻译等领域有应用，也被用于各类时间序列预报。引入了卷积神经网络构筑的循环神经网络可以处理包含序列输入的计算机视觉问题。

3）贝叶斯神经网络[31]

贝叶斯神经网络是一类神经网络模型，模型的参数不是固定的值，而是分布。这样设置，就能够对数据和模型的不确定性进行评估。例如有一个函数 $f(x)=y$，$f(x)=y$，当函数 f 确定时，输入 x 能得到唯一确定的 y，如果调整 f，得到的 y 就会发生变化（图3.11）。

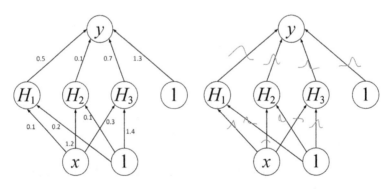

图3.11　贝叶斯神经网络

4. 贝叶斯网络

贝叶斯网络是由 Howard 和 Matheson 于 1981 年提出的,它主要用来表述不确定的专家知识。后来经过 Pearl、Heckerman 等的研究,贝叶斯网络的理论及算法有了很大的发展。贝叶斯网络作为一种知识表示和进行概率推理的框架,在具有内在不确定性的推理和决策问题中已经得到了广泛的应用。

贝叶斯网络在态势推理上首次使用是基于空中作战背景,而随着无人飞行器技术的发展,贝叶斯网络逐渐应用于无人智能化的作战平台的态势评估。由于贝叶斯是在概率论和图论的基础上建立的一种针对不确定性知识的推理方法,其主要是通过使用图论中的方法来建立并表示推理中的定性关系,由此简化计算过程,同时综合了多种信息源。在开始的时候,一般将态势模式看作推理的假设原因,而把从空中战场得到数据看作结果建立贝叶斯网络模型。但由于用其进行推理时需要提前对传感器采集回来的数据进行预处理,保证事件的条件概率同时还需要大量的专家经验知识,因此其对平台的通信和处理能力都有着较高的要求。

5. D-S证据理论

D-S(Dempster/Shafer)证据理论[32],得名于它的创始人 Dempster 和 Shafer 的名字组合。1967 年,Dempster 提出了该理论,1976 年由他的学生 Shafer 继续研究,进而理论化为一种对不确定性信息具有较强处理能力的不精确推理理论。作为一个相对较新的理论,D-S 证据理论从属于人工智能领域,其目的在于采用一种严格的数学方法在有效获取证据的基础上用数值定量化地描述对一个事件的信任程度。

在处理态势评估问题时,可以使用 D-S 证据理论中的信任函数来描述战场中各实体之间的不确定关系,并通过证据网络中的这种关系来进行局部计算,从而形成了一种基于证据网络的威胁估计系统。这样的处理方式可以同时处理大量的战场数据,且时间复杂度比较低,结果的准确性较高,但是这种思路仍然存在局限性,例如,当战场实体种类和数量不断增长时,网络的设计过程以及结构都变得过于复杂。

6. 粗糙集理论

粗糙集理论是一种处理模糊和不确定性知识的数学工具,能够有效地处理复杂系统中的数据和信息,它的主要目的是在保持分类能力不变的情况下,通过知识约简,得到问题的决策或分类规则。

粗糙集的使用常需要建立知识库。在面对模糊和不确定知识时,粗糙集可以利用知识库进行有效处理,同时可以结合其他算法(如证据理论)来提高态势评估准确度。当知识库建立较为完善时,可以量化对战场造成威胁的关键性要素,同时结合粗糙集对于不确定性知识的处理能力,便建立了基于粗糙集的多属性决策态势评估体系。

7. 态势感知一致性

态势感知一致性是指,所有无人飞行器节点通过彼此间信息交流,最终实现所有节点对态势的评估达到一致性。多无人飞行器在进行态势评估时,通常是一个分布式的网络体系,此时无人飞行器获取的战场信息一般分为两类:局部信息和系统信息。局部信息是每个平台单独形成的战场感知态势感知结果,而系统信息是融合后的结果。在分布式的体系中,根据局部信息得到统一的系统信息便是一致性的过程。

在分布式态势感知理论中,对态势的认知主要是通过系统中各部分的交互来完成。同构无人飞行器分布式集群态势感知的一致性形成过程主要包括一致性过程和选择过程:一致性过程分为一致性程度计算和一致性调整两部分,选择过程包括集群偏好和结果排序。异构无人飞行器分布式集群态势感知的一致性,从分布式态势感知的角度分析,系统内各类型无人飞行器(或多种同构无人飞行器集群)协同完成作战任务时,需要对战场态势具有相对一致的认知。

3.2.2 协同决策中的人工智能

1. 协同决策技术特点

无人飞行器集群协同决策是实现无人飞行器集群优势的核心。无人飞行器协同决策的目标是针对高对抗的战场环境,提高系统的整体生存能力,在可能损失部分无人飞行器的条件下,加强整个系统的生存能力,确保任务完成率。

无人飞行器集群协同决策的内容包括威胁的判断、目标优先权的排序及目标指派等任务的动态分配与调度,需要重点考虑多机之间任务分配的冲突消解,消除多机之间的任务耦合,应对动态、不确定的外部环境,实现基于任务和无人飞行器能力的协同决策,制定高效合理的任务计划,使得无人飞行器在执行任务的生存概率和作战效能达到最佳。针对高对抗、强不确定及时间敏感的环境中随时可能出现的包括任务目标改变、威胁和环境变化、集群成员损伤等突发情况,需要无人飞行器集群具备实时任务调整和重规划的能力,快速响应外界环境的变化,提高任务效率和使用灵活性。

在实际作战任务的执行中,无人系统与其他战场要素相互影响、相互制约,一起构成了一个庞大的复杂系统。由于敌我双方存在高度的对抗性,未来无人系统所面临的任务和战场环境呈现出高度的动态性,在无人系统执行任务的过程中,其面临的战场态势和任务目标均随时间不断变化,无人系统的任务执行过程对时间敏感性的要求越来越高,使得上述多无人系统自主协同决策问题变得非常复杂,具体体现在以下几方面:

(1)环境复杂性。无人系统所面临的战场环境是动态变化的,目标、威胁、任务以及无人系统本身状态均处于不断变化中,无人系统的决策和行动受到敌方决策和行动的影响。同时还可能出现极端气象条件、突发的障碍和威胁等复杂环境以及平台或载荷性能变化、通信网络故障等意外事件。

（2）多无人系统的复杂性。无人系统数量多,不同类型和用途的无人系统在作战过程中承担相应的任务,而不同无人系统的气动布局、飞行性能差异很大,高速、高机动性、高隐身性平台以及复杂柔性的系统结构对无人系统的规划与决策提出了更高的要求。

（3）任务复杂性。不同性质的任务具有不同的要求,不同的作战任务在作战目标、时序约束、任务要求等方面存在显著差异性,并且任务之间可能存在约束关系。在作战过程中,UAV 任务还会随时间变化而逐渐调整。

（4）时间敏感性。动态化的任务需求和对抗性的战场环境使得无人系统的任务计划存在一定的时效性。

（5）计算复杂性。多 UAV 协同系统的构成要素众多、类型各异,且处于动态的、对抗的战场环境中,与敌方战场要素不断发生交互,相互影响。多无人系统协同任务规划问题的状态空间随着无人系统、目标、任务类型以及敌方战场实体数量呈指数增长,这使得该问题的解空间面临严重的组合爆炸问题。

（6）通信复杂性。战场环境中的通信往往存在着网络拓扑结构变化、带宽受限、强干扰、长时延等特点。环境复杂性、无人系统复杂性、任务复杂性、时间敏感性、计算复杂性、通信复杂性等各种因素交织在一起,使得对多无人系统自主协同任务规划成为一个极具挑战性的课题。

协同决策系统是在管理信息系统和运筹学的基础上发展起来的。大多数决策方法和决策过程只是在一定范围内根据使用者的经验做出选择,从而协调多目标和多准则的决策问题。对于使用者所不具有的知识和系统没有预先设置的模型,此决策方法就显得力不从心。因此将人工智能技术和其他相关学科的成果及其技术相结合的协同智能决策系统的出现使得决策过程能够充分利用和学习人类的知识。

决策过程是一个复杂的分析、推理和决断过程。随着研究对象复杂程度的提高、约束条件的增加、环境对象的变化,加上所需信息的不足以及决策者对决策要求的不断提高,传统的基于经验和逻辑分析的决策支持系统的设计方法越来越不能满足决策者的需求。强化学习方法的特点是自主学习,无需提供导师信号,不需要严格的数学模型以及具有终身在线学习能力。以此为基础设计的协同决策系统可以综合考虑多种约束,自主学习最优策略。本书研究典型方法 DQN 算法[33]和 DDPG 算法[34]。

此外,基于参与者的有限理性、共同知识的有限性、博弈过程的动态调整性、均衡的长期性和稳定性等重要特征的博弈学习理论成为动态协同决策研究领域的新兴途径。博弈学习理论在假设前提(有限理性,信息有限)的现实性和长期预测能力等方面相对于传统博弈理论都具有优势,因此针对典型博弈学习理论——双人矩阵博弈学习、多人随机博弈学习、微分博弈算法重点展开研究。

2. DQN 强化学习算法

强化学习的理论给智能体如何优化环境控制提供了一种规范且理论化的解释。然而,要成功地使用强化学习方法来逼近现实世界的复杂性,智能体面临着一项艰巨的任务,即它们必须从高维感知输入中获得对环境的有效表示,并使用这些输入将过去的经验推广到新的情况中。尽管强化学习在各种领域都取得过一些成功的应用,但它们的适用性仅限于可以提取有效特征的领域,或具有充分观察到的低维状态空间的领域。

首先介绍一种常用的强化学习算法,Q 学习算法。Q 学习算法是强化学习中的一种算法,它通过智能体来感知环境,并学习有效策略。智能体感知环境状态后,选择一个动作作用于环境,环境接受该动作后发生状态转换,并给出一个正反馈或负反馈给智能体。智能体在与环境的交互过程中,通过学习策略以达到回报最大化,从而实现特定的目标。

Q 学习算法的最重要部分是通过 Q 函数正确有效地估计 Q 值,Q 函数可以简单地通过查找表或函数逼近器来实现,有时也可以通过非线性逼近器来实现,例如神经网络或更复杂的深度神经网络。若将 Q 学习算法中与深度神经网络相结合,即可得到一种新型的深度强化学习算法,这样的算法即为深度强化学习算法,深度强化学习是深度学习和增强学习的结合。其具体概念是由 DeepMind 在 2013 年第一次提出,同时提出的还有 DQN 算法。他们利用该算法实现了以图像作为输入,通过算法学习,来自主玩 ATARI 游戏。由于 DQN 能够克服 Q 学习算法的缺点,通过高维状态的输入得到低维动作的输出,该算法受到广泛关注,并成为深度学习领域的前沿研究方向。

深度强化学习算法是通过一系列的观察、动作和奖励来考虑智能体与环境互动的任务。智能体的目标是以最大化未来累积奖励的方式选择行动。在 DQN 模型中,使用神经网络来逼近最佳 Q 函数:

$$Q^*(s, a) = \max_{\pi} E\left[r_t + \gamma r_{t+1} + \gamma^2 r_{t+2} + \cdots \mid s_t = s, a_t = a, \pi\right]$$

这是在观察 s 并采取行动 a 后,通过行为策略 $\pi = P(a \mid s)$,在每个时间步长 t 上,以 γ 为衰减系数,得到的最大收益 r_t 的总和。

当使用神经网络等非线性函数逼近器作为 Q 函数时,强化学习是不稳定的,甚至是发散的。导致这种不稳定性的原因有很多,例如观察的序列是相关的,对 Q 值的少量更新可能会显著地改变策略并因此改变数据的分布,以及 Q 值与目标值 $r + \gamma \max_{a'} Q(s', a')$ 之间的相关性等。DQN 算法使用一种新颖的 Q 学习方法解决了这些不稳定性,该方法使用了两个关键思想。第一点,DQN 算法使用一种称为经验池的生物学启发机制来对数据进行随机化处理,从而消除观察序列中的相关性并平滑数据分布中的变化。第二点,算法使用目标网络进行迭代更新,将 Q 值调整为仅定期更新的目标值,从而减少与目标的相关性。

DQN 强化学习算法实现流程(图 3.12)如下:① 初始化经验池 D 容量为 N;② 用一个深度神经网络作为 Q 值网络,初始化权重参数;③ 设定游戏片段总数 M;④ 初始化网络输入,计算网络输出;⑤ 以概率随机选择动作或者通过网络输出的 $Q(\max)$ 值选择动作;⑥ 得到执行动作后的奖励和下一个网络的输入;⑦ 根据当前的值计算下一时刻网络的输出;⑧ 将四个参数作为此刻的状态一起存入到 D 中(D 中存放着 N 个时刻的状态);⑨ 随机从 D 中取出 minibatch 个状态;⑩ 计算每一个状态的目标值[通过执行动作后的奖励(reward)来更新 Q 值作为目标值];⑪ 通过随机梯度下降(stochastic gradient descent,SGD)更新权重(weight)。

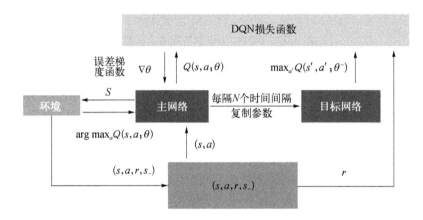

图 3.12　DQN 强化学习算法示意图

3. DDPG 强化学习算法

强化学习是学习状态和行为之间的映射关系,以使得数值回报达到最大化。在未知采取何种行为的情况下,学习者必须通过不断尝试才能发现何种行为能够产生最大回报。这些行为不仅会影响到直接回报,还会影响到下一状态以及后续所有的回报。与根据外部监督者先验信息提供的示例而进行学习的监督式学习不同,强化学习是从交互中进行学习。由于要获得能够完全正确表征所有情况的期望行为示例是不切实际的,因此,学习者必须能够从自身经验中进行学习。综上,强化学习问题就是从交互中学习以达到期望目标的一种学习方法。DDPG 强化学习算法如图 3.13 所示。

学习者被称为智能体或玩家,而与智能体交互的外部被称为环境。智能体应选择相应行为来使得环境所表现的回报最大化。假设一个离散时间序列。在每一时刻,智能体从环境中接收一个状态。

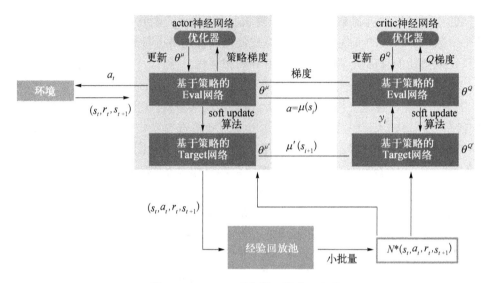

图 3.13 DDPG 强化学习算法示意图

4. 双人矩阵博弈学习算法

双人矩阵博弈学习的基本思想是指无人飞行器在进行决策过程中,学习相应的最优策略。在某些情况下,无人飞行器可能会得到一个纯策略,也就是说,无人飞行器在任何情况都会得到相同的决策结果。而在另一些情况下,无人飞行器可能是最好以特定的概率进行决策,这被称为混合决策。

策略爬山(policy hill climbing, PHC)算法一种基于双人博弈思想的实用性算法。这是一种可用于估计混合策略的合理性算法,如果其他无人飞行器均不学习采用固定的策略,则该算法将收敛于最优混合策略。PHC 算法无需过多信息,即无需已知无人飞行器执行的最近行为以及目标的当前策略。无人飞行器选择行为值最大的概率以一个较小的学习速率 $\delta \in (0, 1]$ 增大。$\delta = 1$ 时,即以概率 1 成为贪婪策略时,该算法相对于单无人飞行器的 Q 学习算法。当其他无人飞行器采用固定策略时,PHC 算法是合理的并能收敛至最优解。然而,当其他无人飞行器也进行学习,PHC 算法则可能不会收敛至一个固定策略。

5. 多人随机博弈学习算法

在由无人飞行器构成的多智能体系统中,无人飞行器可在一定程度上根据预先设计的行为进行预编程。通常需要无人飞行器能够在线学习,以提高系统的性能。无人飞行器的随机博弈学习可以表示为随机博弈的多智能体强化学习(multi-agent reinforcement learning, MABL)[35]。无人飞行器在当前状态下同时选择行为,并在下一状态获得回报与随机博弈中求解纳什均衡的算法不同,强化学习算法的目标是通过与环境交互来学习均衡策略,一般来说,在 MARL 问题中,无人飞行器不会从环境中获知转移函数或回报函数。实际上,无人飞行器需要通过选择行为并观测所得到的回报和下一个状态,来获得转移函数或回报函数信息。

指数移动平均(exponential moving average, EMA)算法是多人随机博弈学习中的一个典型算法,是一种基于时间序列的统计方法。通常 EMA 算法会对最近观测值分配更大的权重。在研究工作中,演变得到了一种利用 EMA 算法的简单算法,该算法称为 EMA Q 学习算法。该算法采用 EMA 机制作为更新智能体自身策略的基础,此外在更新智能体策略时采用两种不同的可变学习速率 η_w 和 η_1。

6. 微分博弈算法

微分博弈算法是 Isaacs[36] 在"疆土防御"的模型中提出的,在该模型中,各智能体需要协同合作以防止入侵者穿过安全区域。同时,还需适应不可预测和不断变化的环境。在该博弈中,入侵者试图尽可能地接近领土,而防御者试图拦截并使得入侵者尽可能远离领土。微分博弈的特点是各无人飞行器需要在没有最优策略的先验知识条件下进行决策。

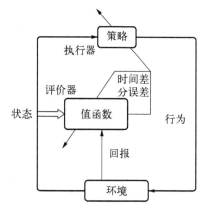

执行器-评价器模糊学习(fuzzy action-critic learning, FACL)属于微分博弈算法。FACL 包括两个部分:一个是为每个状态选择最佳行为,称为执行器;另一个是估计未来的系统性能,称为评价器。图 3.14 给出了执行器-评价器的学习系统架构。

图 3.14　执行器-评价器学习系统架构

3.2.3　协同制导中的人工智能

1. 协同制导技术特点

以多弹协同打击为例,协同打击相比单一导弹打击的方式具备明显的优点。首先,导弹之间的信息交换可以提高导弹的抗干扰能力和增加导弹的隐身能力。其次,多弹协同探测可以有效提高目标的捕捉概率和减小误判的可能性。最后,每个目标由多枚导弹从不同的方向进行同时攻击可以在单枚导弹的机动性能弱于敌方目标的情况下实现精准拦截。可以说,多导弹协同作战必将成为未来战争的重要手段。多飞行器协同制导技术具有以下特点:

(1)环境复杂性。多弹协同打击多个目标需要考虑前方导弹击中目标时的光电效应造成传感器瞬间失灵的影响,同时要避免碰撞产生碎片的干扰。目前协同制导的发射方式可以分为齐射和连射两种。连射指各个导弹在不同的时间点依次发射,而齐射指各导弹同时发射。为避免上述干扰,连射方案需要保证各枚导弹的发射时间有一定的间隔,齐射方案需要保证所有导弹同时击中各自的目标。

(2)约束条件多。多弹齐射协同打击问题的实质是多个导弹多角度同时打击多个目标的制导律设计问题。该问题可转化为多组给定交会时间约束下多对一制导律设计问题。通过对交会时间进行控制可以避免齐射的组间和组内干扰。该问题可进一步拆分为多组一对一的基本单元在给定交会时间和交会角约束下的制导律设计问题。通过组内交会角的选择可以避免导弹末端体积干涉和增加毁伤概率，同时可以大致规划出弹道的位置，规避弹道交叉引起的碰撞问题。多弹齐射的制导律设计问题需要考虑诸多约束。除了上述交会时间和交会角的约束外，为保证拦截精度，需要使得脱靶量尽可能小。同时，为保证工程可实现性，还需要使全程的能量消耗尽可能小。

（3）工程实践难。目前，以俄罗斯和美国为首的大国都在积极开展多导弹的协同作战的研究和实践，在多导弹协同作战领域取得了丰富的成果。我国在相关领域也开展了广泛的研究，李红亮等采用"领弹-从弹"策略，基于改进的粒子群算法对反舰导弹进行目标分配，实现了在避免弹道交叉的同时对目标的毁伤效果最大化。Hou 等[37]提出了一种可以同时保证交会角约束和时间一致性约束的多导弹分布式协同制导律，使得攻击一个目标的弹群可以同时命中。Fang 等[38]基于高斯伪谱法，同样提出一种满足交会时间、交会角和脱靶量共同约束的协同制导律。

2. 交会角约束下智能制导律

根据国内外学者的相关研究，考虑交会角和脱靶量共同约束的制导方法可以总结为三大类：滑模变结构控制（sliding mode control，SMC）法、最优控制法，以及剩余时间多项式拟合（time-to-go polynomial guidance，TPG）法等。

在采用滑模法控制交会角的方法中，针对静止和低速目标设计了一种滑模制导律，在控制交会角的同时，能够使制导指令在交会前收敛到 0。在用滑模法控制交会角的基础上，设计了一种几何学方法，来精确计算剩余飞行时间，设计了一种可用于机动目标的滑模制导律。制导律采用动态转换和滑模控制的方法，结合非线性耦合动态特性，能够在满足脱靶量精度的同时控制交会角为给定值。

最优控制法也是约束交会角的常用方法。针对导弹速度为常值及目标静止的情况提出了一种考虑末端脱靶量和交会角约束的最优制导律。其中，损失函数用能量代价除以剩余飞行时间的幂指数表示，而后通过求解线性二次型得到制导律的最终表达式。通过计算导弹运动轨迹曲线对剩余飞行时间进行估计，提高了对脱靶量控制的精度。通过考虑弹体动态特性和速度时变等因素，优化得到逆轨拦截三维机动目标的最优制导律，可以同时满足交会角和脱靶量约束。在此基础上利用双曲正切函数对最优控制的损失函数进行整形，可有效降低制导初期的过载指令。

上述两类方法是进行末端交会角约束比较常见的方法。还有将制导指令作为剩余飞行时间的多项式的制导方法。初始时的制导指令具有剩余飞行时间多项式的形式。然后,通过构造多项式各项的系数来满足交会角和脱靶量的约束。这种方法简便易行,同时过载的形式简明直观,便于对其进行约束。

3. 交会时间约束下智能制导律

在多个导弹协同打击对多个目标的作战背景下,控制各导弹的命中时间,使得它们同时命中目标是十分重要的问题。目前,关于协同作战场景中制导律的设计可以分为两大类:一类是独立制导,即导弹之间的信息交换用于提高导弹的抗干扰能力和目标的捕捉概率,而各个导弹制导指令的生成是相对独立的。上层指挥部根据各个导弹的位置、速度、交会角等信息为每个导弹规划一个期望命中时间,然后各导弹在各自制导律的控制下按照该时刻命中目标。第二类是协同制导,即导弹之间的信息交换不仅用于提高导弹的抗干扰能力和目标的捕捉概率,还用于对导弹队形的调整。在打击的过程中各个导弹根据其他导弹的位置和速度信息调整制导指令,通过对队形的控制保证各自的剩余飞行时间达到相同,实现同时打击。

对于第一类独立制导的方式,控制时间的主要方法为滑模变结构法以及带反馈项的比例导引法等。

在采用滑模变结构法对交会时间进行控制的领域内,可以采用基于李雅普诺夫法对协同打击静止目标的时间进行控制,并同时考虑执行机构的延迟带来的影响,仿真中给出了导弹在同一地点发射和不同地点发射两种情况下的仿真数据,充分验证了制导律的性能。为解决制导指令的奇异问题,在制导指令中引入了指令角的正值非线性连续函数,从而使得李雅普诺夫稳定函数始终是半负定的。对于这种奇异问题存在另一种解决方式,即在制导指令上加上额外的组成项,使得滑模面成为唯一的吸引子。提出了一种适用于大航向误差下交会时间控制的滑模制导律,并且当期望的交会时间小于预测命中时间时,也可以按照期望的命中时间命中目标。

西北工业大学的周军等基于积分滑模理论设计了一种控制速度时变导弹的交会时间的制导律。该制导律在计算剩余飞行时间时引入了导弹速度变化范围,从而降低了速度时变的影响。设计了一种拦截机动目标并同时控制交会时间的末制导律。这种有限时间收敛的制导律将目标的运动作为未知干扰项,利用弹目(导弹与目标)相对距离调节制导参数,并同时考虑了执行机构的延迟特性。

在采用带反馈项的比例导引对交会时间进行控制的方法中,可以实现一种用于打击反舰导弹等低速目标的时间约束制导律。制导指令包含两部分:一部分是传统的比例导引项,用于控制脱靶量;另一部分是时间反馈项,用于修正预测命中时间与期望命中时间的误差。将传统的比例导引与反馈项结合的形式也可以衍生出其他方法,如制导律的设计引入虚拟目标架构,不同的是,制导律的设计引入了虚拟目标架构,然后将交会时间控制问题转变为非线性的追踪问题进行研究。

Jeon 等提出了一种针对反舰导弹等低速目标的时间控制制导律。首先给出了线性形式的系统闭环解,然后将时间控制项作为闭环系统的额外反馈回路,得到控制指令的最终形式[39]。

对于第二类协同制导的方式,主要采用在第一类打击的基础上实时调整各个导弹的期望命中时间以及调节各个导弹剩余飞行时间的差值这两种方法。首先采用比例导引和时间反馈项相结合的方式对每个导弹进行时间控制,然后引入协同算法,对各个导弹的期望命中时间进行调整。在用第一类打击的方法对单个导弹控制的基础上,用去中心化的方法对时间控制制导律进行积分。引入剩余飞行时间的差值这一概念,通过控制各导弹剩余飞行时间的差值实现对目标的同时命中。采用领从式网络结构,用时间延迟和策略转换的方式来使各个导弹的命中时间达到同步。采用分布式的网络结构修正各个导弹的剩余飞行时间,实现导弹之间的协同。采用分布式模型控制的方法降低各个导弹的剩余飞行时间之间的差值,并同时考虑了导弹间安全距离的影响。

4. 交会角和交会时间共同约束下的智能制导律

在多对多协同作战中,为增加对目标的毁伤概率,同时避免导弹间的相互碰撞,需要多个导弹从多个方向对一个目标同时完成打击。此时,需要将交会角与交会时间同时作为制导律的约束。对交会角与交会时间同时进行控制的方法主要有滑模变结构控制法、虚拟目标法、参考轨迹法、轨迹重规划法以及多项式法等。

通过二阶滑模制导律来跟踪期望的视线转率,通过调节一个参数的值,可以同时控制交会角和交会时间,并且能够将末端过载控制在合理的范围内。首先采用滑模制导律,使得导弹能够在有限时间内按照给定的交会角攻击虚拟目标。然后采用比例导引的方法,来保证导弹的航迹角不变。最后,选取合适的参数来同时控制交会角和交会时间。提出一种轨迹重规划的方法来满足交会角和交会时间的共同约束,并同时考虑了视场角的影响。视线角的参考变化轨迹具有多项式的形式,多项式的系数通过数值法给出。对于给定的交会角,其交会时间的范围可以由优化方法求解。采用轨迹重规划的方法,定义了一个特定的多项式,并对多项式的两个未知参数进行设计。在打击静止目标时,该制导律可以同时满足交会角和时间的约束。也可以采用具有多项式形式的制导律,制导指令含有三个未知参数,其中一个参数用来控制交会时间,另外两个参数则用来满足交会角和脱靶量的约束。在设计参数时,制导增益的选择可以是任意的,需要根据制导律不同的设计指标选择合适的参数。

5. 交会角和交会时间共同约束下的能量最优智能制导律

现有的研究在考虑制导律的约束时,多是考虑交会角和交会时间,或者单独考虑制导过程的能量代价。将这三者联合考虑的研究比较有限。这一领域的研究方法也比较集中,都是在交会角约束下的能量最优制导律的过载指令上附加时间修正项。利用这一项改变法向过载,从而改变弹道弯曲的形状。即通过变相改变航迹长度的方式调节攻击时间。相关学者提出一种可用于反舰导弹协同拦截的闭环制导律。首先用偏置的比例导引律,控制了命中时的交会角。同时,通过理论推导,证明了 $N=3$ 的偏置比例导引就是能量最优的。然后设计了过载的时间反馈项,控制实际的剩余飞行时间与期望的剩余飞行时间之差收敛到 0。首先推导出满足交会角约束的能量最优制导律,然后计算出实际的剩余飞行时间与期望的剩余飞行时间之差及其导数的表达式,并据此设计了过载的时间修正项。接下来根据李雅普诺夫第二法,证明了所设计的时间修正项可以使时间偏差收敛到 0。同时,过载的时间补偿项可以随时间的推移在命中时刻收敛到 0。这样,越是临近命中时刻,最优控制占过载指令的比重就会越大,从而保证了在满足交会时间的同时,脱靶量和交会角也可以满足命中精度的要求。值得一提的是,在推导最优制导律时,用弹目相对距离作为自变量,可以有效解决目标静止且导弹速度大小恒定的场景中剩余飞行时间估计不准的问题。

3.2.4　协同控制中的人工智能

1. 协同控制技术特点

集群系统协同控制在包括航空航天在内的众多领域中展现出了强大的应用潜力,如多微纳卫星协同组网深空探测、多无人飞行器协同侦察、多导弹饱和攻击、多无人艇协同巡逻及多机器人协同搬运等。编队控制是集群系统协同控制中的重要课题之一。通过调整个体之间的相对阵位关系,使得集群系统形成特定的编队队形,可以为包括协同侦察、探测、突防、围捕及打击等任务创造有利条件,提供技术保障。考虑到外部态势和任务需求的高动态性,集群系统的编队队形往往不是固定不变的,需要能够根据实际需求实时动态调整,即需要时变编队控制。编队控制强调的是队形的形成与保持。在许多实际应用中如空地协同侦察等,仅仅实现期望的编队队形是不够的,还需要所实现的编队能够跟踪给定的参考轨迹或特定目标而运动。因此就需要研究时变编队跟踪控制问题,即通过一个虚拟或真实的领导者来生成期望的参考轨迹,跟随者在形成给定的时变编队队形的同时,能够跟踪领导者的轨迹运动。多飞行器协同控制技术具有以下特点。

(1) 环境约束多。实际集群系统在执行任务时尤其是作战任务时,往往处于较为恶劣的环境条件下。如无人飞行器可能会遇到阵风、大侧风和紊流等气流扰动,外部扰动对于集群系统中的任务个体的控制性能有着严重的影响,可能导致集群系统无法构成期望的队形,甚至导致整个集群系统的发散。同时,针对复杂环境条件下的电磁干扰等对集群系统中个体间通信的影响,其链路可能会发生断开、重连或与新的邻居个体进行交互的情况,导致集群系统的相互作用拓扑关系发生切换,这对集群系统的协同控制性能产生的影响不可忽视。进而由于复杂环境对系统自身动态特性产生的影响,集群系统在自身参数发生摄动情况下仍能保持期望的编队并兼具敏捷性和鲁棒性是体现集群系统协同性能的重要指标。因此,需要考虑外部扰动、拓扑切换和模型参数不确定等多种约束条件的影响,对异构集群系统的时变编队跟踪控制方法开展深入研究。

(2)任务需求广。集群系统在复杂环境导致的多约束条件下还要执行多种作战任务。如在现代空战中,常常组成有人机/无人飞行器战术混合编队,无人飞行器作为有人机的僚机在外围执行侦察和掩护任务,这就需要其形成以中心多架作战有人机凸组合为中心的战术编队构型,以完成整体作战战术任务,这就需要在存在多个领导者的情况下,异构集群系统在实现期望时变编队构型的同时,还能够跟踪得上多领导者的凸组合。针对跟踪敌机侦察等任务时,可将跟踪目标视为领导者,但是由于目标的机动逃逸等战术策略,其控制输入对于跟随者来讲是难以直接获得的,因此需要异构集群系统在面对这种情况下时仍能实现对目标的有效跟踪侦察。此外,面向护送穿越危险区域等作战任务时,异构集群系统有着独特的优势,不同的个体可以分为子群分别携带高精度探测装置、防御武器和大运载能力平台以分别实现侦察探测、防御护卫和高价值目标运载等各自子任务,以共同完成协同穿越护送的战术任务,即要求异构集群系统完成编队合围跟踪控制。因此,面向巡逻、侦察和护送等作战需求,需要对面向多任务的异构集群系统编队跟踪控制形式进行拓展。异构集群系统通过不同类型的个体的合理搭配,可以弥补同类个体的不足,大幅提升协同作业效能。面向未来跨域作战,在复杂环境中的无人车往往会因为遮挡而无法有效探测和通信,通过加入多架无人飞行器在高空侦察飞行并进行编队控制,可以为多无人车提供大范围环境信息和通信中继功能,实现无人车与无人飞行器资源的有效互补;在海上作战的舰船由于海浪及地球曲率的影响,也会出现探测和通信受限的情况,尤其是在协同对海探测/反潜时,舰船的二维运动的特性,使得所获得探测目标的信息不够丰富,通过无人飞行器高空飞行侦察三维探测信息及通信中继的加入,可以大幅提升整个集群系统通信的品质和探测的精度、维度及覆盖度。在多无人飞行器-无人车空地协同侦察和多无人飞行器-水面舰艇空海协同巡逻等任务场景中,集群系统中存在动力学特性完全不同的个体,即集群系统是异构的。此外,异构集群协同中多个个体所形成的编队需要随任务需求或者环境态势的变化而不断变化,并且整个编队需要随跟踪的目标或巡逻的规划路线而运动,这意味着需要时变编队跟踪控制。异构集群系统时变编队跟踪控制问题是解决包括空地协同在内的跨域协同应用过程中的关键技术问题,具有重要理论价值和实际意义,已成为学术界和工业界的一个共同的研究热点。

2. 同构集群系统协同控制

集群系统编队控制问题自 20 世纪 90 年代开始就受到了机器人研究领域的关

注,并出现了基于行为、基于虚拟结构以及基于领导者-跟随者策略的经典编队控制方法。尤其是过去两年中,英特尔、亿航及大疆等公司,先后基于虚拟结构等算法成功开展了几百架乃至上千架四旋翼无人飞行器的编队飞行表演。然而上述三种控制策略存在一定的缺陷与不足,Beard 等[40]在文献中指出基于行为的编队策略难以从理论上进行系统分析,基于虚拟结构的编队方法不易分布式实现,基于领导者-跟随者的编队控制方法鲁棒性相对较差。考虑到多智能体系统中各智能体通信与运算能力的限制,如何利用邻居智能体之间的局部作用信息设计分布式的编队控制协议,成为近年来多智能体系统协同控制领域的研究热点。随着一致性控制理论的发展与完善,越来越多的研究者开始关注基于一致性的编队控制方法。Ren[41]提出了二阶多智能体系统基于一致性的编队控制方法,并指出上述三种传统的编队控制方法均可以统一到基于一致性方法的框架内,同时能够在一定程度上克服这三种传统方法的缺点。

针对一阶或二阶多智能体系统,研究基于一致性的编队控制方法。对于无人飞行器、导弹及无人艇等复杂智能体,一阶或二阶模型很难对其动力学特性进行精确刻画,研究高阶多智能体系统的编队控制问题更有实际意义。研究一类具有积分串形动力学约束的高阶多智能体系统时不变编队问题。考虑到外部环境和任务需求的多变性,多智能体系统的编队队形往往不是固定的,需要能够根据需求实时动态调整,即需要时变编队控制。研究高阶多智能体系统在通信时延条件下的状态时变编队以及编队可行性问题。进一步,分析了有向切换拓扑对高阶多智能体系统实现状态时变编队及编队可行性的影响。考虑了分组状态时变编队控制问题,高阶多智能体系统能够根据任务需求分成多个小组,各个小组形成期望的子编队。高阶多智能体系统中各智能体的全状态信息往往难以被全部测量,而输出信息的获取更易实现,并且在许多实际应用中不需要多智能体系统形成全状态编队。因此,研究输出时变编队更具有实际意义。可利用静态输出反馈和动态输出反馈方法探讨高阶多智能体系统输出时变编队控制问题,也可利用输出信息构造分布式自适应时变编队控制协议。

3. 异构集群系统协同控制

前面考虑的是同构多智能体系统,即要求所有的智能体具有相同的动力学特性,不能用来解决高阶异构多智能体系统的输出时变编队控制问题。目前针对异构多智能体系统时变编队控制的研究较少,尚没有形成完整的理论体系。高阶异构多智能体系统的一致性控制问题近年来逐渐受到研究者越来越多的关注,并取得了一系列的研究成果。但是,时变编队会导致分析与设计过程中出现编队向量的导数项,针对一致性问题的分析方法难以直接推广应用。此外,在考虑各智能体异构动力学特性的条件下,如何分析输出时变编队可行性条件并给出扩展可行编队集合的方法,是编队队形时变所带来的特有难题。

　　编队控制主要强调的是队形的形成和保持。在许多实际应用中,例如编队巡逻、协同伴飞、目标围捕与协同搜救等任务,不仅需要多智能体系统形成期望的编队队形,还需要能够有效控制整个编队的宏观运动轨迹。这就引发了对时变编队跟踪问题的研究,即如何利用一个真实或虚拟的领导者来生成期望的运动轨迹,并要求跟随者在形成时变编队的同时能够跟踪领导者的状态或输出轨迹。基于一致性的控制策略,针对具有一阶、二阶、非完整约束以及高阶线性动力学特性的同构多智能体系统的时不变/时变编队跟踪问题受到国内外研究者的广泛关注。

　　然而,上述编队控制的研究成果主要适用于同构多智能体系统,不能够解决异构多智能体系统的输出时变编队跟踪控制问题。针对高阶异构多智能体系统时变编队跟踪控制的研究尚处于起步阶段,相关研究成果较少。近年来异构多智能体系统的协同输出调节问题受到研究者的重视,其中,多个跟随者能够跟踪由外系统(可以看作领导者)生成的参考轨迹或者抑制由外系统生成的扰动。随着协同输出调节理论的发展与完善,国内外研究者开始尝试利用其去解决异构多智能体系统的编队跟踪控制问题。Su 等[42]利用协同输出调节策略实现了二阶多智能体系统的时不变编队跟踪。基于协同输出调节策略,研究了存在无向切换拓扑的高阶线性多智能体系统的编队跟踪问题。考虑无向联合连通拓扑的影响,提出了一种分层编队跟踪方法,将高阶异构多智能体系统的协同控制问题分解为上层同构虚拟系统的一致性问题以及下层各个子系统的跟踪控制问题。考虑间歇通信对高阶异构多智能体系统的影响,构造了基于输出调节的编队跟踪协议,并要求期望的编队与外系统具有相同的动力学特性。

　　在对集群系统协同控制进行理论研究时,要同时结合工程实际,集群系统往往工作在复杂环境下,存在外部扰动和拓扑切换等情况,这给集群系统的协同控制方法设计带来了较大的挑战。前述研究均假设领导者是自治系统,其控制输入为零,并且多数控制协议的设计过程中需要用到拉普拉斯矩阵的特征值信息。目前相关研究已构建了一般线性多智能体系统的分布式自适应时变编队控制,实现了不依赖于拉普拉斯矩阵全局信息的控制器设计。研究有向拓扑切换下异构集群系统对多领导者的时变编队跟踪控制问题,但是其存在"全知跟随者"假设,即要求至少存在一个强感知能力的跟随者可以获得全部领导者的状态信息,导致该方法在实际应用中具有较大的局限性。在对异构集群系统时变编队跟踪控制进行研究的基础上,面向复杂的协同任务,有必要对异构集群系统的编队形式进行拓展。编队合围控制问题近年来同样受到国内外研究者的关注。

参考文献

[1]　周志华. 人工智能[M]. 北京:清华大学出版社,2016.

[2]　Samuel A L. Some studies in machine learning using the game of checkers. Ⅱ—Recent

progress[J]. IBM Journal of Research and Development, 1964,11(6): 601－617.

[3] Turing A M. Computing machinery and intelligence[J]. Mind, 1950, 59(236): 433－460.

[4] Minsky M L. Computation[M]. Englewood Cliffs: Prentice-Hall, 1967.

[5] 司马贺,荆其诚. 人类的认知[M].北京:科学出版社,1986.

[6] Turing A M. On computable numbers, with an application to the Entscheidungsproblem[J]. Journal of Math, 1936, 58(5): 345－363.

[7] Turing A M, Haugeland J. Computing machinery and intelligence [J]. The Turing Test: Verbal Behavior as the Hallmark of Intelligence, 1950: 29－56.

[8] McCulloch W S, Pitts W. A logical calculus of the ideas immanent in nervous activity[J]. The Bulletin of Mathematical Biophysics, 1943, 5(4): 115－133.

[9] Hebb D O. The organization of behavior: A neuropsychological theory [M]. London: Psychology Press, 2005.

[10] Rosenblatt F. The perceptron: A probabilistic model for information storage and organization in the brain[J]. Psychological Review, 1958, 65(6): 386.

[11] Chomsky N. Three models for the description of language[J]. IRE Transactions on Information Theory, 1956, 2(3): 113－124.

[12] Feigenbaum E A. The art of artificial intelligence: Themes and case studies of knowledge engineering[C]. Boston: Proceedings of the Fifth International Joint Conference on Artificial Intelligence, 1977.

[13] Hopfield J J. Neural networks and physical systems with emergent collective computational abilities[J]. Proceedings of the National Academy of Sciences, 1982, 79(8): 2554－2558.

[14] Hopfield J J, Tank D W. "Neural" computation of decisions in optimization problems[J]. Biological Cybernetics, 1985, 52(3): 141－152.

[15] Rumelhart D E, Hinton G E, Williams R J. Learning representations by back-propagating errors[J]. Nature, 1986, 323(6088): 533－536.

[16] Hinton G E, Salakhutdinov R R. Reducing the dimensionality of data with neural networks [J]. Science, 2006, 313(5786): 504－507.

[17] Krizhevsky A, Sutskever I, Hinton G E. ImageNet classification with deep convolutional neural networks[C]. Doha: International Conference on Neural Information Processing Systems, 2012.

[18] Silver D, Huang A, Maddison C J, et al. Mastering the game of Go with deep neural networks and tree search[J]. Nature, 2016, 529(7587): 484－489.

[19] Silver D, Schrittwieser J, Simonyan K, et al. Mastering the game of go without human knowledge[J]. Nature, 2017, 550(7676): 354－359.

[20] Mittal S, Durak U, Oren T. Guide to simulation-based disciplines: Advancing our computational future[M]. New York: Springer, 2017.

[21] Schmalstieg D, Hollerer T. Augmented reality: Principles and practice[M]. Boston: Addison-Wesley Professional, 2016.

[22] Greengard S. Virtual reality[M]. Cambridge: MIT Press, 2019.

[23] Goertzel B. Artificial general intelligence[M]. New York: Springer, 2007.

[24] Rosenblueth A, Wiener N, Bigelow J. Behavior, purpose and teleology[J]. Philosophy of

Science, 1943, 10(1): 18 – 24.

[25] Jr. Ward A A, McCulloch W S, Magoun H W. Production of an alternating tremor at rest in monkeys[J]. Journal of Neurophysiology, 1948, 11(4): 317 – 330.

[26] Jain A K, Mao J, Mohiuddin K M. Artificial neural networks: A tutorial[J]. Computer, 1996, 29(3): 31 – 44.

[27] McCulloch W S, Pitts W. A logical calculus of the ideas immanent in nervous activity[J]. The Bulletin of Mathematical Biophysics, 1943, 5(4): 115 – 133.

[28] 郑南宁. 人工智能新时代[J]. 智能科学与技术学报, 2019(1): 1 – 3.

[29] Lecun Y, Boser B, Denker J, et al. Backpropagation applied to handwritten zip code recognition[J]. Neural Computation, 1989, 1(4): 541 – 551.

[30] Elman J L. Finding structure in time[J]. Cognitive Science, 1990, 14(2): 179 – 211.

[31] Pearl J. Bayesian networks: A model cf self-activated memory for evidential reasoning[C]. Irvine: Proceedings of the 7th conference of the Cognitive Science Society, 1985.

[32] Shafer G. Dempster-shafer theory[J]. Encyclopedia of artificial intelligence, 1992, 1: 330 – 331.

[33] Mnih V, Kavukcuoglu K, Silver D, et al. Playing Atari with deep reinforcement learning [J]. Computer Science, 2013: 1312. 5602.

[34] Lillicrap T P, Hunt J J, Pritzel A, et al. Continuous control with deep reinforcement learning [J]. Computer Science, 2015(V1): 1509. 02971.

[35] 杜威, 丁世飞. 多智能体强化学习综述[J]. 计算机科学, 2019, 46(8): 1 – 8.

[36] Isaacs R. Differential games: A mathematical theory with applications to warfare and pursuit, control and optimization[M]. Hoboken: Wiley, 1966.

[37] Hou J, Ji X Q, Liu Z, et al. Distributed multi-missile salvo attack[C]. Nanjing: Proceedings of the 33rd Chinese Control Conference, 2014.

[38] Fang Y, Ma K M, Chen Y Q. Cooperative guidance laws with constraints on impact time and terminal angle[J]. Journal of System Simulation, 2014, 26(10): 2434 – 2441.

[39] Jeon I S, Lee J I, Tahk M J. Homing guidance law for cooperative attack of multiple missiles [J]. Journal of Guidance, Control, and Dynamics, 2010, 33(1): 275 – 280.

[40] Mclain T W, Beard R W. Coordination variables, coordination functions, and cooperative timing missions[J]. Journal of Guidance, Control, and Dynamics, 2005, 28(1): 150 – 161.

[41] Ren W. Consensus based formation control strategies for multi-vehicle systems[C]. Minneapolis: Proceedings of the 2006 American Control Conference, 2006.

[42] Su W, Li K, Chen L. Coverage-based cooperative guidance strategy against highly maneuvering target[J]. Aerospace Science and Technology, 2017, 71: 147 – 155.

第 4 章
无人飞行器集群协同制导

4.1 无人飞行器集群制导控制概念

4.1.1 制导控制的概念

1. 单体无人飞行器制导控制系统概念

随着科学技术的不断进步,高性能计算机技术、微机电系统(micro-electro-mechanical system, MEMS)微传感微制动技术、网络通信技术和人工智能技术飞速发展,促进了无人飞行器自主性和智能化水平的大幅提升。当前无人飞行器不再是传统简单的飞行平台,已经实现了自我控制和自我应用,可以在不进行人为干预的条件下自主去执行越来越复杂的任务。

为提高无人飞行器智能化水平,自主实现对目标的高精度探测制导、精确打击等复杂任务,通常需要加装制导控制系统。制导控制系统一般为导弹、运载火箭、卫星等高性能飞行器的特有组成系统,当前已经在多类无人飞行器得到广泛应用,不再是高性能飞行器的专属。

制导控制系统是无人飞行器的核心系统,起着至关重要的作用。制导控制系统根据任务需求,接收来自本体状态、外部测量和指令等多类信息,自动形成特定的导引规律,并按照导引规律控制飞行器的飞行轨迹,自主完成预定任务。

制导控制系统是自主无人飞行器区别于普通飞行器的关键所在,包括无人飞行器制导系统和无人飞行器控制系统两个部分。无人飞行器制导系统由测量装置和制导计算模块组成,其作用是测量无人飞行器与目标的相对运动关系或根据任务自动生成程序轨迹,按照预定的导引方法形成制导指令。无人飞行器控制系统由敏感元件、稳定计算模块和执行机构组成,其作用是接收制导指令,采集敏感元件测量的飞行状态信息,采用一定的控制方法,形成执行机构的指令,改变无人飞行器的受力特性,控制无人飞行器的弹道,飞向目标。

制导系统、控制系统和无人飞行器动力学运动学环节形成了一个闭环的控制回路,一般称之为"大回路"。稳定计算模块、敏感元件、操纵机构和弹体动力学环节形成一个闭环的控制回路,一般称之为"小回路",如图4.1所示。

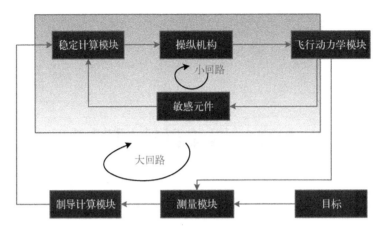

图 4.1　制导控制系统组成图

2. 群体无人飞行器制导控制系统概念

在传统对抗模式下,无人飞行器一般采用"单打独斗"的方式,即由单一无人机完成特定任务,对目标的探测感知、导引策略生成和跟踪打击等任务均由单一无人机独立完成,多飞行器间的协同性较差。采用传统单体无人飞行器执行任务面临如下挑战:

(1)广域多维精细化感知难,在复杂态势条件下,单体无人飞行器对目标和本体状态的有效感知面临较大困难,主要体现在单体无人飞行器对目标的探测感知存在"看不见""看不清""看不远""看不全"的问题,限制了态势有效构建能力,同时自身状态受限于单体传感器的测量精度,长时间飞行时会出现本体状态感知出现较大的偏差。

(2)复杂场景强对抗能力弱,复杂任务场景下面临通信拒止、目标干扰诱骗、目标机动逃逸等强对抗难题,采用单一无人飞行器难以有效执行任务。

(3)群体博弈智能化水平低,在面对集群类目标时,面临了多目标识别、统一态势感知、多目标任务分配和协同打击等难题,传统一对一打击方式存在对抗手段简单、对抗能力不足、费效比居高不下等缺点,需要通过群体协同提高完成任务的能力。

因此单体无人飞行器制导控制系统为提高其完成任务的能力,一方面需要提高自身单体对抗能力,另一方面也可以通过集群方式,在不受外部系统干预的条件下,根据多个单体无人飞行器的状态进行自组织,在群体内完成个体间任务执行、环境状态等信息的有机交互,综合形成对强对抗目标的整体优势。

4.1.2　单体到群体无人飞行器制导控制的变化

集群制导控制系统与单体制导控制系统区别明显,主要在以下几个方面。

（1）在信息测量方面，区别于单体无人飞行器只与测量装置进行通信，群体内单体之间要进行网络信息交互，完成对目标的协同探测感知，同时群体内的单体可为同构或者异构，探测感知也可以为多种形态，因此群体信息测量在空间维度、时间维度、信息类型维度、信息质量维度等方面具有更突出的优势。

（2）在态势认知方面，群体要对单体测量信息进行综合，形成统一态势认知，有效提高了对目标的大范围感知能力，相对于单体，群体在态势感知方面的能力更加突出，可充分发挥群体协作优势，构建大区域、长时间、多维度的态势感知场，为完成各类复杂任务的决策规划提供前提。

（3）在任务决策方面，不同于单体飞行器的"单打独斗"，群体需要根据态势信息综合协调单体的任务规划和执行，通过单体之间的协同配合，实现对目标的有效对抗，同时在单体受损或者降级的情况下，具备在线任务自主重构的能力，群体的涌现性得到了充分发挥。

（4）在导引方法方面，需要通过协同制导控制，实现对强干扰、强对抗等复杂目标的有效打击，协同制导不同于单体制导，是在信息、时间、空间等约束条件下的综合形成的导引策略，可以更好地适应复杂态势，能充分发挥单独个体的优势，使群体形成新质对抗能力。

因此，相比传统单体制导控制，集群制导控制系统具有多体多元信息测量、广域长时态势感知、在线自主智能决策、网络协同导引控制的特征。

协同制导控制系统的组成如图 4.2 所示。由图中可见，协同制导控制系统与单体制导控制系统的"大回路"有明显区别，协同制导控制系统需要通过协同感知和认知、协同打击形成协同制导控制策略，对每一个单体飞行器的探测设备进行综合利用，并进行轨迹控制，信息交互更加丰富，控制维度更多，系统复杂度更大，对抗能力更强。

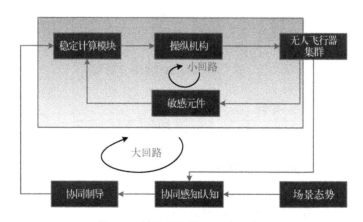

图 4.2　协同制导控制系统组成图

4.1.3　群体无人飞行器制导控制技术体系

无人飞行器集群协同制导技术,在多飞行器编队分布式作战过程中,利用节点间数据链共享战场信息,根据任务预规划、外部信息和集群自身探测信息,融合形成统一的态势信息(目标识别、目标威胁排序和行为理解),按照集群协同作战效能最大原则,完成集群协同资源调度(编队分组、通信子网划分、探测设备工作模式及协同制导阶段划分等)、动态任务规划、目标分配、编队队形及轨迹规划,为编队中的每一个飞行器分配一个或一组有序任务,例如,指定协同搜索侦察区域、打击目标或一系列的协同航路节点,提高集群完成复杂任务的能力。

无人飞行器通过网络体系,保持无人飞行器集群中个体间彼此共享信息形成作战集群,具备协同编队、协同侦察、协同制导等网络化自主攻击能力,是网络中心战中作战理论的重要抓手。

无人飞行器制导控制技术体系主要包含协同态势感知、协同任务规划和协同制导控制三个环节(图4.3)。其中,协同态势感知通过对无人飞行器集群各节点探测信息进行一体化运用,有效地提高分布式传感信息之间的互补性,实现对目标的精确鲁棒跟踪,为无人飞行器集群在线自主决策、协同制导控制等后续任务提供前端信息支撑。协同在线自主决策针对无人飞行器集群对抗的高动态场景,提出强实时、高效率的协同多目标分配问题的最优解决方案。协同制导控制依托协同感知与协同自主决策提供的目标信息,进行时空匹配协调、避碰等多约束条件下的协同制导,达成无人飞行器集群相比单一飞行器对抗能力的跃升。

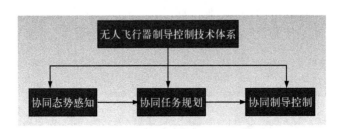

图4.3　无人飞行器制导控制技术体系图

4.2　无人飞行器协同态势感知

4.2.1　从单体探测到协同感知

1. 从单体到协同的探测方式转变

现代无人飞行器集群对抗已经由传统的单平台对单平台的对抗转变为双方集群之间的对抗,信息化、智能化等已成为主要发展趋势。战场态势感知系统作为集群对抗的重要环节,采用分布互联、多维一体的战场信息网络将指挥控制系统与武器平台融合为一体,形成立体化的联合对抗体系。区别于单体对抗对特定武器装备先进程度的依赖,集群对抗效能取决于体系整体能力,战场态势感知、共享与信息对抗能力成为克敌制胜的关键因素。

2. 协同态势感知问题面临的挑战

在无人飞行器集群对抗场景中,对目标集群的探测和感知是后续进行在线自主决策、协同制导控制的前提,是实现无人飞行器集群制导的基础。在复杂对抗环境下,我方飞行器集群通信、感知和处理能力会受到限制,这给高效、稳定的群目标跟踪与融合带来了困难。另外,每个飞行器位置不同,与目标的距离和观测角度也不相同,这导致集群目标在各个平台呈现出的分辨率、形状不同,观测到的目标数量也不一致。这些都给无人飞行器集群间的目标关联与融合带来了很大的挑战。

3. 协同态势感知问题的解决途径

本节针对无人飞行器集群对抗对协同态势感知的需求,从复杂对抗环境下密集多群目标跟踪、关联与分布式融合方法入手,重点介绍群目标建模、群目标鲁棒跟踪、群目标数据关联、群目标一致性融合等技术。从而实现复杂战场环境下无人飞行器集群对目标态势的精确感知,为无人飞行器集群在线自主决策、协同制导控制等后续任务提供前端信息支撑。

4.2.2　群目标建模

群目标跟踪分为可分辨群目标跟踪和不可分辨群目标跟踪,群目标跟踪是传统点目标跟踪的推广。不可分辨群目标跟踪估计的是整个群体的运动学状态和群扩展外形;而可分辨群目标跟踪需要估计群内每个目标的状态以及群体间的结构关系。由于目标间距离的不同,实际跟踪场景中可能同时存在可分辨和不可分辨群目标,对于可分辨群目标可直接采用传统点目标跟踪方法,而不可分辨群目标还需估计群扩展状态。本节采用随机矩阵描述群外形,结合标签随机有限集滤波理论,建立同时适用于可分辨群目标和不可分辨群目标的统一群目标跟踪架构。图4.4是扩展状态表征与联合递推更新技术的框架图。

不可分辨群目标的每个量测可以等效为群质心量测通过扩展状态下散射的结果。通过跟踪群目标的质心运动状态和扩展状态,可以将空间临近目标等效成单目标。当采用随机矩阵描述群目标形状 X 时,群外形通常近似为椭圆,图4.5显示了几个表示群目标外形的椭圆。对于群外形复杂的目标,如果不能通过单个椭圆近似形状,则可用多个椭圆联合表示群外形。当群外形 X 服从逆威沙特(inverse Wishart, IW)分布时,其贝叶斯递推估计值是闭合的。可分辨群目标须对群内每个目标进行跟踪,同时用随机矩阵估计群外形,以便后续多传感器航迹融合在统一的

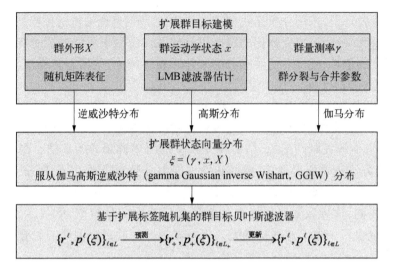

图 4.4　扩展状态表征与联合递推更新技术的框架

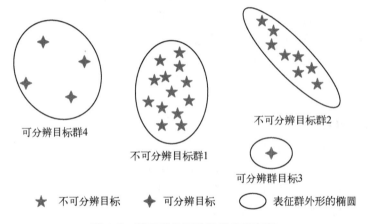

图 4.5　基于随机矩阵的群外形表征

状态模型下施行。此外,可分辨目标群与不可分辨目标群可能存在相互转换,可以通过传感器量测模型结合传感器分辨率及目标距离进行建模。

　　考虑群目标受目标距离及传感器精度等因素影响在跟踪过程中观测呈可分辨与不可分辨间切换的问题,可以考虑在量测模型中进一步嵌入群目标可分辨与不可分辨间的动态演化模型。群目标跟踪还面临群结构变化的问题,即群分裂与群合并,主要表现为群内目标数量和群扩展外形的变化,图 4.6 显示了群目标分裂与合并过程。可分辨群目标的分裂与合并由目标间的马氏距离而定,当群内目标之间马氏距离大于阈值距离时发生群分裂,当群与群之间马氏距离小于阈值距离时发生群合并。对于不可分辨群目标,分裂与合并需引入群目标的量测率,假设群目标量测数目服从泊松分布,则量测率可通过伽马分布表示,目标运动状态服从高斯分布,扩展外形服从逆威沙特分布,群合并后的状态相当于子群状态的加权,加权系数与子群的量测率成正比。群分裂相当于群合并的逆过程,分裂子群的状态由父群状态和分裂系数而定。

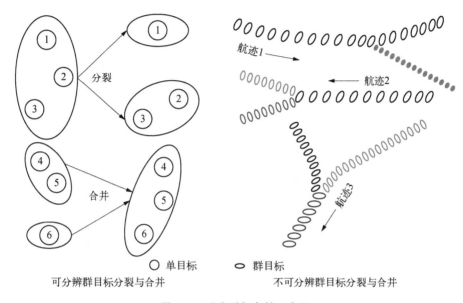

图 4.6　群分裂与合并示意图

群目标跟踪是传统点目标跟踪的推广,本节采用基于标签随机集的多目标贝叶斯滤波器为基础跟踪算法递推估计群目标运动学状态。这里以标签多伯努利(labeled multi-Berboulli, LMB)滤波器为例进行说明。LMB 滤波器的估计参数为 $\{(r^\ell, p^\ell)\}_{\ell \in L}$,其中 r 为目标存在概率,p 为目标运动学状态概率密度(通常为高斯分布),ℓ 为目标航迹标签。考虑到群目标分裂与合并结构变化,构建贝叶斯框架下的群目标跟踪算法,假设群目标量测泊松率 γ 服从伽马分布,基于随机矩阵的群目标外形 X 服从逆威沙特分布,群目标运动状态 x 服从高斯分布,则扩展的群目标状态 $\xi = (\gamma, x, X)$ 服从伽马高斯逆威沙特(gamma Gaussian inverse Wishart, GGIW)分布,则群目标的扩展标签随机有限集表示形式为 $\{r^\ell, p^\ell(\xi)\}_{\ell \in L}$,基于贝叶斯滤波器可以实现扩展状态的迭代更新。其中,量测率与目标运动学状态和群外形无关,仅与量测数目 n 有关,其分布在贝叶斯递归过程中近似封闭;目标运动状态与群外形和量测数目有关,其分布在贝叶斯递推过程闭合;群目标外形与量测数目有关而与运动学状态无关,其分布在贝叶斯递推过程中近似闭合。群目标状态 ξ 在群分裂或合并过程加权时也可近似闭合,图 4.7 给出了基于扩展标签随机有限集的群目标跟踪算法结构示意图。

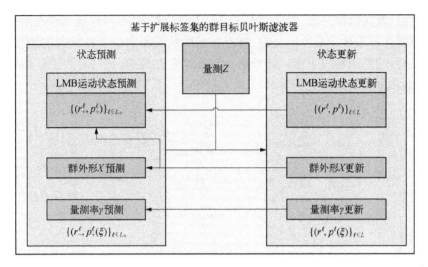

图 4.7　基于扩展标签随机有限集的群目标跟踪算法结构图

4.2.3　群目标鲁棒跟踪

针对强杂波干扰、群目标量测不确定和运动不确定等问题,拟采用前置滤波器过滤杂波,通过量测噪声估计处理量测不确定问题,引入交互多模型法解决群目标运动不确定问题,实现复杂环境下群目标鲁棒跟踪,技术架构如图 4.8 所示。

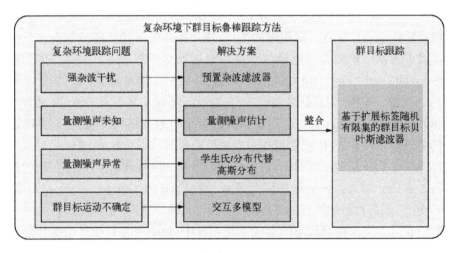

图 4.8　复杂环境下群目标鲁棒跟踪技术框架图

在强电磁干扰环境下,传感器会接收到大量杂波量测,如果不对杂波信号进行过滤,不仅会增加计算量,还可能导致群目标跟丢或误跟等问题,降低群目标跟踪性能。为了有效抑制杂波,拟采用具有线性复杂度的势概率假设密度(linear

cardinalized probability hypothesis density，LCPHD）滤波器作为杂波滤除器。LCPHD
滤波器的计算复杂度为 $O(mn)$，其中 m 为目标数，n 为量测数目，因而其计算量随着
目标和量测数呈线性增长，相对于标准 CPHD 滤波器降低了计算量，同时还能得到
较为准确的目标数目估计。杂波滤除减少了杂波数量，进而减小了后续处理的计
算量。对于剩余量测，可通过群目标跟踪算法完成跟踪。

在实际跟踪场景中，由于恶劣环境、电磁干扰、仪器故障等因素，传感器接收到
的量测存在不确定性：量测不确定指的是量测噪声统计特性（如量测噪声方差）未
知或者存在异常值（野值）。针对量测噪声方差未知情况，拟采用的方法是将量测
噪声方差建模为逆伽马分布，利用变分贝叶斯（variational Bayesian，VB）方法近似
量测噪声方差和群目标运动状态的联合分布。通常情况下，群目标跟踪算法假设
传感器的观测噪声服从高斯分布，但当量测存在异常值（闪烁噪声）时，其分布是
非高斯的。学生氏 t（Student-t）分布具有"重尾"（heavy tailed）特性，比较符合具有异
常值的噪声的分布，利用学生氏 t 分布实现量测异常情况下的群目标跟踪，可以降低不
确定量测对群目标跟踪精度的影响。

此外，群目标通常具有强机动性，目标可能作常速度、常加速度或转弯等运动。因
此在跟踪群目标时还需估计目标的运动模态 o，此时目标状态向量为 $\xi = (\gamma, x, X, o)$。不同的模态对应不同的运动状态转移方程，一般假设模态 o 仅影响目标运动状
态。经典的机动目标跟踪算法为交互多模型法，算法结构如图 4.9 所示，其中，x 为
目标运动学状态；Λ 为模态似然；μ 为模态概率。多模型法假设运动模态转变服从马
尔可夫链，采用多个并行的单模型滤波器估计目标状态，然后加权各滤波器的结果得
到目标状态估计值，权值模态概率与各模态下的量测似然有关。引入模态状态后，目
标运动学状态既与其上一时刻运动状态有关，也与群扩展外形和运动模态相关。将

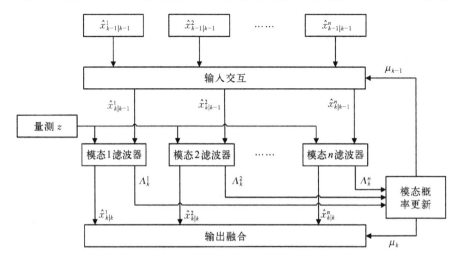

图 4.9　交互多模型算法框架图

多模型法引入基于标签随机集的群目标跟踪算法中,即可实现对机动群目标的跟踪。

4.2.4 群目标数据关联

因无人飞行器集群空间位置不同及传感器精度不同,群目标观测呈多分辨率多视角特征。同时,由于群目标间相互遮挡和屏蔽,使得观测数据通常存在缺失。这些都给群目标数据关联带来了挑战。本节研究首先从群目标形态的表征和相似度描述出发,建立同时适用于可分辨群目标和不可分辨群目标的形态表征和相似度测度。在此基础上探究不完整多视角数据的聚类方法。最后研究同时考虑群目标状态和形态的联合关联方法。具体分析如图 4.10 所示。

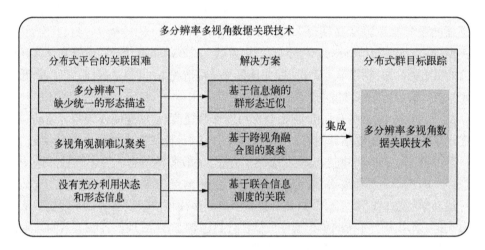

图 4.10　多分辨率多视角数据关联技术框架图

采用随机矩阵对扩展目标形态进行描述计算高效,特别适合分布式集群各平台节点计算资源有限的情况。对于不可分辨群目标,群外形通过随机矩阵建模为椭圆或多个椭圆联合表示。对于可分辨群目标,跟踪算法能够获取群目标个体的精确航迹。为了得到统一的群外形描述便于关联与融合,考虑利用得到的多目标概率密度 π,通过最小化其与待求形状分布 p 间的特定信息测度,求解待求群目标形状分布:

$$p(X) = \underset{p}{\mathrm{arginf}}\, D[\pi \parallel p]$$

式中,$D[\cdot \parallel \cdot]$ 为某种信息测度,可以考虑采用 Kullback-Leibler 散度(KLD)或 Rényi 散度。这样,不可分辨群目标和可分辨群目标的形态就可以用统一的形式进行表征。相应的相似度评价,也可以在概率空间中利用 KLD 或 Rényi 散度这类概率测度进行描述。

分布式集群平台对目标的观测呈多视角特点,同时由于空间位置上的相互遮挡,使得各平台节点获取的观测不完整而存在缺失。这为基于集群形态的数据关联带来了困难。这一问题,可以建模为不完整多视角聚类问题。从图的角度考虑这一问题,不完整多视角聚类的目的就是寻找一个跨视角的融合图,之后基于融合图使用图割算法或其他聚类技术生成最终的聚类结果,如图 4.11 所示。在此思想指导下,多视角外形描述就可以基于特定的准则(如广义协方差),生成融合图表征。之后基于建立的相似度表征和测度,对融合图进行聚类分割,生成基于群形态的数据关联。针对全局数据进行关联在集群规模增大时面临维数灾难,简便易行的处理思路是对全局数据进行分割分群处理。

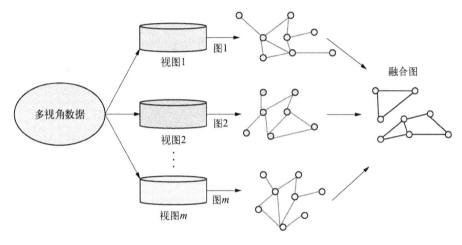

图 4.11　多视角聚类

同时考虑群运动学信息和形态信息可以进一步降低多群航迹接近、交叉及编队队形切换情况下误关联的概率。在扩展标签随机有限集描述下(图 4.12),目标

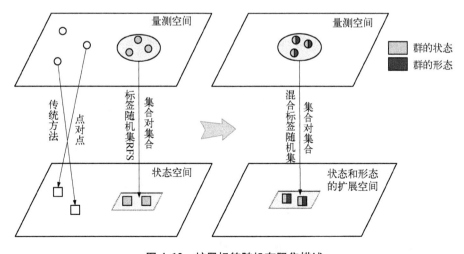

图 4.12　扩展标签随机有限集描述

状态和形态被统一建模为扩展状态,并在混合概率空间进行描述。这里考虑将有限集统计学中定义的集积分、集导数概念推广到扩展标签随机有限集定义的混合空间,并借此推导得到混合空间下的多目标概率密度函数,进而得到描述混合空间下两个多目标概率密度差异的测度——混合多目标 KL 散度或 Rényi 散度。这类概率测度能够用来综合度量状态和形态的总体相似度,进而实现状态与形态联合关联。

4.2.5　群目标一致性融合

本节首先针对分布式无中心集群平台基于一致性算法建立适用于群目标状态和形态的分布式融合方法。在此基础上,考虑进一步节约集群系统通信资源,基于事件驱动通信机制对前述方法进行优化。最后考虑分布式集群平台感知能力有限视场存在差异,研究差异视场下的有限时间一致性融合问题。具体分析如图 4.13 所示。

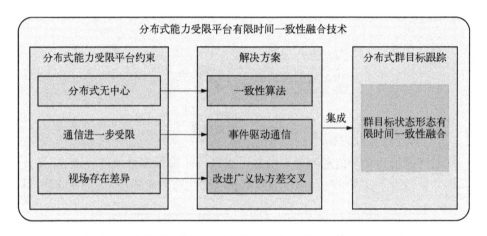

图 4.13　分布式能力受限平台有限时间一致性融合技术框架图

一致性算法是处理无融合中心条件下分布式融合的有力工具。群目标跟踪涉及群目标的状态和形态。然而现有的一致性融合算法主要针对状态信息,尚缺乏针对群形态的融合方法。为此,可以考虑在包含群目标状态和形态的扩展状态空间下,基于扩展标签随机有限集建立描述群目标状态和形态的混合概率密度,并基于相对熵定义扩展空间下的联合测度。这样,就可以将概率密度一致性的思想推广至扩展状态空间下,利用相对熵定义混合概率密度的加权 KL 平均(Kullback - Leibler average, KLA)$\bar{\pi}$:

$$\bar{\pi} = \underset{\pi}{\arg\inf} \sum_{i \in N} \alpha^i D_{KL}[\pi \parallel \pi^i]$$

式中，$D_{KL}[\cdot \parallel \cdot]$ 表示 KL 散度，α^i 为相应的权值。并证明一致性迭代趋于无穷大时任一节点混合概率密度均趋向于加权 KLA。基于此得到一致性融合的一般方法（图 4.14）。

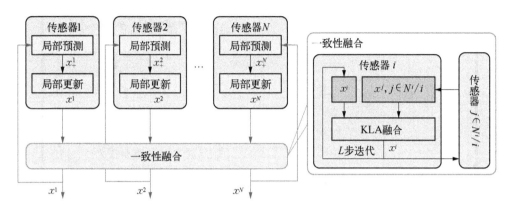

图 4.14　一致性融合一般方法流程示意

前述一致性融合一般方法依赖于节点间周期性的迭代通信。显然，无人飞行器集群对抗环境下，分布式集群平台无法提供如此理想的通信条件。事件驱动是一种自适应按需通信机制，可以考虑在一致性融合算法中引入事件驱动通信机制，通过监控上一触发时刻状态和形态与当前时刻间的信息差异，当信息差异超过某一阈值才触发通信。以基于事件驱动通信的一致性 LMB 滤波器为例，其流程框图见图 4.15。在此思路下，阈值选取与设计是本部分研究的关键点，可以考虑从事件驱动通信机制对一致性融合算法稳定性和一致性的影响入手，从信息增益角度证明事件驱动通信机制引入的偏差是有界的，并给出偏差上界的解析形式：

$$D(\pi^c \parallel \pi^{et}) \leqslant f(\mathrm{Th})$$

式中，π^c 为周期通信下的后验混合密度，π^{et} 为事件驱动通信下的后验混合密度。得到的偏差上界是以阈值 Th 为变量的函数，是进一步指导阈值设计的理论依据。更进一步，可以拓展动态可调节的阈值设计方式，探索群目标状态、形态相关的动态可调节阈值设计，即阈值 Th 设计为与群目标状态 x 或形态 X 为变量的函数，如：

$$\mathrm{Th} = \alpha_s g_s^{\mathrm{T}}(x) \Phi_s g_s(x)$$

或

$$\mathrm{Th} = \alpha_a g_a^{\mathrm{T}}(X) \Phi_a g_a(X)$$

式中，$\alpha_s > 0$，$\alpha_a > 0$；Φ_s 和 Φ_a 为半正定加权矩阵。最终实现为不同类型、意图的群目标分配不同的通信资源。

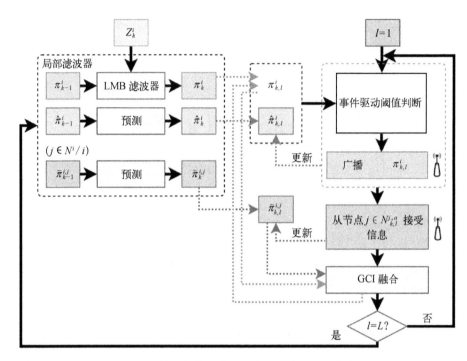

图 4.15　基于事件驱动通信的一致性 LMB 滤波器

　　进一步考虑集群平台视场不同的情形,如图 4.16 所示。前述一致性融合方法基于广义协方差交叉算法思想,无法保留差异信息。这里可以考虑对广义协方差交叉(generalized covariance intersection,GCI)融合方法进行改进,在扩展空间下基于信度理论重构广义协方差交叉融合的权值,流程如图 4.17 所示。这样,各节点

图 4.16　平台视场不同的情形

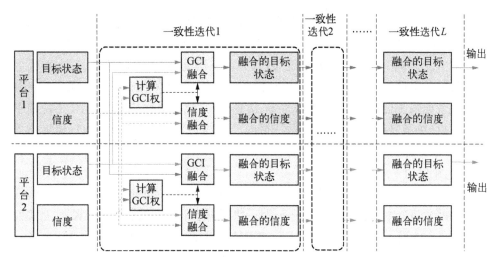

图 4.17　改进 GCI 规则的一致性融合流程

迭代计算邻居平台节点混合概率密度的 KLA,可以使结果最终趋于全局混合 KLA,实现混合概率密度的一致性。对于不完整多视角的群目标形态信息,可以采用同样的思想进行处理。不同之处在于融合准则需要采用广义协方差准则进行处理。算法的一致性和有限时间收敛性也是本研究需要关注的问题,这里需要基于图论对分布式集群通信拓扑进行建模,在此基础上对上述一致性算法的一致性和有限时间收敛性进行论证并给出其约束条件。

4.3　无人飞行器协同决策方法

4.3.1　从单体决策到协同决策

1. 从单体无人机到集群的决策转变

无人集群协同技术是未来无人飞行器的重要发展方向。美国空军科学顾问委员会指出,无人机应以成群的方式执行任务而不是单独行动。《2009—2047 美国空军无人机系统飞行计划》指出,随着自主能力和自动能力的融合,无人机将实现多机协同作战,使得单个操作员同时控制多架多任务无人机,打击变得更加集中、更加持续和更具规模。美国国防部 2011 年 10 月发布的《2011—2036 财年无人机系统综合线路图》指出,无人机系统还需要通过信息共享、任务冲突消解,具备互相协作的能力。协作的自主是单体自主的扩展,使无人机系统编队协调其活动,在不需要人的监督下,自主实现共同的目标。

传统无人机并不具备自主决策能力,主要通过地面站或者飞手对无人机进行飞行操控,尤其在完成复杂任务时,需要频繁通过地面站进行航路规划、目标确认、指令输出等,自主性水平较低。随着机载小型化高性能计算技术和微型传感器的发展,为无人机在线自主决策能力生成提供了前提,可不依赖地面自主完成相应任务。

虽然无人机不具备导弹大范围飞行、高动态机动、强实时决策等特点,但无人机携带的传感器类型更加丰富,具有广阔的应用场景,非常值得研究。无人机集群自主决策面临了任务复杂、节点数量多、信息丰富、数据爆炸的难题,相比传统单平台无人机,决策复杂度攀升,需要解决分布式网络信息交互、任务在线快速重构等技术难题。

2. 协同任务规划原则

无论导弹、无人机还是其他类型无人飞行器,由单体决策到协同决策的主要转变就是根据全部个体节点协同进行任务规划,协同决策主要完成集群任务规划,是集群智能的重要体现。在任务执行过程中,协同任务规划使集群可以智能地适应战场环境的变化,自主应对战场态势变化、复杂任务切变、集群个体损毁等战场突发情况。

各军事大国在任务规划技术方面均有所布局,其中美、英、法研究较为深入,广泛应用于多个领域。美国陆、海、空三军装备均有适用于相应作战场景的任务规划系统。例如,空军的任务支援系统(Air Force Mission Support System, AFMSS)、海军的任务规划系统(轻型机载多用途系统, Light Airborne Multipurpose System, LAMPS)、特种部队行动计划和行动预演系统(Special Operations Forces Planning and Rehearsal System, SOFPARS)等。目前,美国研制的任务规划系统已经发展到第三代,正朝着降本增效等方面继续发展。联合任务规划系统(Joint Mission Planning System, JMPS)将各军兵种的任务规划系统移植到统一的软件平台,为三军联合作战提供任务规划支持,主要可用来制定威胁分析、路径规划、攻击协调等任务计划。

协同任务规划是执行集群协同任务中的决策层,是单体飞行器中未深入涉及的领域。协同任务规划根据协同探测形成的态势感知信息,形成集群协同制导信息。集群协同任务规划的目的就是为集群中的每个个体分配任务目标,使得集群整体执行任务的效能最高、代价最小。图 4.18 显示了任务规划在集群协同作战中所在位置。

态势感知 ➡ 任务规划 ➡ 协同制导

图 4.18 集群协同作战流程图(局部)

3. 协同任务规划策略

现有大量的规划方法可用于解决无人飞行器集群的任务规划问题。基本的规划问题均可通过混合整数优化问题进行表述,包括整数决策变量和连续型决策变量的求解。混合整数优化问题相比于线性规划问题更为复杂,且随着集群规模和任务量的不断增大,寻求可行解的时间呈现指数型增长趋势。常用的优化方法早期被普遍用于规划问题中,但它不可避免存在着运算量较大的问题,所以优化方法逐渐被一些近似方法所取代。由于现行的任务规划问题涉及的任务较为复杂,集群数量较为庞大,所以需要设计相关的顶层规划策略,提高任务规划系统的可扩充性。

如图 4.19 所示,现有的顶层规划策略主要包括集中式策略和分布式策略两种。

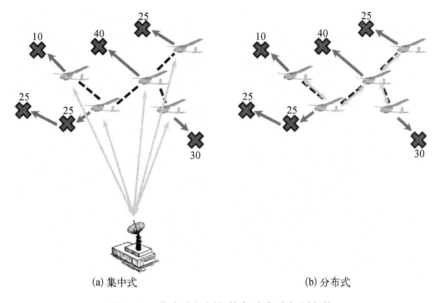

(a) 集中式　　　　　　　　　　　　　　　(b) 分布式

图 4.19　集中式规划架构与分布式规划架构

1）集中式

集中式规划系统主要由中心控制单元(一般为地面站系统)、无人飞行器和通信链路组成。中心控制单元主要完成各武器单元的信息接收和融合,然后为每个无人飞行器生成任务序列,最后通过通信链路将规划结果传递至无人飞行器个体。受限于集中式框架,要求通信链路具有较高的带宽,且规划系统对动态环境的响应较慢,这就降低了任务规划系统的整体效能。

现有的集中式任务规划问题主要包括任务规划建模与问题求解两部分内容。下面对任务规划模型和求解算法进行研究现状分析。

a. 集中式任务规划建模

国内外对任务规划问题的研究已经有很长一段时间,传统的建模手段包括将任务规划问题表述为经典的多旅行商问题(traveling salesman problem, TSP)、车辆路由问题(vehicle routing problem, VRP)问题、网络流优化问题(network flow optimization, NFO)、多处理器资源分配问题(multi-processor resources allocation,

MPRA)等;随着线性规划在任务规划技术中的不断使用,提出了混合整数线性规划(mixed integer linear programming, MILP)的建模方法。TSP 和 VRP 主要用于处理单一任务时的资源分配问题,而对多任务情况适用性较差;NFO 问题较早运用于广域搜索弹药(wide area search munition, WASM)的任务分配问题上,并通过试验证明了该模型可适用于弹药较少的任务分配问题建模;MILP 是近几年研究较多的集中式任务规划建模方法,它将任务规划问题等同描述为一个组合优化问题,且它的适用性较强;基于 NFO 和 MILP,Shima 等提出了一种适用于任务更为复杂的规划问题建模方法——协同多任务分配模型[1](cooperative multi-task assignment problem, CMTAP),该模型可适应于如防空火力压制(SEAD)任务的建模。除了上述建模方法,越来越多的学者借鉴马尔可夫决策过程(Markov decision processes)的思想框架对多智能体的协同任务规划问题进行建模,马尔可夫决策过程为随机序列决策问题的描述提供了一个较为恰当的框架,基于马尔可夫决策过程的协同任务规划问题建模已经被验证具有巨大的优势。基于基本的马尔可夫决策过程,在考虑系统存在不确定因素时,可采用部分可观测的马尔可夫决策过程(partially observable MDP, POMDP),将马尔可夫决策过程及其部分可观测的变形体进一步推广到多作战武器单元协同系统中,可得到多作战武器单元的马尔可夫决策过程(multi-agent MDP, MMDP)和多作战武器单元部分可观测马尔可夫决策过程(multi-agent POMDP, MPOMDP)。但是上述模型均存在通用性较差的缺点。

b. 集中式求解算法

现有的集中式规划问题的求解算法较多,可分为如下几类:

a)优化算法

任务规划问题实质上是一个组合优化问题,而优化算法即是解决此类问题的天然手段,常用的优化算法主要包括穷举法、分支定界法、分支剪裁法、动态规划等方法;这些方法普遍存在求解较为困难的问题,且随着任务复杂度的增加,得出最优解的时间将呈现指数型增大趋势。针对基于马尔可夫决策过程建立的任务规划模型,通常采用基于动态规划的方法进行问题的求解,但是与其他问题的解决方法类似,该方法同样具有无法满足多智能体的协同任务规划问题的求解,且方法对规划复杂度较大的问题无法求解。所以,这就促进了相关近似算法的发展。

b)启发式算法

组合优化问题求解的近似算法主要为启发式算法。启发式算法主要分为经典启发式算法和智能启发式算法;经典启发式算法主要包括两阶段构造方法,可用于解决大型 VRP 问题,但是得不到最优解甚至次优解;智能启发式算法主要包括禁忌搜索法、互熵法、粒子群优化算法、遗传算法、进化算法、模拟退火法等。但是,这些算法同样无法解决动态环境下的实时任务规划问题,特别是任务的约束条件较为复杂的情况。

c）其他方法

为了适应任务的动态时变性，同时为了满足实时在线规划，提出了一种基于模型预测控制（model predict control，MPC）策略的滚动时域任务规划方法，该方法可以很好地满足规划过程的实时动态性要求，且相比于其他方法，由于规划时所用到的状态变量数目较少，所以它能够适应集群系统的在线任务规划问题的求解。但是该方法在解决系统模型不确定条件下的规划问题时通常难以找到可行解。为了适应系统的不确定性，通常的解决方法是将模型进行简化和条件假设，如 Rathinam 等提出的常值因子近似方法，该方法对系统的动力学特性提出了不切合实际情况的条件假设，所以它无法真正满足实际问题的需求[2]。为了保证动态不确定系统的实时在线规划，研究人员提出了基于 MILP 的问题建模，并将在线学习（learning technique）用于对系统状态的预估，可用于解决系统状态的实际变化与预期变化差异不大的情况。

2）分布式

相比于集中式架构，分布式规划策略具有一定的优势，它能快速响应外界环境以及任务的变化、能充分体现智能化的思想、对通信带宽的依赖性降低。由于后者具有以上的优势，多作战武器单元的协同任务规划系统常采用分布式规划策略。

a．分布式混合整数线性规划

混合整数线性规划对任务规划问题的描述具有普遍性，该方法能够适应于分布式规划架构。国外对 Dec‑MILP（decentralized MILP）架构下的任务规划问题的算法研究较多，为了保证各智能体在规划时具有相同的态势感知信息，通常假设通信带宽是无限制的。当态势感知信息出现不一致的情况时，需要采用一致性策略保证信息的一致性，这一策略称为"弱一致协同"。尽管该策略保证了各智能体的信息一致性，但是这一过程会消耗大量的运算时间，同时要求通信信息量较大。基于此，Dias 等提出了基于市场机制或拍卖机制的规划策略，该策略通过对决策信息的共享，实现任务层面上的协调一致性，研究证明该方法能够适用于 Dec‑MILP 问题[3]。

基于市场机制的策略采用竞拍机制，竞拍过程通过拍卖商进行组织管理，由拍卖商决定将任务下发给哪位竞拍者，该策略避免了竞拍者间产生冲突，因为竞拍机制的原则是拍卖商只会选择一个竞拍者。在该机制下，需要选择一个智能体来充当拍卖商，为了解决这一问题，提出一套均等的规则，用规则来决定中标者。基于该种构想，Choi 等提出了一种基于一致性的包算法（consensus-based bundle algorithm，CBBA），试验表明该算法对于 Dec‑MILP 问题有普遍的适用性，但仍然无法处理某些不确定情况的规划问题[4]。

b．博弈论

博弈论的基本思想是参与博弈的智能体通过对外界信息和自身信息的获取，

完成对自身行为的决策,使自身利益最大化。由于博弈论特别适合对分布式任务规划问题进行描述,所以众多学者对这一领域进行了研究。

在博弈论架构下,各智能体为自身的利益进行行为决策,而没有体现各智能体间的协作性,所以,需要在博弈论基础上找到一种协作策略,用于平衡智能体自身利益和任务的总利益。所以解决基于博弈论架构的任务规划问题的核心在于:① 建立恰当的效用函数(utility functions);② 采用适当的协商策略,如同分布式 MILP 问题下需要为各智能体找到合适的一致性策略一样。考虑到集群系统普遍存在着通信带宽和其他通信条件限制,在设计效用函数时需要尽可能地保证智能体间传递的信息量较小。

现有的效用函数包括范围约束效用函数、均等共享效用函数、最优效用函数等。而协商策略包括基于行为的虚构对策、基于效用的虚构对策、后悔匹配、空间自适应对策。这些策略虽然能够保证收敛到一个纯策略纳什均衡(pure-strategy Nash equilibria),但是求解的结果往往离最优相距甚远,所以需要对协商策略进行进一步研究,现有结果表明,空间自适应对策是能够将问题收敛到接近最优的可取方法,但是其运算周期相对较长。由于博弈论思想在任务规划问题上运用的时间并不长,所以基于博弈论的分布式协同任务规划策略是一个较为开放的研究领域。

4.3.2　无人飞行器集群分布式决策建模

目标函数模型中,假设有 M 个飞行器(V_1, V_2, $\cdots$, V_M)在战场区域中执行攻击任务,其中共有 N 个待攻击的目标(T_1, T_2, $\cdots$, T_N)需要分配,则目标分配矩阵 $X^{M \times N}$ 可以写为

$$x_{ij} = \begin{cases} 1, & T_j \text{ 分配给 } V_i \\ 0, & T_j \text{ 未分配给 } V_i \end{cases}$$

同时,满足约束条件:

$$\begin{cases} \sum_{i=1}^{M} x_{ij} \geqslant 1, & (i = 1, 2, \cdots, M) \\ \sum_{j=1}^{N} x_{ij} = 1, & (j = 1, 2, \cdots, N) \end{cases}$$

式中,第一个约束表示每个待攻击的目标至少都要被分配一架飞行器;第二个约束表示每个飞行器都必须要去攻击一个目标。

攻击收益指在飞行器执行任务时所获取的目标价值,该指标引导目标分配的优化和决策向作战效能最大化的方向进行。在此,以我方飞行器攻击的杀伤概率

作为飞行器的攻击收益因素,使飞行器能够有效地拦截目标。

飞行器对目标的拦截概率可以通过以下因素判断:选取剩余飞行时间与飞行器和目标视线转率作为评估飞行器拦截效能的指标。对于防空/拦截系统,这两个指标越小,飞行器对目标的拦截概率越大。采用负指数函数设计两个指标下的拦截概率函数:

$$
\begin{cases}
P_{T_{\mathrm{go}}(ij)} = P_{0T_{\mathrm{go}}} \mathrm{e}^{-\frac{1}{2}\left[\frac{T_{\mathrm{go}}(ij)}{\delta_{T_{\mathrm{go}}}}\right]^2}, \ \delta_{T_{\mathrm{go}}} = \dfrac{\displaystyle\sum_{j=1}^{N}\sum_{i=1}^{M} T_{\mathrm{go}}(ij)}{i \times j} \\[4mm]
P_{\dot{q}(ij)} = P_{0\dot{q}} \mathrm{e}^{-\frac{1}{2}\left[\frac{\dot{q}(ij)}{\delta_{\dot{q}}}\right]^2}, \ \delta_{\dot{q}} = \dfrac{\displaystyle\sum_{j=1}^{N}\sum_{i=1}^{M} \dot{q}(ij)}{i \times j}
\end{cases}
$$

$$
P_{ij} = \beta_{T_{\mathrm{go}}} P_{T_{\mathrm{go}}(ij)} + \beta_{\dot{q}} P_{\dot{q}(ij)}, \ \beta_{T_{\mathrm{go}}} + \beta_{\dot{q}} = 1
$$

其中,T_{go} 为剩余飞行时间估计值,$\dot{q}$ 为视线旋转角速度,$P_{0T_{\mathrm{go}}}$ 和 $\delta_{T_{\mathrm{go}}}$ 是缺省值,为了表征单个飞行器由于自身的特性而导致的理论拦截概率与实际拦截概率之间的差异。拦截概率函数的构造,考虑了末制导段所有的来袭目标与接战的飞行器之间的相对运动信息,并采用负指数函数使每架飞行器的每个拦截概率指标归 1 化,通过加权得到拦截概率函数。

飞行器与目标的相对运动的极坐标方程为

$$
\begin{cases}
\dfrac{\mathrm{d}r}{\mathrm{d}t} = V_T\cos(q - \theta_T) - V_M\cos(q - \theta_M) \\[3mm]
r\dfrac{\mathrm{d}q}{\mathrm{d}t} = V_M\sin(q - \theta_M) - V_T\sin(q - \theta_T)
\end{cases}
$$

式中,r 为飞行器与目标间的相对距离,当飞行器命中目标时 $r = 0$;q 为视线角;V_M、V_T 分别为飞行器和目标的速度;θ_M、θ_T 分别为飞行器和目标的速度向量在同一铅垂平面内与水平基准线之间的夹角。根据准平行接近法则,在飞行器和目标距离一定的前提下 $|V_M\sin(q - \theta_M) - V_T\sin(q - \theta_T)|$ 越小表示飞行器和目标在视线垂线方向上的速度分量越小,此时飞行器的需用过载越小,越有利于拦截。此外,飞行器的剩余飞行时间 T_{go} 可以用如下公式进行粗略估算:

$$
T_{\mathrm{go}} = \frac{r}{|V_T\cos(q - \theta_T) - V_M\cos(q - \theta_M)|}
$$

同样该值越小,表明飞行器与目标在视线方向上越接近,也就是说,飞行器拦截上目标的剩余飞行时间就越小。综合以上两个指标以及构造的拦截概率函数,可以看出,这两个指标越小,飞行器对目标的拦截概率越高。

设计分配问题的目标函数为

$$\max \sum_{j=1}^{N} \left[\prod_{i=1}^{M} \left(P_{ij} \right)^{X_{ij}} \right]$$

$$= \max \sum_{j=1}^{N} \left\{ \prod_{i=1}^{M} \left[\beta P_{T_{go}(ij)} + (1-\beta) P_{\dot{q}(ij)} \right]^{X_{ij}} \right\}$$

$$= \max \sum_{j=1}^{N} \left(\prod_{i=1}^{M} \left\{ \beta P_{0T_{go}} e^{-\frac{1}{2} \left[\frac{T_{go}(ij)}{\delta_{T_{go}}} \right]^2} + (1-\beta) P_{0\dot{q}} e^{-\frac{1}{2} \left[\frac{\dot{q}(ij)}{\delta_{\dot{q}}} \right]^2} \right\}^{X_{ij}} \right)$$

$$= \max \sum_{j=1}^{N} \left(\prod_{i=1}^{M} \left\{ \beta P_{0T_{go}} e^{-\frac{1}{2} \left[\frac{T_{go}(ij)}{\frac{\sum_{j=1}^{N} \sum_{i=1}^{M} T_{go}(ij)}{i \times j}} \right]^2} + (1-\beta) P_{0\dot{q}} e^{-\frac{1}{2} \left[\frac{\dot{q}(ij)}{\frac{\sum_{j=1}^{N} \sum_{i=1}^{M} \dot{q}(ij)}{i \times j}} \right]^2} \right\}^{X_{ij}} \right)$$

$$= \max \sum_{j=1}^{N} \left(\prod_{i=1}^{M} \left\{ \beta P_{0T_{go}} e^{-\frac{1}{2} \left[\frac{\frac{|V_T \cos(q-\theta_T) - V_M \cos(q-\theta_M)|}{r}}{\frac{\sum_{j=1}^{N} \sum_{i=1}^{M} T_{go}(ij)}{i \times j}} \right]^2} + (1-\beta) P_{0\dot{q}} e^{-\frac{1}{2} \left[\frac{\dot{q}(ij)}{\frac{\sum_{j=1}^{N} \sum_{i=1}^{M} \dot{q}(ij)}{i \times j}} \right]^2} \right\}^{X_{ij}} \right)$$

4.3.3　战场目标威胁模型建立

威胁评估是信息融合高级层次的分析处理过程,其主要目标是根据敌方的武器攻击性能、电子设备探测性能、作战企图、威胁因素、机动能力等,推断出敌方杀伤能力对我方重要目标威胁程度的定量估计。

根据探测、估计系统获取的战场上各个元素的目标属性信息,对当前战场上敌方战斗力量与威胁程度进行评估,进而可以构建整个战场的态势图,这将对我方决策系统理解战场态势情况起着非常重要的作用,是之后无人集群系统做出智能化自主决策的基础与根本,具有非常重要的意义。

考虑的场景为敌方多架无人集群目标进攻我方单位,首先要分析决定该批目标威胁的各因素,再根据战场实际确定计算方法,进而评估得出目标的威胁程度,因此在研究威胁评估方法前需要先建立战场条件下多拦截器的威胁模型。根据动态博弈条件下的实际战场分析得出决定目标威胁的因素有:目标与我方单位的相对距离、目标速度、目标运行方向、目标机动模式与我方单位的防御能力,如图 4.20 所示。

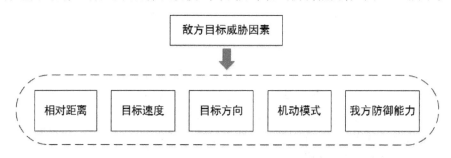

图 4.20　动态博弈条件下目标威胁的多因素指标体系

根据指标函数要满足独立性、兼容性和归一性的要求,每个因素确定其指标函数。某一因素的指标函数可按以下规则确定:若这一判定因素可以使敌作战武器完成其作战任务则认为目标威胁处于最大值,即设定其指标函数的值为最大。反之,若这一判定因素处于最差工作状态,则认为目标威胁处于最小值,即设定其指标函数的值为最小。当判定因素处于其他状态时,指标函数值介于最大值和最小值之间。

1. 与我方单位的相对距离

敌目标的威胁与敌相对我保卫目标的距离成减函数关系,即相对距离越大,目标威胁越小;随着目标距离减小,目标威胁将逐渐增大,且这种增大的趋势是变大的,这种变化是成指数变化的。如果敌目标相对我保卫目标的距离为 0 的话,那么敌目标就可以完成其作战任务,即威胁判定为最大值;而当距离大于某个值时威胁就可以忽略,这个距离就定义为安全距离,此时的威胁值设定为最小值。不同的作战环境和不同的保卫目标这个安全距离是不一样的,所以需要添加一个系数 k 来调节,故此因素的指标函数:

$$\mu_1(l) = \eta_1 e^{-k_1 l}, \quad 0 \leqslant l < l$$

式中,l 表示敌目标相对我方目标的距离;k、η 为比例系数。

2. 目标的运行方向

目标的运行方向很大程度上决定该目标是否对我方构成威胁。令敌方目标的速度的方向和我方单位所构成的夹角为 θ,当 $0 < \theta < \pi/6$ 时,敌方目标的意图很明显就是要飞向我保护目标,故可以将威胁值设置为最大;当 $\pi/2 < \theta < \pi$ 时,敌方目标显然不会飞向我保护目标故而威胁值为最小;$\pi/6 < \theta < \pi/2$ 当时,敌方目标飞对我保护目标的威胁可设置成线性反比关系,η_2 为比例系数:

$$\mu_2(\theta) = \begin{cases} 0, & \pi/2 < \theta < \pi \\ \eta_2 \dfrac{3\pi - 6\theta}{2\pi}, & \pi/6 < \theta < \pi/2 \\ \eta_2, & 0 < \theta < \pi/6 \end{cases}$$

3. 目标速度

敌方目标的速度越大,威胁就越大;敌方目标的速度越小,威胁就相对越小。当敌方目标速度超过一定值 V_{max} 时,我方无人机难以拦截,因此对我方机群的威胁程度达到饱和,而敌方目标速度介于 0 与 V_{max} 之间时,敌方目标速度对应的威胁值可以用线性函数描述:

$$\mu_3(v) = \begin{cases} k_2 \dfrac{v}{V_{max}}, & 0 < v < V_{max} \\ 1, & V_{max} < v \end{cases}$$

式中,k_2 为比例系数。

4. 机动模式

敌方集群突防时采用不同的机动模式,其突防能力和机动能力也不同,因此对我方的威胁程度是不一样的,一般而言可根据军事专家的评定的敌方目标各种机动模式对我方阵地/保护目标的威胁程度。通常而言,机动模式越复杂的无人机越难被我方防御武器截获,从而威胁程度越大。

5. 我方单位的防御能力

当敌方无人机目标确定时,我方单位的防御能力不同,敌方无人机对我方阵地的威胁也不同,可根据军事专家的评定得出我方各种防御能力情况下敌方目标对我方阵地保护目标的威胁值。通过模糊化处理,可以根据敌我的能力将我方单位的防御能力进行分级。对于本次研究场景,当敌方能力优于我方拦截能力时,我方防御能力可以被判定为弱;当敌方能力和我方拦截能力相当时,我方防御能力可以被判定为中;当敌方能力低于我方拦截能力时,我方防御能力可以被判定为强。

需要指出的是,上述各因素指标函数具有相互独立性,即每一个性能指标仅考虑本指标所涉及范围内的情况,这种设计一方面易于目标种类或评判因素的扩展;但是另一方面又忽视了目标威胁因素之间存在的客观差别。由于威胁判定需要多因素辅助判断,所以需要根据上述几个系数结合贝叶斯网络以综合确定不同威胁的等级。

动态博弈条件战场环境下的态势估计威胁评估由于其特殊性,很多数据都是涉密的,很难获取大量的训练数据。因此战场威胁评估的数据往往是由专家或者经验丰富的指挥人员提供,然后分析数据中各点关系建立有向无环图,根据模拟真实动态战场来验证贝叶斯网络的真实性并进行改进和完善。接下来根据知识经验建立动态博弈战场下的威胁评估贝叶斯网络。

1) 确定节点变量和网络结构

基于贝叶斯网络的模型如图 4.21 所示,其中贝叶斯网络由多个有关联节点组成,节点应对不同的事件。本次设置贝叶斯网络的事件包括敌方目标的速度、距

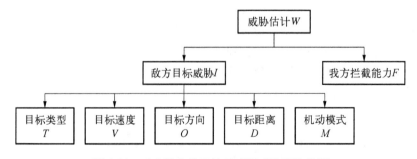

图 4.21　动态博弈战场的贝叶斯威胁评估模型

离、方向和类型,以及我方的拦截能力。

在战场态势、威胁估计的知识表示中,通过贝叶斯网络结构中的有向边表示节点变量间的因果或者相互影响的关系。通常,建立贝叶斯网络有两种方法:通过咨询专家,依靠专家知识来确定网络;通过充足的变量数据确定贝叶斯网络。两种方法各有优缺点,由前者所获得的网络参数精确性低,后者需要提供相应的数据。在本节中因为情景特殊,训练数据少,因此采用专家给定的节点来讨论贝叶斯网络的节点关系。

2) 定义节点状态

在贝叶斯网络中,节点状态通常是离散的,因此需要建立的战场模型模糊离散化处理。

a. 目标距离

敌方目标与我方阵地的相对距离所对应的威胁值计算公式为

$$\mu_1 = \eta_1 e^{-k_1 l}, \ 0 \leqslant l < +\infty$$

取两个比例系数 η_1 和 k_2 为 1,距离 l 的单位为 km,则目标距离 D 的威胁值对应的节点状态为

$$D = \begin{cases} 1, & e^{-20} < \mu_1 < 1 \\ 2, & e^{-180} < \mu_1 < e^{-20} \\ 3, & \mu_1 < e^{-180} \end{cases}$$

b. 目标速度

敌方目标速度对我方阵地的威胁值计算公式如下:

$$\eta_5 = \begin{cases} k_2 \dfrac{v}{V_{max}}, & 0 < v < V_{max} \\ 1, & V_{max} \end{cases}$$

取比例系数 k_2 为 1,则目标速度 V 威胁值对应的节点状态为

$$V = \begin{cases} 1, & \mu_5 = 1 \\ 2, & 0.6 \leqslant \mu_5 < 1 \\ 3, & 0.3 \leqslant \mu_5 < 0.6 \\ 4, & 0 \leqslant \mu_5 < 0.3 \end{cases}$$

c. 目标方向

敌方目标方向对我方无人机的威胁值计算公式如下:

$$\mu_2(\theta) = \begin{cases} 0, & \pi/2 < \theta < \pi \\ \eta_2 \dfrac{3\pi - 6\theta}{2\pi}, & \pi/6 < \theta < \pi/2 \\ \eta_2, & 0 < \theta < \pi/6 \end{cases}$$

取比例系数 η_2 为 1,则目标方向 O 威胁值对应的节点状态为

$$O = \begin{cases} 1, & \mu_2 = 1 \\ 2, & 0 < \mu_2 < 1 \\ 3, & \mu_1 = 0 \end{cases}$$

d. 机动模式

敌方攻击集群对我方阵地(保护目标)的威胁程度与敌方飞行器进入中、末制导的机动模式相关。敌方机动模式越复杂,越不容易拦截,因此威胁也越大。如表 4.1 显示不同的目标机动模式对应的节点状态。

表 4.1 目标机动模式对应节点状态表

目标机动模式	弱机动	滚筒机动	S 型机动
对应节点状态	3	2	1

e. 我方拦截防御能力

我方阵地的防御能力(拦截敌方目标的能力)是在识别出敌方飞行器型号、能力后通过专家系统等方式对我方防御能力进行评估从而确定的具体值,所以不需要计算,通常根据敌我双方飞行器的性能强弱决定。在本次研究中,当敌方能力优于拦截能力时,我方防御能力可以被判定为弱,对应的节点状态为 1;当敌方能力和我方拦截能力相当时,我方防御能力可以被判定为中,对应的节点状态为 2;当敌方能力低于我方拦截能力时,我方防御能力可以被判定为强,对应的节点状态为 3。

3)构建条件概率表

构建条件概率表也就是设置贝叶斯网络参数,若网络中的节点是根节点,也就是没有父节点,那么需要确定这些节点的边缘概率(即先验概率)。如果不是根节点,那么需要确定这些节点的条件概率。贝叶斯网络需要确定每个节点在其父节点的状态取值为条件的条件概率参数,如果节点为离散变量,则该参数构成条件概率表,条件概率表表示了节点之间的相互关系的关系强度。对于根节点威胁能力 W,只需确定其先验概率;对于其他节点均有父节点,要分别确定相应的条件概率。构建的条件概率如表 4.2~表 4.4 所示。

表 4.2　威胁能力的先验概率

威胁能力 W	
高	低
0.68	0.32

表 4.3　威胁能力的条件概率

W	I			F		
	高	中	低	高	中	低
高	0.64	0.22	0.14	0.15	0.11	0.74
低	0.08	0.22	0.70	0.78	0.13	0.09

表 4.4　敌方目标威胁条件概率

I	机动模式 M			目标距离 D			目标速度 V				目标方向 O		
	3	2	1	3	2	1	4	3	2	1	3	2	1
高	0.63	0.24	0.13	0.06	0.21	0.73	0.06	0.08	0.17	0.69	0.04	0.21	0.75
中	0.15	0.63	0.22	0.25	0.59	0.16	0.09	0.17	0.31	0.43	0.20	0.64	0.16
低	0.11	0.21	0.68	0.72	0.20	0.08	0.62	0.21	0.14	0.03	0.77	0.15	0.08

对本部分提出的动态博弈条件下的贝叶斯网络威胁评估方法进行仿真验证,在某一时刻向贝叶斯战场模型输入当前实时战场信息,也就是在事件层输入证据,可以获取威胁判定,具体过程和分析如下,这里贝叶斯网络推理方式选用联合树(团树)推理算法。

首先以敌方目标与我方阵地的距离对目标威胁能力影响为例针对单个目标的威胁评估方法进行仿真分析。利用控制变量法,选定 $V=2$、$T=2$、$O=2$、$F=2$,探究 D 分别取 1、2、3 状态时,敌方目标威胁能力的评估结果(图 4.22)。即在敌方目标速度威胁在 $0.6 \leqslant \mu_5 < 1$ 范围内、敌方飞行器的机动模式采用滚筒机动方式、目标方向威胁值在 $0 < \mu_2 < 1$、我方无人机防御能力(拦截目标能力)为中等时,探究目标距离的威胁值在 $e^{-10} < \mu_1 < 1$ 的范围、目标距离的威胁值在 $e^{-100} < \mu_1 < e^{-10}$ 的范围和目标距离的威胁值在 $\mu_1 < e^{-100}$ 的范围内时,威胁评估的结果。具体每种情况的威胁能力评估结果,可以看出,敌方目标的威胁结果随着目标距离的减小而增大。

$$P(W \mid V = 2 \cap D = 1 \cap O = 2 \cap F = 2 \cap T = 2) = 0.747\,0$$

$$P(W \mid V = 2 \cap D = 2 \cap O = 2 \cap F = 2 \cap T = 2) = 0.649\,4$$

$$P(W \mid V = 2 \cap D = 3 \cap O = 2 \cap F = 2 \cap T = 2) = 0.6008$$

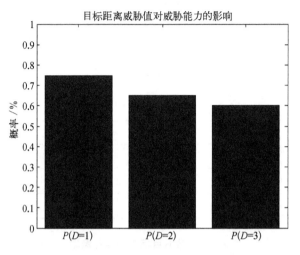

图 4.22　目标距离对威胁能力的影响

接下来对 4 架无人机集群进攻我方阵地的威胁评估进行仿真,具体仿真场景参数描述如下:在某一时刻的我方阵地位于(0, 0, 0)处,敌方 4 架无人机的坐标分别为(8.8, −3, 5.1)、(9.2, −1, 5.4)、(9.6, −1, 5.7)、(10.0, 3, 6.0),单位为 km,速度均为 72 km/h,航迹倾角均为 40°。其中第一架目标已经进入 S 型机动模式,其余 3 架无人机采用滚筒机动模式,我方阵地的防御能力为中等。

采用本部分提出的动态博弈条件下的贝叶斯网络威胁评估方法对敌方集群进行威胁评估,可以得到如上的综合态势图和威胁评估结果。图 4.23 中,左侧坐标

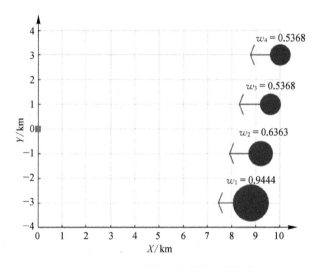

图 4.23　目标距离对威胁能力的影响

轴上的方块为我方阵地,右侧的 4 个圆形代表敌方 4 架无人机,其中圆的半径与威胁程度呈正相关,圆越大代表威胁也越大。从图中也获得敌方 4 架无人机目标的威胁评估结果分别为 0.944 4、0.636 3、0.536 8 和 0.536 8,由于第一架无人机已经进入相对更难拦截的 S 型机动模式,对我方的威胁较高,与威胁评估结果相符,因此本部分提出的动态博弈条件下的贝叶斯网络威胁评估方法可以达到预期的效果,能够根据敌方目标的状态、机动模式、位置速度等信息通过贝叶斯网络完成威胁评估的任务。

4.3.4　无人飞行器集群智能决策算法

以上小节从集群智能决策的必要性、基本原则、策略架构、模型建立等方面对协同任务规划做了详尽的阐述。本小节将介绍适用于无人飞行器集群的智能决策算法,以供参考。

1. 基于人工蜂群的弹群协同任务规划

1）代价函数构建

在集群作战中,代价函数通常由作战效能和作战代价两部分构成。本例中作战效能由评估制导精度的零控脱靶量来描述,作战代价由评估需要能量的弹目视线角速率和命中目标所需时间来描述。

采用负指数函数设计脱靶量、命中需用时间和视线角速率这 3 个指标下的命中概率函数。3 个指标下第 i 枚命中弹对第 j 个目标的命中概率分别定义如下:

$$
\begin{cases}
P_{\Delta S(i,j)} = P_0^{\Delta S} \mathrm{e}^{-\frac{1}{2}\left[\frac{\Delta S(i,j)}{\delta_{\Delta S}}\right]^2}, & \delta_{\Delta S} = \dfrac{\displaystyle\sum_{j=1}^{n}\sum_{i=1}^{m}\Delta S(i,j)}{mn} \\[4mm]
P_{T_{\mathrm{go}}(i,j)} = P_0^{T_{\mathrm{go}}} \mathrm{e}^{-\frac{1}{2}\left[\frac{T_{\mathrm{go}}(i,j)}{\delta_{T_{\mathrm{go}}}}\right]^2}, & \delta_{T_{\mathrm{go}}} = \dfrac{\displaystyle\sum_{j=1}^{n}\sum_{i=1}^{m}T_{\mathrm{go}}(i,j)}{mn} \\[4mm]
P_{\dot{q}(i,j)} = P_0^{\dot{q}} \mathrm{e}^{-\frac{1}{2}\left[\frac{\dot{q}(i,j)}{\delta_{\dot{q}}}\right]^2}, & \delta_{\dot{q}} = \dfrac{\displaystyle\sum_{j=1}^{n}\sum_{i=1}^{m}\dot{q}(i,j)}{mn}
\end{cases}
$$

其中,m 和 n 分别表示集群规模与目标数目;$\Delta S(i,j)$、$T_{\mathrm{go}}(i,j)$ 和 $\dot{q}(i,j)$ 分别表示第 i 个集群个体对第 j 个目标的脱靶量、命中需用时间和视线角速率;$P_{\Delta S(i,j)}$、$P_{T_{\mathrm{go}}(i,j)}$ 和 $P_{\dot{q}(i,j)}$ 表示概率指标下的命中概率;$P_0^{\Delta S}$、$P_0^{T_{\mathrm{go}}}$ 和 $P_0^{\dot{q}}$ 表示概率指标下的命中概率缺省值;$\delta_{\Delta S}$、$\delta_{T_{\mathrm{go}}}$ 和 $\delta_{\dot{q}}$ 表示命中概率指标平均值。

采用线性加权的方法构造代价函数,将第 i 个集群个体对第 j 个目标的毁伤概率定义如下:

$$
P_{ij} = \beta_{\Delta S} P_{\Delta S(i,j)} + \beta_{T_{\mathrm{go}}} P_{T_{\mathrm{go}}(i,j)} + \beta_{\dot{q}} P_{\dot{q}(i,j)}
$$

其中，$\beta_{\Delta S}$、$\beta_{T_{go}}$ 和 β_{q} 表示 3 个毁伤概率指标下的权重，且满足：

$$\beta_{\Delta S} + \beta_{T_{go}} + \beta_{q} = 1$$

在集群作战情形中，目标分配问题是要通过确定集群中每个个体和目标的对应关系，使得该时刻总的作战收益最大，将总的作战收益建模如下：

$$\min \sum_{j=1}^{n} \left[V_j \prod_{i=1}^{m} (1 - P_{ij})^{X_{ij}} \right]$$

其中，P_{ij} 表示第 i 个集群个体对第 j 个目标的毁伤概率；X_{ij} 表示是否将第 i 个集群个体分配给第 j 个目标，若 $X_{ij} = 1$，表示将第 i 枚命中弹分配给第 j 个目标，若 $X_{ij} = 0$，表示不将第 i 个集群个体分配给第 j 个目标；V_j 表示第 j 个目标的价值。

2）约束处理

在集群作战中，对于威胁较大的目标允许分配多个个体进行攻击。当分配给某一目标的个体数目超过一定数目时，继续增加分配给该目标的个体数目会造成集群资源的浪费，严重时可能造成总的作战效能变差。因此分配给每个目标的作战个体数目应该小于设定的上限。此外，假设集群中每个个体都必须分配到目标，并且每个目标都必须有集群中的个体对应攻击。将分配数目约束表示为

$$\begin{cases} 1 \leqslant \sum_{i=1}^{m} X_{ij} \leqslant B, \ (j = 1, 2, \cdots, n) \\ \sum_{j=1}^{n} X_{ij} = 1, \ (i = 1, 2, \cdots, m) \end{cases}$$

其中，B 为分配给单个目标的集群个体的数目的上限。

采用罚函数方法处理约束，此时的目标分配问题需要满足两个约束，将这两个等式约束进行加权处理后得到代价函数：

$$\min \left\{ \sum_{j=1}^{n} \left[V_j \prod_{i=1}^{m} (1 - P_{ij})^{X_{ij}} + Q_j G_j \right] + \sum_{i=1}^{m} S_i H_i \right\}$$

$$\begin{cases} G_j = \left| \sum_{i=1}^{m} X_{ij} - B \right|, \ (j = 1, 2, \cdots, n) \\ H_i = \left| \sum_{j=1}^{n} X_{ij} - 1 \right|, \ (i = 1, 2, \cdots, m) \end{cases}$$

其中，Q_j 和 S_i 分别为第 j 个目标和第 i 个集群个体的罚函数系数；$Q_j G_j$ 和 $S_i H_i$ 分别为罚函数项。两个罚函数项表示分配结果偏离约束的程度，分配结果偏离约束的程度越强，罚函数项的值和代价函数的值就越大。

3) 问题求解

人工蜂群算法是一种智能优化算法,具有收敛速度快、全局搜索性能优良的特点,可以用于求解大规模的组合优化问题。

人工蜂群算法是一种模拟蜂群觅食行为的优化算法。在人工蜂群算法中,每个蜜源对应问题的一个解,并对这个解有一个评价,即代价函数。算法中使用了 3 种蜜蜂,分别是雇佣蜂(employed bees)、观察蜂(onlooker bees)和侦察蜂(scout bees),各自以不同的策略更新蜜源,即算法采用 3 种不同的策略更新解。

雇佣蜂负责邻域搜索,随机选择另外的一个蜜源与当前蜜源作差,随机比例与当前蜜源相加,生成新蜜源。计算生成新蜜源的代价函数值,采用贪婪选择策略,比较原蜜源与新生成蜜源的代价函数值,选择较优的一方保留为蜜源。

观察蜂倾向于选择代价函数更优的蜜源进行更新(代价函数优的蜜源被选择的概率大),更新方法与雇佣蜂相同。

侦察蜂的主要作用是跳出局部最优。当蜜源一直没有更新,则说明该蜜源为局部最优值。若该蜜源为当前寻找到的全局最优解,则已经在最优蜜源中有记录,此时随机初始化该蜜源,跳出局部最优解,使其重新参与寻优。此处是否为侦察蜂的阈值选择(即该蜜源累计未被更新的次数)决定算法的全局搜索能力,前期选择阈值大,有利于算法快速收敛,后期选择阈值小,有利于算法全局寻优。

图 4.24 为人工蜂群算法求解集群协同任务分配问题的流程图。

2. 基于改进合同网的无人机集群协同任务实时规划

Smith 和 Davis 1980 年在研究分布式问题求解过程中提出合同网的概念,通过模拟市场机制中的“招标-投标-中标”模式,采用多种合同类型,通过多个个体之间的相互通信和协商,在个体追求最优的基础上,寻求全局最优或次优。合同网模型中的个体使用智能体来表示。每个智能体都是具有互相通信和一定的信息处理能力的个体。合同网模型是由多个可以互相通信的智能体组成,根据功能可分为以下 3 类。

(1) 招标者:任务的拥有者,主持拍卖的节点,对各投标无人机的投标值进行比较,决定中标者。

(2) 投标者:自身有充足资源,能够满足招标条件的节点。

(3) 中标者:投标者中投标值最大的节点,与招标者签订合同,获得任务的所有权。

传统合同网的任务分配可以概括为以下 4 个步骤。

步骤 1　任务发布:当智能体本身任务集中任务资源不足以完成任务或者发现了新的任务时,此智能体作为招标者,将任务信息发布出去,如图 4.25 所示;

步骤 2　投标:其余智能体收到任务信息后,根据任务要求,对自身的能力进行评估,在有效时间内返回自己的投标值对合适的任务进行投标,如图 4.26 所示;

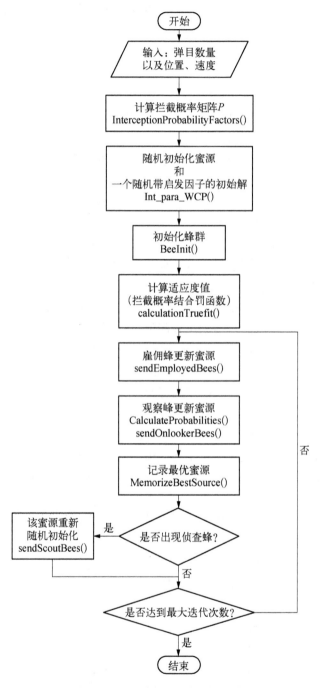

图 4.24　人工蜂群算法流程图

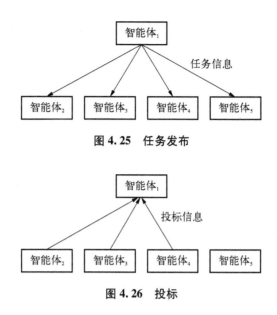

图 4.25　任务发布

图 4.26　投标

步骤 3　签约：当到达预定的投标截止时间或者收到了所有智能体的标书后，招标者需要对投标信息进行处理，根据投标者的投标值挑选出最适合执行任务的智能体，并向所有参与投标的智能体反馈投标结果，如图 4.27 所示；

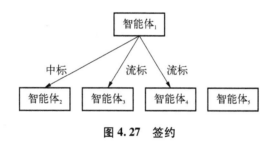

图 4.27　签约

步骤 4　任务执行：收到中标消息的智能体与招标者签订合同，获得任务的所有权，将任务加入自己的任务序列，准备执行，并且要在一定时间内向招标者返回任务完成信息，如图 4.28 所示。

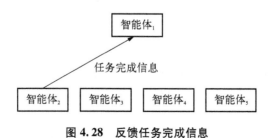

图 4.28　反馈任务完成信息

基于合同网算法的任务规划方法主要依赖于多智能体的控制策略和自主决策,是一种分布式自适应的分配方法,如图 4.29 所示,其协商过程具有以下特点。

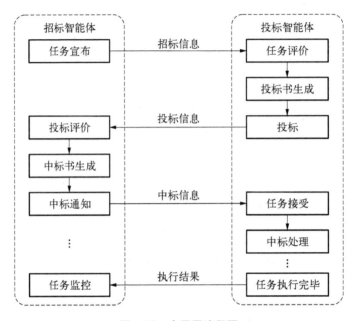

图 4.29   合同网流程图

(1) 所有智能体的目标相同:对于任务的评估和招标者对投标者的选择,都采用统一的标准,这是协商成立的前提。

(2) 角色不固定:招标者,投标者和中标者都是任务分配过程中的一个临时的角色,不由中心节点指派,随任务变动。

(3) 双向选择:招标者对所有投标者进行选择,投标者对任务进行选择,构成了灵活自由的交易模式。

传统合同网模型适用于单任务、单中标者的分配场景,随着合同网算法在多个领域内的应用,研究人员发现在复杂系统中,当任务调整频繁时,传统的合同网算法效率低,存在很多问题,主要有以下几个方面。

(1) 协商通信量大,延时长。传统合同网模型的任务分配方法应用于规模不大的系统,招标者将任务信息无差别地广播给所有智能体后,满足条件的智能体都会进行投标。对于大规模系统,智能体数量众多,满足任务执行条件的智能体也很多,且分布分散,要保证接收到所有可能的投标信息,投标截止时间需要随着系统规模的增大而延长,影响任务分配的实时性。

(2) 缺乏并行的分配机制。传统合同网模型是单任务,单中标者的模式,并且在合同发起期间到签约之前,独占潜在投标者的所有资源,而进行单任务分配最终的中标者只有一个,造成系统有空闲资源但任务无法进行分配的问题。

针对以上提到的传统合同网算法所面临的问题,结合无人机群协同实时任务分配的问题背景,采用以下策略对合同网进行改进:

(1) 招标者参与投标。招标者是任务分配的发起者,该任务本身就属于招标者的任务列表或者是招标者发现的新任务。在实时任务分配中,招标无人机本身均具有任务的执行能力,此时在发布任务信息时,将招标者执行任务的收益和代价作为投标值标注在任务信息中,潜在投标者以招标者为基准确定是否投标。若是投标者的投标值低于招标者,则说明由招标者本身执行任务收益更大,则该投标者放弃投标,若是投标者的投标值高于招标者,则说明该投标者比招标者更适合执行该任务,可以使系统的整体收益上升,则该投标者提交标书。通过招标者参与投标为投标者提供基准,筛选出优质的投标者,提高协商的效率,并且减少通信量。

(2) 引入并发机制。传统合同网算法是单任务,单中标者的模式,造成任务分配效率低下。通过引入并发机制,招标者可以同时对多个目标进行招标,并且投标者可以选择对招标任务中的一个或者多个任务进行投标。招标者不再是选择一个中标者,而是选择一个中标者的组合。招标者在投标者中寻找可以完成全部任务的投标者组合,与一个或多个投标者签订合同。并发机制使得原来需要进行多个回合的拍卖过程变为一个回合,极大地提高了协商的效率,并有效地减少了通信频率。

1) 合同类型

传统合同网中使用的是最基本的买卖合同,只适用于简单系统中的分配任务。随着系统规模的增大,买卖合同的效率低并且容易陷入局部极值。在无人机群协同实时任务分配问题中,考虑到复杂的战场环境中可能出现的各种突发情况,本节使用买卖合同和交换合同两种合同。下面对两种合同进行具体介绍。

买卖合同是传统合同网中最基本的合同形式,将任务作为“商品”,招标者“卖”“商品”,投标者各自出价“买”“商品”,最后价高者得,投标值最高成为中标者,“买”到了“商品”,完成任务所有权的更替。图 4.30 为买卖合同示意图。图中无人机 U_1 的任务集为 $Seq_1 = \{T_1, T_2\}$,无人机 U_2 的任务集为 $Seq_2 = \{T_3\}$,当无人机执行完任务 T_1 后,在前往 T_2 的路上遭遇未知威胁,无法执行任务 T_2,此时无人机 U_1 作为招标者将任务 T_2 向其他无人机进行拍卖。无人机 U_2 执行任务 T_2 的收益最大,因此无人机 U_2 作为中标者与招标者无人机 U_1 签订买卖合同,无人机 U_1 将任务 T_2 的所有权移交给无人机 U_2。此时,无人机 U_1 的任务集为 $Seq_1 = \{T_1\}$,无人机 U_2 的任务集为 $Seq_2 = \{T_3, T_2\}$。

在买卖合同中,只涉及一个或一组任务所有权的转移,而交换合同涉及两个或两组任务所有权的交换。传统合同网中单独使用买卖合同易使得分配结果陷入局部最优,引入交换合同后,允许无人机之间通过任务交换提高整体性能,增大了跳

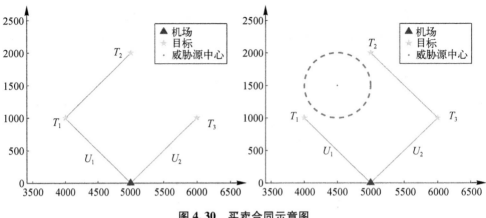

图 4.30   买卖合同示意图

出局部最优值的概率。图 4.31 为交换合同的示意图。图中无人机 U_1 的任务集为 $\mathrm{Seq}_1 = \{T_1, T_2\}$，无人机 U_2 的任务集为 $\mathrm{Seq}_2 = \{T_3\}$，任务执行过程中出现新的任务 T_4，合理的任务分配方式是由无人机 U_1 执行 T_4，无人机 U_2 执行 T_2。假定无人机执行任务的上限为 2，此时无人机 U_1 的任务集已满，没有足够的资源执行 T_4，不能通过买卖合同得到 T_4 的执行权。此时使用交换合同，无人机 U_1 使用交换合同，用任务 T_2 的所有权交换无人机 U_2 的任务 T_4，使得双方的收益均增加，整体收益增加。使用交换合同后的无人机 U_1 的任务集为 $\mathrm{Seq}_1 = \{T_1, T_4\}$，无人机 U_2 的任务集为 $\mathrm{Seq}_2 = \{T_3, T_2\}$。

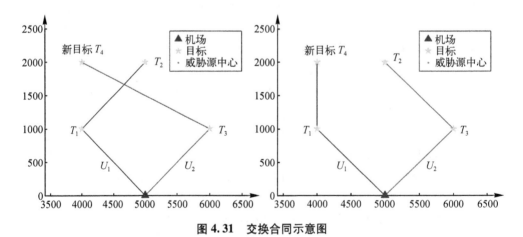

图 4.31   交换合同示意图

2）基于改进合同网的无人机群协同实时任务分配算法描述

引起无人机任务重分配的战场突发情况中，无人机损毁都需要对多个任务进行拍卖，而传统合同网只能通过单任务、单中标者的交易模式来进行任务分配，对于同时需要拍卖的任务只能分回合多次进行，使整个交易过程耗时较长，不利于任务分配的实时性。此外,分回合多次分配需要与无人机群进行多次通信,增加了通信链路的负担。使用基于并发机制的合同网算法,可以对多个任务同时进行拍卖,并且允许有多个中标者组合完成任务,提高协商效率,加快任务分配的进程。

根据无人机任务分配的实际情况,改进提出招标者参与投标的方式,提升分配性能。首先对招标信息进行定义,招标信息可以描述为四元组 $<S, \text{Pos}_S, \text{Dist}_{\text{bf}}, \text{Dist}_{\text{af}}>$。其中,$S$ 为拍卖的任务集;Pos_S 为任务集 S 中任务的位置坐标;Dist_{bf} 为招标者不执行任务集 S 时的任务路径长度;Dist_{af} 为招标者执行任务集 S 的任务路径长度。

同时给出买卖合同和交换合同的标书定义。买卖合同可以描述为四元组 $< U_j, Q, \text{Dist}_{\text{bf}}^{\text{sale}}, \text{Dist}_{\text{af}}^{\text{sale}} >$。其中,$U_j$ 为递交标书的无人机;Q 为无人机 U_j 申请买入的任务集,$Q \subseteq S$;$\text{Dist}_{\text{bf}}^{\text{sale}}$ 为投标者目前的任务路径长度;$\text{Dist}_{\text{af}}^{\text{sale}}$ 为投标者买入任务集 Q 的任务路径长度。交换合同可以描述为五元组 $< U_j, Q, Z, \text{Dist}_{\text{bf}}^{\text{swap}}, \text{Dist}_{\text{af}}^{\text{swap}} >$。其中,$U_j$ 为递交标书的无人机;Q 为无人机 U_j 申请换入的任务集($Q \subseteq S$);Z 为无人机 U_j 申请换出的任务集($Z \subseteq \text{Seq}_j$),要求交换任务集中任务个数相同;$\text{Dist}_{\text{bf}}^{\text{swap}}$ 为投标者目前的任务路径长度;$\text{Dist}_{\text{af}}^{\text{swap}}$ 为投标者交换任务集后的任务路径长度。

基于改进合同网的无人机群协同实时任务分配算法描述如下。

步骤 1　确定招标无人机 U_i。在触发任务重分配的 3 种突发情况中,招标者各不相同。发现的新任务和无人机损毁由地面站指定负载最小的无人机作为招标者进行拍卖;遇到未知障碍导致后续任务无法执行,由具有该任务所有权的无人机进行拍卖。

步骤 2　发布招标信息 $< S_i, \text{Pos}_{S_i}, \text{Dist}_{\text{bf}}, \text{Dist}_{\text{af}} >$。招标无人机 U_i 将要拍卖的任务集 S_i 的信息向其他无人机公布。

步骤 3　投标者能力评估。其他无人机在收到招标无人机 U_i 的招标信息之后,对自身能力进行评估,判断是否投递标书。

(1) 投标无人机 U_j 判断是否可以投递交换合同标书:若无人机 U_j 通过交换任务序列 Seq_j 中的任务集 Z,使得 $\text{Dist}_{\text{af}}^{\text{swap}} < \text{Dist}_{\text{bf}}^{\text{swap}}$,无人机 U_j 的任务路径长度变短,则投递交换合同标书 $< U_j, Q, Z, \text{Dist}_{\text{bf}}^{\text{swap}}, \text{Dist}_{\text{af}}^{\text{swap}} >$,否则进入步骤(2)。

(2) 判断投标无人机 U_j 是否达到最大负载:若无人机 U_j 任务负载小于最大负载值 N_s,则进入步骤(3);否则放弃此次投标。

投标无人机 U_j 判断是否可以投递买卖合同标书:

(3) 若投标无人机 U_j 当前任务路径长度 $\text{Dist}_{\text{bf}}^{\text{sale}}$ 小于招标者执行任务集 S_i 的任务路径长度 Dist_{af},$\text{Dist}_{\text{bf}} < \text{Dist}_{\text{af}}$,则进入(4);否则放弃此次投标。

(4) 若投标无人机 U_j 买入任务集 Q 后的任务路径长度 $\text{Dist}_{\text{af}}^{\text{sale}}$ 小于招标者执行

任务集 S_i 的任务路径长度 Dist_{af} 且小于无人机的最大航程 R,即 $\text{Dist}_{af}^{sale} < \text{Dist}_{af}$ 且 $\text{Dist}_{af}^{sale} < R$,则投递买卖标书 $< U_j, Q, \text{Dist}_{bf}^{sale}, \text{Dist}_{af}^{sale} >$;否则放弃此次投标。

步骤4 标书匹配。若有一组标书,申请买入或者换入的任务集合的合集正好为招标集合,例如收到投标者 U_j 的买卖合同标书 $< U_j, Q^1, \text{Dist}_{bf}^{sale}, \text{Dist}_{af}^{sale} >$ 和投标者 U_k 的交换合同标书 $< U_k, Q^2, Z, \text{Dist}_{bf}^{swap}, \text{Dist}_{af}^{swap} >$,且满足 $Q^1 \cup Q^2 = S_i, Q^1 \cap Q^2 = \varnothing$,则称这一组标书匹配。招标无人机 U_i 在规定的标书截止时间对已经收到的标书进行匹配,并进行选择,完成此次任务分配,使所有投标的无人机中任务路径最长的无人机路径变短。

步骤5 招标结果通知。招标无人机向投标无人机发送招标结果,如上例中无人机 U_j 和 U_k 为中标者,其余无人机流标。

步骤6 签订合同。中标无人机收到中标信息后,与招标无人机签订合同,完成任务集所有权的更替。

4.3.5 仿真实例

1. 基于人工蜂群的弹群协同任务规划

在本例中,设定集群规模为 10(编号 $M_1 \sim M_{10}$)对抗 6 个目标(编号 $T_1 \sim T_6$),初始运动参数及目标价值如表 4.5 和表 4.6 所示。

表 4.5 集群初始运动参数

	X/km	Y/km	航向角/(°)	速度/(m/s)
M_1	10	66	0	700
M_2	9	63	−10	750
M_3	10	59	−15	800
M_4	9	56	−30	550
M_5	10	48	10	700
M_6	9	36	25	650
M_7	10	30	0	850
M_8	9	25	−25	650
M_9	10	18	10	750
M_{10}	9	10	5	600

表 4.6　目标的初始运动参数及目标价值

	X/km	Y/km	航向角/(°)	速度/(m/s)	价 值
T_1	50	55	150	600	0.46
T_2	45	50	180	400	0.52
T_3	50	44	195	520	0.61
T_4	45	37	160	550	0.72
T_5	50	30	200	550	0.60
T_6	45	22	180	480	0.51

在本例中,设定三个概率指标的权重 $\beta_{\Delta S} = 0.5$、$\beta_{T_{go}} = 0.25$、$\beta_q = 0.25$。 计算得到如表 4.7 所示的毁伤概率矩阵。单个目标分配上限 $B = 2$,罚函数系数取 $Q_j = 0.05$,$j = 1, 2, \cdots, n$ 和 $S_i = 0.02$。

表 4.7　毁伤概率矩阵

	T_1	T_2	T_3	T_4	T_5	T_6
M_1	0.829 5	0.563 3	0.384 2	0.426 1	0.203 0	0.253 7
M_2	0.773 0	0.726 7	0.530 3	0.569 5	0.268 7	0.335 8
M_3	0.627 2	0.826 7	0.665 5	0.689 2	0.331 6	0.406 1
M_4	0.465 2	0.780 7	0.770 5	0.808 4	0.487 8	0.587 4
M_5	0.619 0	0.824 8	0.651 8	0.710 8	0.294 0	0.339 5
M_6	0.514 0	0.796 0	0.765 1	0.832 7	0.415 7	0.427 8
M_7	0.248 7	0.463 8	0.724 5	0.612 9	0.781 1	0.724 7
M_8	0.151 0	0.259 1	0.436 5	0.299 7	0.743 4	0.758 6
M_9	0.224 4	0.391 3	0.588 3	0.413 7	0.824 4	0.826 3
M_{10}	0.173 9	0.330 1	0.474 4	0.293 5	0.673 6	0.719 1

从图 4.32 看出,集群协同任务分配结果满足约束,保证每个目标都有集群中个体对应,集群中每个个体都有目标对应,并且每个目标对应的集群个体数目不超

过两个。从结果可以看出,当弹目距离相差不大的情况下,起主导的因素为视线角速率。

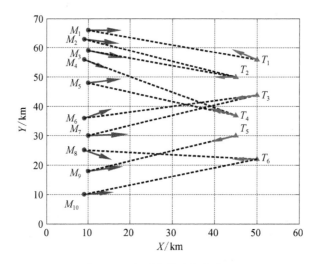

图 4.32　多对多协同任务分配

从图 4.33 看出,代价函数最优值曲线收敛较快,且随着迭代次数的增加,最优值保持不变。

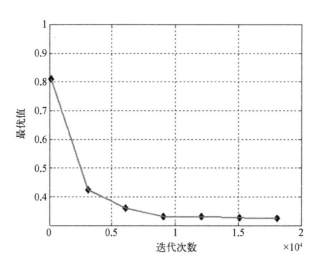

图 4.33　最优值收敛曲线

2. 基于改进合同网的无人机集群协同任务实时规划

为了验证改进合同网算法在无人机群协同实时任务分配问题中的有效性,本节将对多无人机协同对地打击任务实时规划进行仿真实验。

假定战场上分布着 10 个待打击目标,坐标如表 4.8 所示,机场位置坐标(5 000, 0),目标 T_3 和 T_4 之间,T_7 和 T_9 之间存在禁飞区,图 4.34 为战场环境示意图。单架无人机的任务载荷上限 $N_s = 4$,无人机的最大航程 $R = 15\,000$ m。

表 4.8 待打击目标坐标

目　　标	坐　　标
T_1	(1 000, 3 000)
T_2	(1 000, 6 000)
T_3	(2 000, 9 000)
T_4	(3 000, 5 000)
T_5	(4 000, 7 500)
T_6	(5 000, 4 000)
T_7	(7 000, 8 000)
T_8	(8 000, 2 000)
T_9	(9 000, 6 000)
T_{10}	(9 000, 9 000)

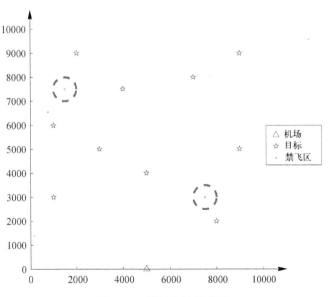

图 4.34 战场环境示意图

任务预分配方案如表 4.9 和图 4.35 所示。

表 4.9　4 架无人机的分配方案表

无人机 U	任务序列 Seq
U_1	$T_1 \rightarrow T_4 \rightarrow T_2$
U_2	$T_6 \rightarrow T_5 \rightarrow T_3$
U_3	$T_7 \rightarrow T_{10}$
U_4	$T_8 \rightarrow T_9$

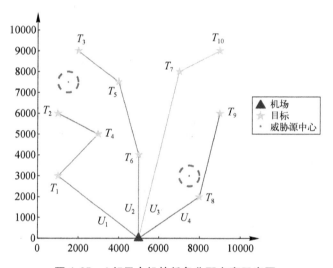

图 4.35　4 架无人机的任务分配方案示意图

如图 4.36(b)所示，t_1 时刻无人机 U_1 在执行任务 T_1 后，出现了突发威胁，此时无人机 U_1 执行任务 T_4 路径代价太大，无人机 U_1 将任务 T_4 向外拍卖，并作为招标者参与投标，采用交换合同，交换任务 T_2 和任务 T_4，将路径长度变化信息加入招标信息中发送给各无人机。投标截止时间内没有收到投标信息，说明由招标无人机 U_1 经过交换合同后执行任务 T_4 路径最短。此时无人机 U_1 任务序列为 $\mathrm{Seq}_1 = \{T_1, T_2, T_4\}$。

如图 4.36(c)、(d)所示，t_2 时刻出现了新目标 T_{11}，由地面站指定无人机 U_4 作为招标者主持拍卖。在投标截止时间内，只有无人机 U_3 向无人机 U_4 递交了交换合同标书，用任务 T_{10} 交换任务 T_{11}。无人机 U_4 对比了直接执行任务的路径代价和接受交换合同的路径代价，选择和无人机 U_3 签订交换合同。此时，无人机 U_3 任务序列 $\mathrm{Seq}_3 = \{T_{11}, T_7\}$，无人机 U_4 任务序列 $\mathrm{Seq}_4 = \{T_8, T_9, T_{10}\}$。

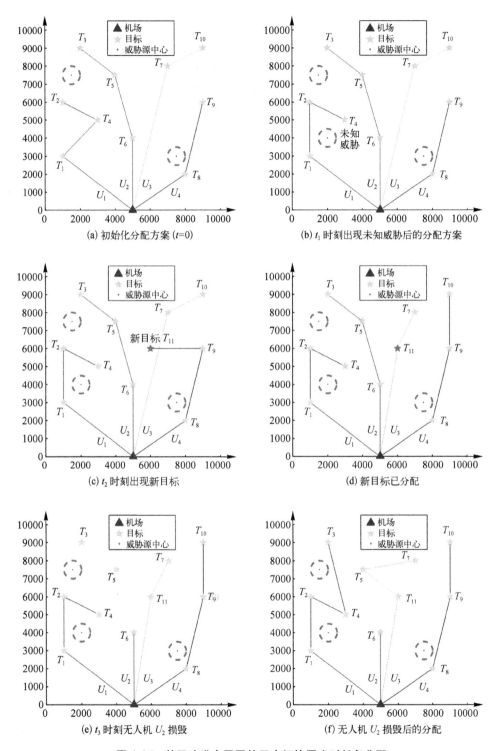

图 4.36　基于改进合同网的无人机协同实时任务分配

如图 4.36（e）、（f）所示，t_3 时刻无人机 U_2 在执行任务 T_6 后损毁，由地面站指定无人机 U_3 作为招标者对其未完成任务集进行拍卖。在投标截止时间内，三架无人机均递交标书。通过标书匹配，选择由无人机 U_1 和无人机 U_3 组合完成，无人机 U_1 通过买卖合同买入任务 T_3，无人机 U_3 通过买卖合同买入任务 T_5。此时无人机 U_1 任务序列为 $\text{Seq}_1 = \{T_1, T_2, T_4, T_3\}$，无人机 U_3 任务序列 $\text{Seq}_3 = \{T_{11}, T_5, T_7\}$。

4.4　无人飞行器协同制导控制方法

首先，对前面几章概述的群体智能与人工智能的现状进行总结，说明协同制导的重要意义，引出本章无人飞行器协同制导的内容。

4.4.1　从制导控制到协同制导

随着科技的高速发展，网络化和信息化也将纳入未来的作战体系中，可以预见以后的战争将是攻防双方体系与体系之间的作战，是以各类战略、战术导弹为主的攻击体系，和以各类远程预警雷达、动能拦截弹为代表的反导防御体系之间的作战。

多导弹协同攻击是面向未来作战需求的重要攻击方式。通过多弹协同，可以大幅提高突防能力、增强对目标的探测能力和毁伤能力，并且可以在拒止条件下通过弹间分布式的信息交互构建局部通信拓扑，提高任务完成概率。协同攻击的作战方式对单枚导弹的性能要求大大降低，导弹研制成本可大幅降低，实现低成本导弹协同对高成本目标的毁伤。多导弹协同作战模式利用导弹之间的性能互补与信息共享，把这些导弹组成一个作战网络集群，从而打破了传统单枚导弹孤立作战的模式。因此，协同作战效能远大于各枚导弹的效能之和，可以完成单枚导弹所不能完成的任务。

纵观武器装备的发展历程，从原始兵器"矛"与"盾"，到现代战略武器的"导弹与反导系统"，充分地体现了进攻性武器与防御性武器这一对矛盾共处于统一体中，在矛盾的斗争中不断向前发展。进攻方与防御方也分别从各自的角度，提出了对协同制导技术的需求，制导控制学科也逐渐在向协同制导控制的方向发展。

1. 进攻方的需求

自从弹道导弹问世以来，世界各国一直在寻找防御各种弹道导弹的途径，积极发展反导系统。以美国为首的北约国家，对导弹防御技术的发展和反导防御系统的部署给予高度重视。海湾战争中，美国成功地运用"爱国者"导弹拦截伊拉克的"飞毛腿-B"导弹，结束了"弹道导弹无克星"的历史，引起了世界各国的广泛关注。近十余年以来，美国战区导弹防御（Theatre Missile Defense, TMD）系统和国家导弹防御（National Missile Defense, NMD）系统的快速发展，严重削弱了传统弹道导弹的威慑力。相关资料显示，随着美国新研发的"萨德"导弹防御（Terminal High

Altitude Area Defense，THAAD)系统正式部署并形成战斗力,传统弹道导弹的突防能力将进一步下降一个数量级甚至更多。

在弹道导弹防御武器与技术不断发展的今天,研发有效应对导弹防御系统的作战手段与突防技术,是确保各类战略、战术导弹继续发挥应有军事作用的唯一途径,具有极为重要的战略意义。主要表现为:第一,突防手段是一种战略威慑力量,高效的突防手段将增加敌方防御系统的不确定性因素,极大动摇敌方的信心与决心;第二,突防手段是"力量倍增器",相较于没有突防手段的饱和攻击战术,有效的突防手段无需在热点地区部署大量的弹道导弹,可以节省经费开支,实现更好的作战效费比;第三,突防手段是不对称战略思想的具体体现,高效的突防手段会迫使敌方投入更大的经费来改进和完善反导防御体系,进而付出更大的代价。有关资料显示,为应对我方在进攻性武器上的一份投资,对方可能需要在导弹防御系统上投入一百份开销。

从进攻方的角度来看:

多导弹协同作战可以增加突防能力和打击能力。导弹之间可以实现信息互补和共享,各导弹在作战网络中充当不同的角色,执行不同的任务,进行有效的协调与配合。如俄罗斯研制的 P-700 花岗岩超音速反舰导弹就具有这种任务分配、目标选择以及自主编队攻击能力。

多导弹协同作战可以提高武器效费比。单枚导弹为了达到更好的作战效能,必须从各方面提高配置,极大程度提高研发成本和制造难度。而多枚导弹协同作战可以针对对方目标特性及防御特点,对多枚导弹进行合理的高低搭配,进而在保持同等作战效能的前提下,消耗最少的资源。

2. 防御方的需求

目前,已经部署或正在研制的战区导弹防御系统可根据区域的大小和被拦截导弹所处飞行阶段的不同分为三大类。第一类为"点防御"系统,也叫"末段"防御系统,即在来袭导弹飞行的末段实施拦截。主要用于保护如机场、港口、指挥、控制、通信中心以及机动作战部队等小型的区域。这类低层防御系统主要拦截在大气层内较低的高度(通常在 30 km 以下)来袭的战术弹道导弹。第二类为"区域防御"系统,又称中后段防御系统,在来袭导弹飞行中段的后段实施拦截。主要用于保护如城市或分散部署的重要设施等较大地区(直径 100~200 km 以上的地区)。这类高层防御系统的拦截范围主要是在大气层内高空(30 km 以上)或大气层外来袭的弹道导弹。第三类为"助推段/上升段拦截"系统,用于拦截刚发射不久、仍处于助推飞行段或上升飞行段的弹道导弹。根据部署方式的不同,战区导弹防御系统又可分为地基、海基和空基系统。根据不同的作战要求,把这些系统组合起来可形成各种各样的多层战区导弹防御系统。

从防御方的角度来看:

多导弹协同作战可以实现"侦察-打击一体化"的作战模式,达到战术隐身的目的。在侦察打击一体化作战的任务中,执行侦察任务的导弹可以通过信息共享和相互通信使执行打击任务的导弹得到目标的具体信息,从而对目标进行有效的攻击,实现战术隐身攻击的目的。比如在导弹的齐射攻击中,充当领弹角色的导弹一般在较高的弹道飞行,它可以最先发现目标,并且通过网络通信把目标信息发送给被领弹,被领弹之间可以进行任务的分配,如果领弹被敌方发现并拦截,被领弹可以自动锁定目标实施攻击,由此可以实现一体化的作战模式,达到战术隐身的目的。

多导弹协同作战可以提高目标识别能力与电子对抗能力。导弹协同作战是由不同攻击方向、不同通信频率以及不同类型的导弹完成的。在攻击过程中,敌方反导系统来不及探测与干扰从各个不同方向来袭的导弹,所以多导弹协同攻击可以有效增强命中准确率和电子对抗水平。其次,由于在协同攻击中导弹之间能够进行相互通信,能够实现关于目标的信息共享,因此可以准确对目标进行定位,提高目标识别精度。

多导弹协同攻击具有上述优点的同时,也给导弹制导与控制技术带来了新的挑战。制导律的研究对象从对单个导弹扩展到由多枚导弹组成的集群。在处理导弹个体姿态控制和轨迹制导的同时,需要处理多导弹系统的动态配合与协调。并且需要考虑导弹所能提供的控制能力(可用过载),以及在通信能力受限的情况下,完成对目标的协同攻击。单纯使用传统的制导控制方法,或多智能体协同控制理论,都难以实现这一任务,需要探索新的方法。

3. 协同制导原则

随着作战环境和作战任务的日益复杂多样,精确打击体系和多层防御系统都在日臻完善。美军先后提出的多种新型作战概念中,多次涉及无人飞行器集群的理念。该理念的核心即是将不同功能的无人机通过网络化协同,形成战场中传感器和打击武器的数量优势,并利用该优势消耗敌防空弹药,瘫痪敌防空体系,迫使敌无力招架,进而执行渗透侦察、诱骗干扰、饱和攻击、协同作战等作战任务。

无人飞行器集群可以实时感知战场态势,并根据态势进行机动的协同控制以及快速灵活的机动编组,实现自组织编队、自适应飞行、集体决策。如美国国防部高级研究计划局(Defense Advanced Research Projects Angency, DARPA)正在进行的"拒止环境协同作战"项目,使无人机集群可以协同并适应任务需求和不断变化的环境。

通过上述分析可见,无人飞行器的协同打击具有较高的作战效能,是当今军事作战的重点研究方向。因此制定有效的协同制导策略支持多无人飞行器协同攻击,以最小的代价、最大的成功概率、最低的风险命中目标,是协同制导领域的重点和难点。

在研究多对多协同制导问题时,要遵循以下几点原则。

一是通信层面。多导弹协同作战过程中,无论是目标协同感知探测、信息融合共享,还是决策信息传递、作战中导弹间相互配合,都要有稳定的通信链路为信息交互提供支撑。

二是信息层面。各导弹通过多传感器信息融合、互补和共享,可以增强导弹的电子对抗能力和目标识别能力,提高目标捕捉概率。在侦察打击一体化作战任务中,执行侦察任务的导弹还可以通过信息共享和相互通信使执行打击任务的导弹得到目标的具体信息,从而实现战术隐身。

三是决策层面。针对目标特性及防御特点,决策层对各导弹的配置进行合理搭配,使得各导弹在作战网络中执行不同的任务。通过导弹间协调与配合,可以在保持同等作战效能的前提下消耗最少的资源。

四是行动层面。即在目标分配的基础上,各导弹利用所获得的全部作战态势信息,在集群作战中互相配合,按照相应的协同制导策略,实现对目标的多层次、立体化协同打击。

上述几点原则中,协同制导策略的选择和制导律的设计直接影响目标命中概率,是多导弹协同控制的重点。下面两个小节将介绍协同制导方法的基本架构,并按照这一架构给出具体的协同制导策略。

4.4.2　无人飞行器集群协同制导模型建立

1. 开环协同制导模型

在打击过程中,母弹升空后在一定的位置释放出子导弹,形成多组多对一或一对一的防御网络,打击示意图如图 4.37 所示。

二维空间内的拦截几何如图 4.38 所示。

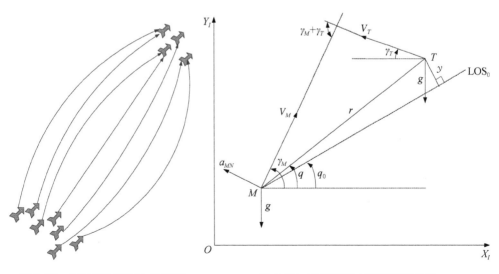

图 4.37　多对多协同打击示意图　　　图 4.38　二维空间内弹目拦截几何

$O_E X_I Y_I$ 是以发射点为原点的惯性坐标系。导弹与目标始终在同一铅垂面上运动,即弹道坐标系的 OZ_1 轴与弹体坐标系的 OZ_2 轴重合。r 是弹目相对距离。V_M、V_T 是弹目速度,γ_M、γ_T 是弹目弹道倾角。q 是视线角,q_0 是前一个时刻的视线角。交会角为 $\gamma_M + \gamma_T$,其期望值为 θ_f。y 是 r 在垂直于初始视线方向 LOS_0 的投影,其期望值为 0。导弹和目标都受重力加速度 g 的作用,此外,导弹还受发动机施加的法向过载在弹道系下垂直于速度矢量的投影 a_{MN} 的作用。

2. 闭环协同制导模型

闭环式协同制导主要介绍分布式协同制导方法,采用一种"两阶段"协同制导策略。第一阶段采用使多枚导弹攻击阵位实现渐进一致的协同制导律。该制导律基于非线性动态逆的设计方法,设计了基于局部单向通信的多导弹协同攻击的分布式协同制导律。给出了该制导律在局部单向通信下有效的充分条件。当多枚导弹的攻击阵位实现一致性收敛后,第二阶段制导策略启动,导弹断开彼此的通信链接,采用比例导引(proportional navigation guidance, PNG)攻击目标。最终多枚导弹同时命中,形成"多对一"的打击态势。

不失一般性,设共有 N 枚导弹攻击高价值战略目标,$i = 1, 2, \cdots, N$ 是导弹编号,协同攻击策略段示意图见图 4.39。

考虑铅垂面 $X - Z$ 平面的制导问题。图 4.40 中,R_i 表示弹目距离,V_i 与 n_i 分别表示导弹的飞行速度与法向过载;(x_i, z_i) 表示导弹的位置坐标;θ_i、q_i 与 η_i 分别表示导弹的弹道倾角、视线角与前置角。

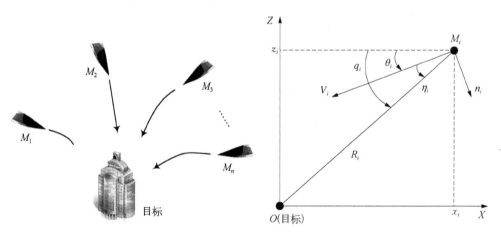

图 4.39　多导弹协同攻击示意图　　　图 4.40　导弹自寻的导引图

导弹与目标的相对运动学方程可表示为

$$\begin{cases} \dot{R}_i(t) = - V_i \cos \eta_i(t) \\ \dot{q}_i(t) = V_i \sin \eta_i(t) / R_i(t) \\ \dot{\theta}_i(t) = n_i(t) g / V_i \end{cases}$$

式中，g 表示重力加速度，$\eta_i(t) \in [0, \pi]$，$\eta_i(t)$、$q_i(t)$ 与 $\theta_i(t)$ 满足如下关系：

$$\eta_i(t) = q_i(t) - \theta_i(t)$$

工程应用中，常采用比例导引法，则 $n_i(t)$ 可表示为

$$n_i(t) = kV_i\dot{q}_i(t)/g$$

式中，k 表示 PNG 导引法的比例常数，通常取 $k \in [3, 6]$。联立可得

$$\dot{\eta}_i(t) = (1 - k)V_i\sin\eta_i(t)/R_i(t)$$

当 k 与 V_i 为定值时，导弹的剩余飞行时间只与 $R_i(0)/V_i$ 和 $\eta_i(0)$ 有关。设 $r_i(t) = R_i(t)/V_i$，则制导模型可处理为如下形式：

$$\begin{cases} \dot{r}_i(t) = -\cos\eta_i(t) \\ \dot{\eta}_i(t) = u_i(t) \end{cases}$$

式中，$u_i(t)$ 为制导模型的输入：

$$u_i(t) = \sin\eta_i(t)/r_i(t) - \bar{n}_i(t)g/V_i$$

式中，$\bar{n}_i(t)$ 为协同制导律的侧向过载指令。则协同制导问题可以描述为：对上式描述的二阶非线性系统，通过设计合适的 $\bar{n}_i(t)$，使得 N 枚导弹的 $r_i(t)$ 与 $\eta_i(t)$ 收敛到相同值，并且 $\dot{r}_i(t) < 0$，即

$$\begin{cases} \lim_{t \to \infty} | r_i(t) - r_j(t) | \to 0 \\ \lim_{t \to \infty} | \eta_i(t) - \eta_j(t) | \to 0 \end{cases}$$

本节提出如下协同攻击策略：设计协同制导律，使得 N 枚导弹的 $r_i(t)$ 与 $\eta_i(t)$ 收敛到相同值。随后导弹断开通信链接，采用 PNG 导引法攻击目标。N 枚导弹同时命中目标，形成"多对一"的打击态势。

导弹之间的通信拓扑结构可以用图论描述。设导弹组成的通信网络可以用有向图 G_N 表示。有向图 G_N 的邻接矩阵定义为 $W_N = [w_{ij}] \in \mathbb{R}^{N \times N}$，其中 w_{ij} 表示 G_N 节点之间的通信权重。定义加权拉普拉斯矩阵 $L_N = [l_{ij}] \in \mathbb{R}^{N \times N}$：$l_{ij} = -w_{ij}$ 且 $l_{ii} = \sum_{i \neq j} w_{ij}$。则加权拉普拉斯矩阵 L_N 满足下列特性：

$$l_{ij} \leq 0, \; i \neq j, \; \sum_{j=1}^{N+1} l_{ij} = 0, \; (i = 1, 2, \cdots, N, N+1)$$

如果有向图 G_N 中有一个节点至少存在一条有向路径到其他所有节点，那么称该有向图包含生成树，称该节点为生成树的根节点。

引理 4.1[5]：有向图 G_N 包含生成树的充分必要条件为 G_N 的加权拉普拉斯矩

阵 L_N 含有 1 个零特征根,并且其他特征根均具有正实部。

对本节描述的二阶非线性系统进行反馈线性化处理,作变量代换:

$$\begin{cases} F_i(t) = r_i(t) \\ G_i(t) = -\cos\eta_i(t) \end{cases}$$

式中, $G_i(t) \in [-1, 1]$。反馈线性化后,制导系统可处理为如下二阶线性系统:

$$\begin{cases} \dot{F}_i(t) = \dot{r}_i(t) = G_i(t) \\ \dot{G}_i(t) = H_i(t) \end{cases}$$

式中, $H_i(t)$ 为二阶线性系统的输入信号:

$$H_i(t) = u_i\sin[\eta_i(t)]$$

则协同制导问题可转化为:设计合适的输入信号 $H_i(t)(i = 1, 2, \cdots, N)$, $\forall i \neq j$,使得线性系统满足下列条件:

$$\begin{cases} \lim_{t \to \infty} |F_i(t) - F_j(t)| \to 0 \\ \lim_{t \to \infty} |G_i(t) - G_j(t)| \to 0 \end{cases}$$

则可以联立求得 u_i 和 $\tilde{n}_i(t)$。给出用于实现协同攻击的 $H_i(t)$ 表达式如下:

$$H_i(t) = -\alpha k_c [G_i(t) - G_{\text{ref}}]$$
$$- k_c \sum_{j=1}^{N} w_{ij}\{[F_i(t) - F_j(t)] + \beta[G_i(t) - G_j(t)]\}, \quad (i = 1, 2, \cdots, N)$$

式中, $w_{ij} \geq 0$ 为导弹之间的通信权重,当第 i 枚导弹能够接到第 j 枚导弹的信息时, $w_{ij} > 0$,否则 $w_{ij} = 0$; G_{ref} 为 $G_i(t)$ 的参考值; α、β 为权重系数; k_c 为比例系数。其中, $\alpha > 0$, G_{ref}、β、k_c 的取值范围将在之后的分析中给出。

定理 4.1:协同拦截达成的充分条件如下。

导弹通信拓扑组成的有向图 G_N 包含有向生成树,并且比例系数 $k_c > 0$,参考值 $G_{\text{ref}} \in [-1, 0)$,权重系数 β 满足:

$$\beta > \max_{\rho_i \neq 0} \sqrt{\frac{2}{k_c |\rho_i| \cos\left(\tan^{-1}\dfrac{\text{Im}(\rho_i)}{-\text{Re}(\rho_i)}\right)}}$$

式中, $\rho_i(i = 1, 2, \cdots, N)$ 为矩阵 $-L_N$ 的特征根; $\text{Re}(\rho_i)$ 与 $\text{Im}(\rho_i)$ 分别表示特征根 ρ_i 的实部与虚部。

4.4.3　无人飞行器集群协同制导算法

1. 协同制导架构

多导弹协同作战的核心是通信和作战网络结构。目前国内外对于多飞行器协同制导与控制技术的研究,从通信和作战网络结构的角度分析,主要可以分为 2 种模式,分别是基于攻击时间控制策略的"开环式"制导方法以及基于弹间通信拓扑的"闭环式"制导方法。由于飞行器之间缺少通信,"开环式"制导方法又被称为"独立导引"(individual homing)方法;与之相对应,"闭环式"制导方法又叫作"协同制导"(cooperative homing)方法。根据飞行器在进攻网络拓扑中地位的不同,"闭环式"又可以分为基于异构策略(主飞行器-从飞行器)和基于同构策略(各飞行器在通信拓扑中地位完全平等)的协同制导律。多导弹协同作战架构图如图4.41 所示。

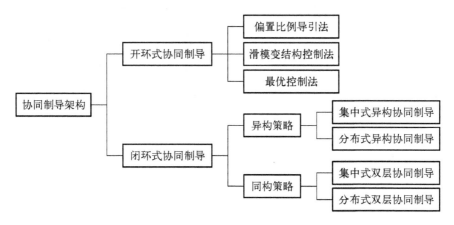

图 4.41　协同制导架构

开环式协同制导,即指发射前为各导弹设定好期望命中时间和交会角约束,飞行过程中各导弹不进行信息交流共享,其本质是一种独立导引方法[6]。值得指出的是,传统的导引方法(如比例导引法、追踪法、平行接近法与三点法)一般只以命中目标(把弹目距离控制到零)作为设计导引律时的目标。而考虑"攻击时间约束"的制导律的目的是在规定时间把弹目距离控制到零,即在传统三维制导的基础上,叠加时间维度作为第四个维度。为形成围捕态势,开环式协同制导也会对交会角度加以控制。其控制方法主要包括偏置比例导引、滑模控制、最优控制等[7]。

Harrison[8]提出了一种可以同时控制遭遇时间与终端角度的混合制导律,该制导律具有不同工作模式,可以根据需要在控制终端角度模式和控制遭遇时间模式进行切换。赵启伦等[9]在 Zhao 等[10]的基础上,研究了高超声速武器与常规导弹的协同攻击问题,给出了能够同时满足遭遇时间、终端角度和法向过载约束的协同攻击策略。上述开环式协同制导方法尽管可以实现协同攻击,但是多导弹之间缺少通信交互与协商,需要在发射前人为地为每枚导弹预设遭遇时间,导弹并不能自主完成协同攻击,并不能称作真正意义上的协同。

闭环式协同制导与之相反,发射前无需设定每个导弹的期望值,对目标的协同攻击通过导弹间的信息交流和相互配合实现。按导弹在进攻拓扑网络中地位的不同,闭环式协同制导可以分为异构式和同构式两种。异构式采用"领弹-从弹"通信架构,而同构式中各导弹在通信拓扑中的地位"完全平等"。按导弹在集群中通信拓扑结构的不同,闭环式协同制导还可以分为集中式和分布式两类。集中式通信基于全局信息,在集群中存在一枚或多枚导弹能够与所有导弹进行信息交流。分布式通信基于局部信息,集群中的导弹仅能与若干枚相邻导弹进行信息交流。

2. 开环式协同制导

开环式协同制导把协同制导问题处理为考虑交会时间和交会角度约束的控制问题。通过对敌我双方态势预判,在协同攻击发起前为各导弹装订期望交会时间和交会角。打击过程中,各导弹分别按照指定的攻击时间和交会角,独立完成攻击任务,在攻击过程中没有通信联络。值得指出,传统的导引方法,例如比例导引法、追踪法、平行接近法与三点法等,一般只以零脱靶量作为导引律的设计目标。而开环式协同制导在传统三维导引的基础上,叠加时间和角度约束,对制导律的设计提出了更高要求。其协同控制方法主要包括偏置比例导引、滑模控制、最优控制法等[11]。

1)基于比例导引的攻击时间控制导引律

比例导引法是指导弹在攻击目标的导引过程中,导弹速度矢量的旋转角速度与视线角速度成比例的方法,其导引关系方程为

$$\frac{\mathrm{d}\gamma_M}{\mathrm{d}t} = K\frac{\mathrm{d}q}{\mathrm{d}t}$$

比例导引前段弯曲而后段平直的弹道特性,使导弹的机动能力既能在制导初期得到充分的发挥,又能在制导后期得到较充足的保留。通过合理设置参数,可达到全方位攻击的效果,且实现起来较为容易。偏置比例导引在比例导引基础上,增加角度误差修正项和时间误差反馈项,在保证命中目标的同时,控制导弹的攻击角度和攻击时间。

不同于线性化导引模型采用飞行器加速度对时间的导数作为控制输入的策略,基于偏置比例导引的带攻击角度和攻击时间控制导引律[12]直接采用飞行器加速度作为导引系统的控制输入。所设计的导引律共由3项组成:第1项为传统的比例导引律,用来保证飞行器击中目标;第2项为与攻击角度误差有关的项,用来控制攻击角度;第3项为与攻击时间误差有关的项,用来控制攻击时间。

2)滑模变结构控制法

滑模变结构控制法,是按照系统期望的动态特性构造一个切换超平面,使得系

统状态能够在滑模控制器的作用下向该平面收敛。当系统达到切换超平面后,控制作用能够保证系统沿切换超平面到达系统原点。滑模控制器的设计一般分为确定切换函数和设计滑模控制器两个步骤。由于系统特性只与设计的切换超平面相关而不受外界的干扰的影响,所以 SMC 能够克服系统的不确定性,对干扰和未建模动态具有很强的鲁棒性,尤其是对非线性系统的控制具有良好的效果。其缺点在于,当状态轨迹到达滑模面后,难以严格沿着滑动模态面向平衡点滑动,而是在其两侧来回穿越地趋近平衡点,从而产生抖振。其算法简单,响应速度快,鲁棒性强等优点使得其在制导控制领域得到了广泛的应用。

　　文献[13]基于不同的导航比对应不同的攻击时间这一原理,依据攻击时间误差实时在线计算所需的导航比,并据此调整比例导引法[14]中的导航比,从而实现对了攻击时间的控制。这种导引律类似于变系数比例导引律。文献[15]以文献[16]的攻击角度控制导引律为基础,设计了基于滑模控制的攻击时间控制导引律;进而设计了一种切换逻辑,当攻击时间误差大于某一阈值时,切换到所设计的攻击时间控制导引律,而当攻击时间误差小于某一阈值时,切换到攻击角度控制导引律,最终实现对攻击时间和攻击角度的兼顾控制。此外,文献[17]根据剩余时间的解析表达式,基于滑模控制理论设计了攻击时间控制导引律。文献[18]将带攻击角度约束的攻击时间控制导引问题归结为总控制能量最优的两点边值问题,进而依据最优问题解的必要条件推导得到最优反馈控制导引律。导引律中的参数通过运用打靶法求解最优的总控制能量来确定。

　　3)基于最优控制的交会角和攻击时间控制导引律

　　对于高阶系统或多输入多输出的系统,采用经典控制的方法很难获得令人满意的控制性能,促使学者提出了以最优控制、最优滤波和系统辨识等理论为基础的现代控制框架。1956~1960 年,庞特里亚金等提出的极大值原理将最优控制问题转化为具有约束的非经典变分问题。同时,贝尔曼等发展了变分法中的哈密顿-雅可比理论,逐步形成动态规划方法。考虑如下系统:

$$\dot{X}(t) = f[X(t), U(t), t]$$

式中,$X(t)$ 为 n 维状态向量;$U(t)$ 为 m 维控制向量;$f[X(t), U(t), t]$ 是 n 维连续可微向量函数。设定的性能指标如下:

$$J = \phi[X(t_f), t_f] + \int_{t_0}^{t_f} F[X(t), U(t), t]\mathrm{d}t$$

　　最优控制的目标就是求出使得性能指标取得极值的最优控制 $U^*(t)$,以及在这种控制作用下,满足系统状态方程的极值轨迹 $X^*(t)$。

　　随着武器系统要求的提高,仅仅考虑脱靶量约束的最优制导方法已经不能满足日益增长的军事需求。为实现交会时间及交会角约束,首先设计带交会角约束的最优制导律。通过为制导指令附加时间修正项,改变弹道弯曲的形状及航迹长度,从而调节攻击时间。

假定待设计的攻击时间控制导引律具有形如 $a_n = a_B + a_F$ 的结构。其中,a_B 用于实现零脱靶量,a_F 用于调整攻击时间。为求解 a_B,先假定 a_F 为常数。进而,以最小化关于 a_B 的二次型性能指标函数为目的,运用极大值原理求得 a_B 的解析表达式。a_B 的表达式除与导引的初始条件和终端条件有关外,仅与 a_F 相关。结合 a_B 的表达式和导引方程,并利用小航迹角假设(即假定导引过程中飞行器的航迹角较小),可求得飞行器剩余时间 t_{go} 与 a_F 的关系式(注意,令 $a_F = 0$,t_{go} 的值即为 a_B 作用下的剩余时间 t_{go})。因 $t_{go}(0) = t_d$,从而可得出 a_F 为关于当前攻击时间误差 ξ 的函数。至此,a_B 和 a_F 的表达式都已得出,导引律 a_n 的具体形式也就得出了。

上述结果可进一步拓展用于同时控制攻击角度和攻击时间。它以飞行器的加速度的时间导数作为导引系统的控制输入来设计导引律,以增加一个控制维度来控制攻击角度。假设待设计的飞行器加加速度指令具有 $G(t) = g(t) + g_0$ 的形式。其中,$g(t)$ 用来保证飞行器按照指定的角度击中目标;g_0 用来调整攻击时间。

应该注意的是,在求解最优问题时,选取的性能指标不是关于 a_n[或 $g_0(t)$] 的二次型函数,而是关于 a_B[或者 $g_0(t)$] 的二次型函数。因此,所推导出来的导引律并非总控制能量最优的导引律。此外,在导引律的推导过程中,它们均采用了小航迹角假设来线性化导引模型。并且,在估算剩余时间时,也运用了小航迹角假设。因此,这种导引律不适用于初始航迹角或者指定的攻击角度较大的情形(这种情形下弹道偏通常较大)。为此,可以引入非线性误差补偿项来改善导引性能[19]。Shaferman 和 Shima[20] 基于最优控制理论,研究了多枚飞行器以特定攻击角度拦截移动目标的问题。文献[21]对于高超声速飞行器与常规飞行器的协同攻击问题,给出了能够同时满足遭遇时间、终端角度和法向过载约束的协同攻击策略。

3. 闭环式协同制导

从通信拓扑的角度来看,协同制导属于“闭环式”方法。根据导弹在进攻网络拓扑中地位的不同,“协同制导”又可以分为基于“领弹-从弹”(又称“主-从飞行器”)架构的协同制导律,以及分布式协同制导律(通信网络内各节点地位平等)。

1)基于“领弹-从弹”架构的异构体协同制导律

张友安等[22,23]研究了在二维横侧向平面下,领弹与从弹协同攻击固定目标的问题,领弹采用比例导引法,从弹对领弹进行跟踪,给出了从弹的法向过载指令与轴向过载指令表达式。Zhao 等[24]进一步考虑了领弹与从弹协同拦截机动目标时的情况。为了保证领弹的剩余时间总是大于从弹的剩余时间,作者设计了一套可以根据作战阵位在线调整制导参数的自适应算法。马国欣等[25]研究了三维空间下,领弹与从弹对固定目标的协同制导问题。作者在横侧向与纵向两个平面进行解耦设计,在纵向平面采用增广比例导引法,在横侧向平面使多导弹的弹目距离实现渐进一致。王晓芳等[26]以目标飞行的轨迹为虚拟目标点,使用最优控制的方法为从弹设计了跟踪制导律。为了减小从弹的需用过载,作者还对虚拟目标点组成的轨迹线进行了一定的优化。

上述研究尽管可以实现领弹与从弹的协同攻击,但在推导的过程中假设通信拓扑是全向连通(fully-connected)的,这种拓扑会消耗较大的通信资源,不利于成员数量的扩展[27]。

为了减少通信资源的占用,邹丽等[28]基于协调变量的思想设计了从弹的协同制导律。作者以目标为领弹,以位置与速度为协调变量,给出了分布式协同制导指令的表达式,通过合理的权值选取,可以保证从弹对目标的跟踪,进而完成协同攻击任务。这里协调变量是指实现协同任务所需的最少信息量[29]。孙雪娇等[30]、周锐等[31]研究了导弹自动驾驶仪动态特性对协同制导律的影响。王青等[32]研究了网络传输时延以及拓扑不确定下的制导律设计分析问题。考虑到以位置为协调变量,基于一致性算法设计协同制导律,这种方式可能会引起末制导段导弹之间发生碰撞,后德龙等[33]设计了具有避碰能力的协同制导律。文献[34]研究了多个导弹编队的协同攻击问题。多个导弹编队之间通过各自通信拓扑生成树的根节点进行通信。通过在线互相传递期望的剩余时间,在协同制导律的引导下,不同编队之间得以实现对各自目标的协同攻击。为改善拦截高速大机动目标时的弹道特性,文献[35]、[36]基于改进比例导引法与二阶一致性算法设计了协同制导律。领弹负责探测机动目标的运动信息。未配备导引头的从弹,利用通信链路对领弹的弹道进行跟踪。文献[37]考虑了通信网络中同时存在时延与跳变时,领弹与从弹的协同制导律设计与分析问题,通过求解线性矩阵不等式,给出了多导弹能够实现协同攻击的充分必要条件。

2)分布式协同制导律

与异构体协同制导律不同,分布式协同制导网络架构内的成员地位平等。文献[38]提出了一种"双层式"协同制导策略,以各枚导弹的剩余时间为协调变量,底层使用文献[12]提出的时间控制制导律,上层叠加一个集中式协调单元,用于求取攻击网络中各枚导弹剩余时间的加权平均值,并把求得的加权平均值广播给各枚导弹。文献[39]、[40]以各枚导弹的剩余时间之差作为协调变量,将攻击时间的协调一致问题转化成为分歧系统的镇定性问题进行求解。文献[41]基于比例导引法设计了一套变导航比的协同制导律。参加协同攻击的各枚导弹通过数据链分享彼此的剩余时间估计值,当某一枚导弹的估计剩余时间大于攻击网络的平均值时,该导弹通过在增大自身的导航比来使弹道变得平直,进而"追赶"其他成员;反之,则通过减小导航比(甚至使导航比成为一个负数[42])的方式使弹道变得弯曲,以"等待"其他成员。文献[43]、[44]基于滑膜控制理论,研究了多导弹系统攻击时间的在线协调一致问题。文献[45]研究了攻击时间与终端角度的协同制导律。注意到当前置角为 0 时,文献[41]、[43]中的制导律将会失去在线调节攻击时间的能力,即发生了"奇异",文献[46]在文献[41]的基础上添加了一个滑膜控制补偿项,消除了"奇异"问题带来的不利影响。

为降低通信网络的资源消耗,文献[47]~[50]基于邻居信息,设计出了只依赖局部信息交互的协同制导律,并给出了保证协同制导有效的参数选取方法。文献[51]使用文献[47]的方法,对通信拓扑存在切换的情况进行了研究,通过数值仿真的方式验证了文中设计的协同制导律。文献[52]使用文献[41]的剩余时间估计方法,考虑了拦截机动目标时的分布式协同制导律设计问题。通过平均一致算法,多导弹的攻击时间最终将收敛到各枚导弹的剩余时间平均值。文献[53]、[54]拓展了文献[52]中的理论,构造了三维空间下打击固定与机动目标的分布式协同制导律。文献[55]在文献[52]的制导律表达式中添加了一个偏置项,用来实现对飞行禁区的规避。文献[56]使用模型预测控制的方法,设计出了具有更好动态特性的分布式协同制导律。为了加快攻击网络中各枚导弹攻击时间的收敛速度与精度,文献[57]~[59]设计了能够在有限时间实现攻击时间协调一致的分布式协同制导律。文献[60]、[61]研究了多导弹通信网络中存在传输时延以及不确定性噪声情况下的协同制导律构造问题。文献[62]、[63]给出了能够同时满足攻击时间与终端角度协调一致要求的分布式协同制导律。文献[64]、[65]结合最优控制理论研究了分布式协同制导律的设计问题。

值得指出的是,剩余时间估计的难题同样在一定程度上影响了分布式协同制导律的控制精度。在传统的小角度线性化假设的研究方法下,前置角越大,剩余时间的估计误差就越大,如果采用分段线性化的方式,又会大幅度增加制导律的运算量[21]。为避开剩余时间难以估计的问题,文献[66]~[69]对弹目相对运动方程进行了反馈线性化处理,将攻击时间的协调一致问题转化为了弹目距离与前置角的一致性问题。文献[70]~[72]基于有向图研究了固定拓扑与切换拓扑下的分布式协同制导律设计与分析,给出了多导弹达成协同攻击的充分条件。考虑到作战过程中,可能存在多个目标的情况,文献[73]、[74]引入了"组内通信"与"组间通信"的概念,设计了分布式分组协同制导律。分组协同制导律既可以用于对多个固定目标实现同时打击,又可以实现攻击时间上的先后协同,即多个攻击小组以特定时序完成对各自目标的协同打击。文献[75]在文献[70]的基础上,进一步考虑了信息传输中存在丢包时的情况,给出了所能容忍的信息传输丢失数量上界。为保证协同攻击过程中,导引头始终能够实现对目标的锁定与跟踪,文献[76]、[77]考虑了视场角受限情况下的分布式制导律设计。

对于多导弹协同拦截大机动目标的问题,文献[78]分析了每枚拦截弹的可达区,指出合理的拦截阵位可以有效增大我方拦截弹的联合可达区,实现多枚机动能力较弱的拦截弹对单个机动能力较强目标的拦截。换而言之,通过合理的中制导占位,在迎面拦截的情况下,理想的拦截编队构型可以保证无论目标向哪个方向机动,总有一枚拦截弹能够实施对目标的拦截。文献[79]对拦截弹群组的编队构型设计进行了研究,构建了编队密集程度与拦截成功率的函数关系。通过合理的编队构型设计,多枚我方导弹可以组成一条"拦截链"(interception chain),在二维横侧向平面可以有效应对目标的大机动规避动作。文献[80]指出理想的编队构型不仅可以提高对高速大机动目标的拦截效果,同时还可以改善我方多导弹系统的通信效果。实际应用中,受限于尺寸或者重量限制,某些种类的导弹可能无法装备具有 360° 全向通信功能的天线模块,为了节省空间与能源,导弹只具备定向通信能力,并且有效通信距离是有限的。在这种情况下,为了确保多导弹系统能够始终维持彼此的通信连接,必须要根据天线的有效通信角度与距离,设计特定的编队构型。文献[78]~[80]研究的均是多枚导弹同时发射的情况,文献[81]提出了一种全新的"打看打"协同拦截策略,通过合理的发射时机选择与制导律设计,前序发射的拦截弹可以协助后续拦截弹完成对机动目标的探测与跟踪。

4.4.4　仿真实例

以上小节从协同制导的必要性、基本原则、策略架构等方面对协同制导策略做了详尽的阐述。以此为出发点,本小节将通过详尽的推导和仿真,对各种算法的性能进行更加直观的分析。

1. 开环式协同制导算法

开环式协同制导方面,将以最优控制为典型算法,通过对交会角和能量进行约束,实现对目标的协同围捕。导弹间的信息交换用于提高导弹的抗干扰能力和目标的捕捉概率,而各个导弹制导指令的生成是相对独立的。因此可以将多个导弹多角度同时打击多个目标的制导律设计问题转化为多组给定交会时间约束下多对一制导律设计问题,并进而转化为多组给定交会时间和交会角约束下一对一制导律设计问题考虑。

根据 4.4.2 节的开环协同制导模型,可以将二维弹目法向机动方程可以表示如下:

$$\dot{\gamma}_T = \frac{a_T}{V_T}$$

$$\dot{\gamma}_M = \frac{a_M}{V_M}$$

将 y 对时间微分,得到:

$$\dot{y} = V_T\sin(\gamma_T + q_0) - V_M\sin(\gamma_M - q_0)$$

将 $\dot{y}$ 对时间微分,得到 $\ddot{y}$ 如下:

$$\dot{y} = \dot{V}_T\sin(\gamma_T + q_0) + a_T\cos(\gamma_T + q_0) - \dot{V}_M\sin(\gamma_M - q_0) - a_M\cos(\gamma_M - q_0)$$

定义系统的状态向量 X 如下:

$$X = \begin{bmatrix} x_1 \\ x_2 \\ x_3 \end{bmatrix} = \begin{bmatrix} y \\ \dot{y} \\ \gamma_M + \gamma_T \end{bmatrix}$$

则系统的状态空间表达式可以写成:

$$\dot{X} = A(t)X + B(t)a_M + C(t)$$

其中,

$$A(t) = \begin{bmatrix} 0 & 1 & 0 \\ 0 & 0 & 0 \\ 0 & 0 & 0 \end{bmatrix}$$

$$B(t) = \begin{bmatrix} 0 \\ -\cos(\gamma_M - q_0) \\ 1/V_M \end{bmatrix}$$

$$C(t) = \begin{bmatrix} 0 \\ \dot{V}_T\sin(\gamma_T + q_0) + a_T\cos(\gamma_T + q_0) - \dot{V}_M\sin(\gamma_M - q_0) \\ a_T/V_T \end{bmatrix}$$

为了最小化能量代价,二维情况下的损失函数可以设计成如下形式:

$$J = \frac{1}{2}\int_{t_0}^{t_f} u^2 \mathrm{d}t$$

其中,$u = a_M$ 为弹道系下导弹实际的法向加速度。根据系统的状态方程可以得到 $x_1 = y$,$x_2 = \dot{y} = \dot{x}_1$,$x_3 = \gamma_M + \gamma_T$。则哈密尔顿函数 H 可以写作:

$$H = \frac{1}{2}u^2 + \lambda_1 x_2 + \lambda_2 \dot{x}_2 + \lambda_3 \dot{x}_3$$

将 H 对 u 求导,可得系统的控制方程:

$$\frac{\partial H}{\partial u} = u - \lambda_2\cos(\gamma_M - q_0) + \lambda_3/V_M = 0$$

解之,可得 u 的表达式为

$$u = \lambda_2 \cos(\gamma_M - q_0) - \lambda_3 / V_M$$

系统的终端状态 $x_1(t_f)$、$x_3(t_f)$ 固定，$x_2(t_f)$ 自由。这是一个终端状态部分固定系统的制导律设计问题。系统的协态方程为

$$\begin{cases} \dot{\lambda}_1 = -\dfrac{\partial H}{\partial x_1} = 0 \\[2mm] \dot{\lambda}_2 = -\dfrac{\partial H}{\partial x_2} = -\lambda_1 \\[2mm] \dot{\lambda}_3 = -\dfrac{\partial H}{\partial x_3} = 0 \end{cases}$$

λ_2 的确定需要补充截止条件：

$$\lambda_2(t_f) = \frac{\partial \phi}{\partial x_2(t_f)}$$

联立求解，即可得到 u 的最终形式：

$$u = k_1 t_{go} \cos(\gamma_M - q_0) - k_3 / V_M$$

其中，$t_{go} = t_f - t$ 表示剩余飞行时间。根据当前时刻的弹目相对距离 r 和视线方向的相对速度 $\dot{r}$ 可以估计出该时刻的剩余飞行时间为

$$t_{go} = -\frac{r}{\dot{r}}$$

根据

$$\begin{bmatrix} x_1(t_f) \\ x_3(t_f) \end{bmatrix} = D \left[\Phi(t_f, t) X(t) + \int_t^{t_f} \Phi(t_f, \zeta) C(\xi) d\xi \right] + D \int_t^{t_f} \Phi(t_f, \xi) B(\xi) u(\xi) d\xi$$

$$D = \begin{bmatrix} 1 & 0 & 0 \\ 0 & 0 & 1 \end{bmatrix}$$

$\Phi(t_f, t)$ 为状态转移矩阵，可以写成：

$$\Phi(t_f, t) = L^{-1} \left[(sI - A)^{-1} \right]$$

利用系统的终端状态 $x_1(t_f)$ 和 $x_3(t_f)$，求解 k_1 和 k_3，便可以得到系统的控制输入 u。

下面将通过仿真分析验证交会角约束的能量最优制导律对交会角、脱靶量及能量代价控制上的有效性。零控脱靶量的表达式为

$$\mathrm{Zem} = r \sqrt{1 - \left(\frac{(V_M - V_T) \cdot r}{|V_M - V_T| \cdot r} \right)^2}$$

能量消耗定义为

$$E = \int_{t_0}^{t_f} |u_{mq}| \, dt$$

导弹在重力加速度下飞行,且受垂直于弹体方向的法向过载控制。目标仅在重力加速度作用下飞行。仿真的时间步长设为 0.001 s。末端期望的交会角取 −40°~40°。制导的初始条件见表 4.10。

表 4.10　初始值

变　　量	初　始　值
导弹位置/km	(100, 200)
目标位置/km	(500, 600)
导弹初速度/(km/s)	4
目标初速度/(km/s)	5
$\gamma_M/(°)$	45°
$\gamma_T/(°)$	−45°

仿真结果如图 4.42~图 4.49 所示。

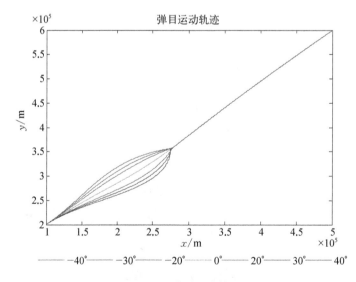

图 4.42　弹目运动轨迹

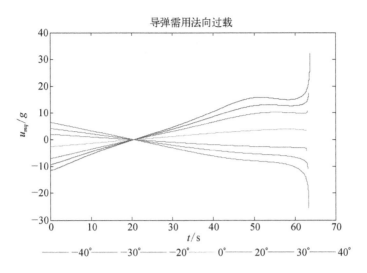

图 4.43　导弹需用弹体法向过载

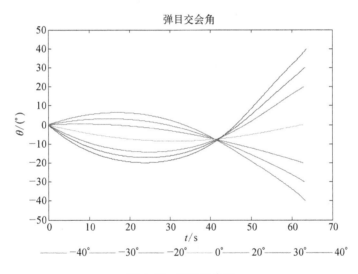

图 4.44　弹目交会角

图 4.42~图 4.49 分别为弹目运动轨迹、需用法向过载、交会角、v_q、y、$\dot{y}$、交会角偏差,以及零控脱靶量。从图中可以看出,导弹的需用法向过载在制导初期的值较大,随后减小至零,然后再反向增大。在法向过载的作用下,导弹先拉出一个角度,随后再收回,以形成期望的交会角。图 4.45 表明,v_q 随时间逐渐收敛到零,这也会使得控制的状态变量 y 和 $\dot{y}$ 逐渐收敛到零。图 4.46 和图 4.47 的曲线也证明了这一点。图 4.48 和图 4.49 分别是交会角偏差和零控脱靶量的变化。可以看出,在所有给出的期望攻击角下,零控脱靶量和交会角偏差都可以随时间逐渐收敛到零,即导弹可以给定的交会角成功命中目标。

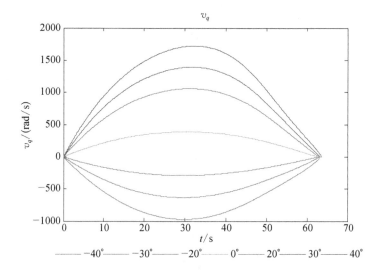

图 4.45　v_q 变化曲线

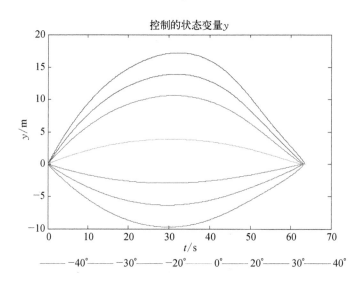

图 4.46　控制的状态变量

表 4.11　命中时刻状态值

交会角/(°)	-40	-30	-20	0	20	30	40
终端脱靶量/m	0.000 236	0.000 058	0.000 004	0.000 013	0.000 05	0.000 058	0.000 298
交会角偏差/(°)	-0.007 18	-0.003 04	-0.000 74	0.000 849	0.002 903	0.003 86	0.009 355
总能量消耗/g	325.833 6	210.096 9	96.213 35	126.870 5	344.387 1	451.640 9	558.636 2

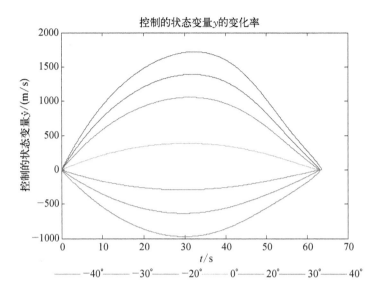

图 4.47　控制的状态变量 $\dot{y}$ 变化曲线

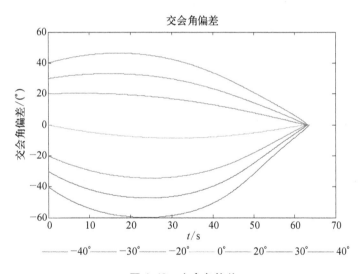

图 4.48　交会角偏差

表 4.11 记录了终端脱靶量、交会角偏差及总能量消耗。脱靶量的绝对值的范围为 0.000 004 m 到 0.000 298 m,交会角偏差的范围为−0.000 74°到 0.009 355°,达到了攻击时对脱靶量和交会角精度的要求,证明了本节提出的开环协同制导律对交会角、脱靶量和能量约束上的有效性。

2. 闭环式协同制导算法

本节将根据 4.4.2 节建立的闭环协同制导模型,通过仿真分析验证上述分布式闭环协同制导方法的有效性。设共有 4 枚导弹执行协同攻击任务,参考某型导

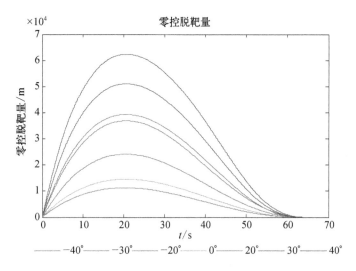

图 4.49 零控脱靶量

弹末制导段攻击过程,导弹的初始条件如表 4.12 所示,目标静止于原点。给定导弹可用过载为 $3g$。导弹通信拓扑如图 4.50 所示,可以看到 4 枚导弹在通信拓扑中地位平等,且均只能与邻居进行单向局部通信。通信拓扑包含有向生成树,满足定理 4.1 要求。

表 4.12 导弹初始攻击阵位

导 弹	$V_i/(\mathrm{m/s})$	$R_i(0)/\mathrm{m}$	$q_i(0)/(°)$	$\eta_i(0)/(°)$
M_1	800	66 500	36	24
M_2	700	59 500	28	36
M_3	900	69 500	53	56
M_4	830	66 500	45	53

不失一般性,假设通信拓扑的权重为 0 或 1,即当一枚导弹能够获取另一枚导弹的信息时,其对应邻接矩阵的元素为 1,否则为 0。则多导弹通信拓扑结构的拉普拉斯矩阵可以表示为

$$L_N = \begin{bmatrix} 1 & -1 & 0 & 0 \\ 0 & 1 & -1 & 0 \\ -1 & 0 & 1 & 0 \\ 0 & -1 & -1 & 2 \end{bmatrix}$$

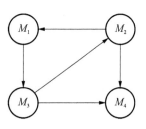

图 4.50 导弹通信拓扑示意图

上述拉普拉斯矩阵的特征根为 $\rho_1 = 0$, $\rho_2 = -2$, $\rho_3 = -1.5 + 0.866i$ 并且 $\rho_4 = -1.5 - 0.866i$, 根据定理 4.1 可知, 当协同制导律中的参数取 $k_c > 0$, $\alpha > 0$, $\beta > \sqrt{2/1.5\,k_c}$ 时, 协同攻击可以达成。各参数取值如下: $k_c = 1$, $\alpha = 1$, $\beta = 10$, $G_{\text{ref}} = -0.99$, $k_{\text{PNG}} = 3$。仿真结果如图 4.51 所示。

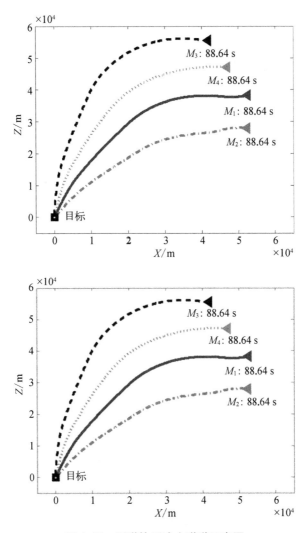

图 4.51　导弹协同攻击弹道示意图

由图 4.51 可以看出, 4 枚导弹于 88.64 s 同时命中目标, 完成了协同攻击任务。从图 4.52 可以看出, 在仿真初始阶段多导弹的剩余攻击时间估计各不相同, 如果不加以协调, 则无法完成协同攻击任务, 即 4 枚导弹将先后到达, 极易被敌方反导系统一一拦截。由图 4.53 可以看出, 本章设计的分布式协同制导律在实现协同攻

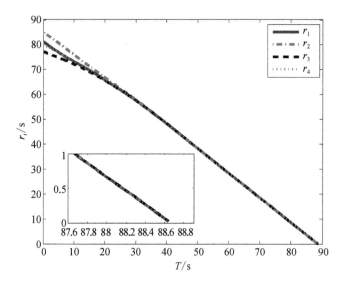

图 4.52　剩余攻击时间估计

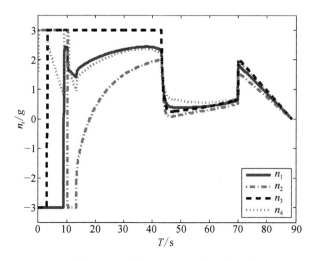

图 4.53　分布式协同制导律需用过载

击任务的同时,产生的需用过载全过程满足给定 $3g$ 的限制,具有较为良好的工程实用性。注意到前 40 s 部分导弹的过载已经饱和,这是因为在导弹速度不可调节的情况下,各枚导弹只能通过调整弹道的曲率来协调命中时间。换而言之,距离目标较远的导弹需要拉直弹道以"追赶"其他导弹,而距离目标较近的导弹需要弯曲自己的弹道以"等待"其他导弹。注意到各枚导弹弹道偏角的导数与需用过载成正比,因此,协调多导弹剩余时间的过程较为消耗燃料。

综上所述,在仿真初段,4 枚导弹的剩余时间各不相同,在本节设计的分布式分组制导律的导引下,最终收敛一致,满足给定协同攻击任务要求,同时全程满足

3g 的侧向过载约束条件,证明了本节设计的分布式分组协同制导律具有一定的工程实用性。

参考文献

[1] Shima T, Rasmussen S J, Sparks A J , et al. Multiple task assignments for cooperating uninhabited aerial vehicles using genetic algorithms[J]. Computers and Operations Research, 2006, 33(11): 3252 – 3269.

[2] Rathinam S, Sengupta R. Lower and upper bounds for a multiple depot UAV routing problem [C]. Proceedings of the 45th IEEE Conference on Decision and Control, San Diego, 2006: 5287 – 5292.

[3] Dias M B, Ghanem B, Stentz A. Improving cost estimation in market-based coordination of a distributed sensing task[C]. 2005 IEEE/RSJ International Conference on Intelligent Robots and Systems, Edmonton, 2005: 3972 – 3977.

[4] Choi H L, Brunet L, How J P. Consensus-based decentralized auctions for robust task allocation[J]. IEEE Transactions on Robotics, 2009, 25(4): 912 – 926.

[5] Ren W. Multi-vehicle consensus with a time-varying reference state[J]. Systems and Control Letters, 2007, 56(7): 474 – 483.

[6] Jeon I S, Lee J I, Tahk M J. Impact-time-control guidance law for anti-ship missiles[J]. IEEE Transactions on Control Systems Technology, 2006, 14(2): 260 – 266.

[7] 赵建博,杨树兴. 多导弹协同制导研究综述[J].航空学报,2017,38(1): 1 – 13.

[8] Harrison G A. Hybrid guidance law for approach angle and time-of-arrival control[J]. Journal of Guidance, Control, and Dynamics, 2012, 35(4): 1104 – 1114.

[9] 赵启伦,陈建,李清东,等. 高超武器与常规导弹协同攻击策略可行域研究[J].航空学报, 2015,36(7): 2291 – 2300.

[10] Zhao S Y, Zhou R, Wei C. Design and feasibility analysis of a closed-form guidance law with both impact angle and time constraints[J]. Journal of Astronautics, 2009, 30(3): 1064 – 1085.

[11] 马培蓓,王星亮,纪军. 多导弹攻击时间和攻击角度协同制导研究综述[J].控制与制导, 2018,6: 59 – 63.

[12] Zhang Y A, Ma G X, Liu A L. Guidance law with impact time and impact angle constraints [J]. Chinese Journal of Aeronautics, 2013, 26(4): 960 – 966.

[13] Ghosh S, Ghose D, Raha S. Three dimensional retro-PN based impact time control for higher speed non-maneuvering targets[C]. Florence: IEEE 52nd Annual Conference on Decision and Control (CDC), 2013.

[14] Prasanna H M, Ghose D. Retro-proportional-navigation: A new guidance law for interception of high-speed targets[J]. Journal of Guidance, Control, and Dynamics, 2012, 35(2): 377 – 386.

[15] Kumar S R, Ghose D. Impact time and angle control guidance[C]. New York: AIAA Guidance, Navigation, and Control Conference, 2015.

[16] Ryoo C K, Cho H, Tahk M J. Optimal guidance laws with terminal impact angle constrain[J].

Journal of Guidance, Control, and Navigation, 2005, 28(4): 724 - 732.

[17] Kumar S R, Ghose D. Sliding mode control based guidance law with impact time constraints [C]. Washington: 2013 American Control Conference (ACC), 2013.

[18] Arita S, Ueno S. Optimal feedback guidance for nonlinear missile model with impact time and angle constraints [C]. New York: AIAA Guidance, Navigation, and Control (GNC) Conference, 2013.

[19] 陈志刚,孙明玮,马洪忠.于误差反馈补偿的攻击无人机角度和时间控制[J].航空学报, 2008,29(S1): 33 - 38.

[20] Shaferman V, Shima T. Cooperative optimal guidance laws for imposing a relative intercept angle[J]. Journal of Guidance, Control, and Dynamics, 2015, 38(8): 1395 - 1408.

[21] 赵启伦,陈建,李清东,等.高超武器与常规导弹协同攻击策略可行域研究[J].航空学报, 2015,36(7): 2291 - 2300.

[22] 张友安,胡云安.导弹控制和制导的非线性设计方法[M].北京:国防工业出版社,2003.

[23] 张友安,马国兴,王兴平.多导弹时间协同制导:一种领弹-被领弹策略[J].航空学报, 2009,30(6): 1109 - 1118.

[24] Zhao E J, Wang S, Chao T, et al. Multiple missiles cooperative guidance based on leader-follower strategy[C]. Yantai: Proceedings of 2014 IEEE Chinese Guidance, Navigation and Control Conference, 2014.

[25] 马国欣,张友根,张友安.一领弹控制下的多导弹时间协同三维制导律[J].海军航空工程学院学报,2013,28(1): 11 - 16.

[26] 王晓芳,洪鑫,林海.一种控制多弹协同攻击时间和终端角度的方法[J].弹道学报,2012, 24(2): 1 - 5.

[27] 彭琛,刘星,吴森堂,等.多弹分布式协同末制导时间一致性研究[J].控制与决策,2010, 25(10): 1557 - 1561.

[28] 邹丽,丁全心,周锐.异构多导弹网络化分布式协同制导方法[J].北京航空航天大学学报,2010,36(12): 1432 - 1435.

[29] Mclain T W, Beard R W. Coordination variables, coordination functions, and cooperative timing missions[J]. Journal of Guidance, Control, and Dynamics, 2005, 28(1): 150 - 161.

[30] 孙雪娇,周锐,吴江,等.多导弹分布式协同制导与控制方法[J].北京航空航天大学学报, 2014,40(1): 120 - 124.

[31] 周锐,孙雪娇,吴江,等.多导弹分布式协同制导与反步滑模控制方法[J].控制与决策, 2014,29(9): 1617 - 1622.

[32] 王青,后德龙,李君,等.存在时延和拓扑不确定的多弹分散化协同制导时间一致性分析 [J].兵工学报,2014,35(7): 982 - 989.

[33] 后德龙,陈彬,王青,等.碰撞自规避多弹分布式协同制导与控制[J].控制理论与应用, 2014,31(9): 1133 - 1142.

[34] 邹丽,周锐,赵世钰,等.多导弹编队齐射攻击分散化协同制导方法[J].航空学报,2011, 32(2): 281 - 290.

[35] 赵启伦,陈建,董希旺,等.拦截高超声速目标的异类导弹协同制导律[J].航空学报, 2016,37(3): 936 - 948.

[36] Zhao Q L, Dong X W, Chen J, et al. Coordinated guidance strategy for heterogeneous missiles

intercepting hypersonic weapon[C]. Hangzhou: Proceedings of the 34th Chinese Control Conference, 2015.

[37] Sun X J, Zhou R, Hou D L, et al. Consensus of leader-followers system of multi-missile with time-delays and switching topologies[J]. Optik-International Journal for Light and Electron Optics, 2014, 125(3): 1202 - 1208.

[38] 赵世钰,周锐. 基于协调变量的多导弹协同制导[J]. 航空学报,2008,29(6): 1605 - 1611.

[39] 王青,后德龙,李君,等. 具有角度约束的多导弹协同制导研究[J]. 兵工学报,2014, 35(7): 982 - 989.

[40] 张保峰,宋俊红,宋申民. 具有角度约束的多导弹协同制导研究[J]. 弹箭与制导学报, 2014,34(1): 13 - 15.

[41] Jeon I S, Lee J I, Tahk M J. Homing guidance law for cooperative attack of multiple missiles [J]. Journal of Guidance, Control, and Dynamics, 2010, 33(1): 275 - 280.

[42] Ghosh S, Ghose D, Raha S. Retro-PN based simultaneous salvo attack against higher speed nonmaneuvering targets[C]. Dusseldorf: Third International Conference on Advances in Control and Optimization of Dynamical Systems, 2014.

[43] Kumar S R, Ghose D. Cooperative rendezvous guidance using sliding mode control for interception of stationary targets[C]. Dusseldorf: Proceedings of Third International Conference on Advances in Control and Optimization of Dynamical Systems, 2014.

[44] Qu Z, Wang J, Hull R A. Cooperative control of dynamical systems with application to autonomous vehicles[J]. IEEE Transactions on Automatic Control, 2008, 53(4): 894 - 911.

[45] Harrison G A. Hybrid guidance law for approach angle and time-of-arrival control[J]. Journal of Guidance, Control, and Dynamics, 2012, 35(4): 1104 - 1114.

[46] Cho N, Kim Y. Modified pure proportional navigation guidance law for impact time control [J]. Journal of Guidance, Control, and Dynamics, 2016, 39(4): 852 - 872.

[47] Zhao S Y, Zhou R. Cooperative guidance for multimissile salvo attack[J]. Chinese Journal of Aeronautics, 2008, 21(6): 533 - 539.

[48] Park J, Yoo J H, Kim H J. Two distributed guidance approaches for rendezvous of multiple agents[C]. Gyeonggi-do: Proceedings of the International Conference on Control, Automation and Systems 2010, 2010.

[49] 马国欣,张友安. 多导弹时间协同分布式导引律设计[J]. 控制与决策,2014,29(5): 843 - 847.

[50] Zhou J L, Yang J Y, Li Z K. Simultaneous attack of a stationary target using multiple missiles: a consensus-based approach[J]. Science China Information Sciences, 2017, 60(7): 070205.

[51] Hou J, Ji X Q, Liu Z, et al. Distributed multi-missile salvo attack[C]. in Proceedings of the 33rd Chinese Control Conference, 2014.

[52] Zhao J, Zhou R. Unified approach to cooperative guidance laws against stationary and maneuvering targets[J]. Nonlinear Dynamics, 2015, 81(4): 1635 - 1647.

[53] Zhao J, Zhou R, Dong Z. Three-dimensional cooperative guidance laws against stationary and maneuvering targets[J]. Chinese Journal of Aeronautics, 2015, 28(4): 1104 - 1120.

[54] Zhao J, Zhou R. Distributed three-dimensional cooperative guidance via receding horizon

control[J]. Chinese Journal of Aeronautics, 2016, 29(4): 972 – 983.

[55] Zhao J, Zhou R. Obstacle avoidance for multi-missile network via distributed coordination algorithm[J]. Chinese Journal of Aeronautics, 2016, 29(2): 441 – 447.

[56] Zhao J, Zhou S, Zhou R. Distributed time-constrained guidance using nonlinear model predictive control[J]. Nonlinear Dynamics, 2016, 84(3): 1399 – 1416.

[57] Hou D L, Wang Q, Sun X J, et al. Finite-time cooperative guidance laws for multiple missiles with acceleration saturation constraints [J]. IET Control Theory and Applications, 2015, 9(10): 1525 – 1535.

[58] Zhou J L, Yang J Y. Distributed guidance law design for cooperative simultaneous attacks with multiple missiles[J]. Journal of Guidance, Control, and Dynamics, 2016: 2439 – 2447.

[59] Song J H, Song S M, Xu S. Three-dimensional cooperative guidance law for multiple missiles with finite-time convergence[J]. Aerospace Science and Technology, 2017, 67: 193 – 205.

[60] Song L, Zhang Y A, Huang D, et al. Cooperative simultaneous attack of multi-missiles under unreliable and noisy communication network: A consensus scheme of impact time [J]. Aerospace Science and Technology, 2015, 47: 31 – 41.

[61] He S M, Kim M G, Song T, et al. Three-dimensional salvo attack guidance considering communication delay[J]. Aerospace Science and Technology, 2018, 73: 1 – 9.

[62] Wang X L, Zhang Y A, Wu H L. Distributed cooperative guidance of multiple anti-ship missiles with arbitrary impact angle constraint[J]. Aerospace Science and Technology, 2015, 46: 299 – 311.

[63] Wu X L, Wu S T, Xing Z H. A guidance law with impact angle constraint for anti-ship missiles cooperative attack[C]. Nanjing: Proceedings of the 33rd Chinese Control Conference, 2014.

[64] Sun X, Xia Y Q. Optimal guidance law for cooperative attack of multiple missiles based on optimal control theory[J]. International Journal of Control, 2012, 85(8): 1063 – 1070.

[65] Daughtery E, Qu Z. Optimal design of cooperative guidance law for simultaneous strike[C]. Los Angeles: Proceedings of the 53rd IEEE Conference on Decision and Control, 2014.

[66] Wang Y J, Dong S, Ou L L, et al. Cooperative control of multiple-missile systems[J]. IET Control Theory and Applications, 2014, 9(3): 441 – 446.

[67] Wei X, Wang Y J, Dong S, et al. A three-dimensional cooperative guidance law of multimissile system [J]. International Journal of Aerospace Engineering. 2015, 2015: 1 – 8.

[68] Zeng J, Dou L H, Xin B. Cooperative salvo attack using guidance law of multiple missiles[J]. Journal of Advanced Computational Intelligence and Intelligent Informatics, 2015, 19(2): 301 – 306.

[69] He S M, Wang W, Lin D F, et al. Consensus-based two-stage salvo attack guidance[J]. IEEE Transactions on Aerospace and Electronic Systems, 2017, 54(3): 1555 – 1566.

[70] Zhao Q L, Dong X W, Liang Z X, et al. Distributed cooperative guidance for multiple missiles with fixed and switching communication topologies[J]. Chinese Journal of Aeronautics, 2017, 30(4): 1570 – 1581.

[71] Zhao Q L, Dong X W, Chen J, et al. Distributed cooperative guidance for multiple missiles [C]. Chengdu: Proceedings of the 35th Chinese Control Conference, 2016.

[72] Zhao Q L, Dong X W, Liang Z X, et al. Distributed group cooperative guidance for multiple missiles with fixed and switching directed communication topologies[J]. Nonlinear Dynamics, 2017, 90(4): 2507 - 2523.

[73] Zhao Q L, Dong X W, Chen J, et al. Group cooperative guidance for multiple missiles with directed topologies[C]. Chengdu: Proceedings of the 35th Chinese Control Conference, 2016.

[74] Zhao Q L, Dong X W, Liang Z X, et al. Distributed group cooperative guidance for multiple missiles with switching directed communication topologies[C]. Dalian: Proceedings of the 36th Chinese Control Conference, 2017.

[75] 叶鹏鹏, 盛安冬, 张蛟, 等. 非持续连通通信拓扑下的多导弹协同制导[J]. 兵工学报, 2018, 39(3): 474 - 484.

[76] Zhang Y A, Wang X L, Wu H L. A distributed cooperative guidance law for salvo attack of multiple anti-ship missiles[J]. Chinese Journal of Aeronautics, 2015, 28(5): 1438 - 1450.

[77] 吕腾, 吕跃勇, 李传江, 等. 带视线角约束的多导弹有限时间协同制导律[J]. 兵工学报, 2018, 39(2): 305 - 314.

[78] Su W S, Li K B, Chen L. Coverage-based cooperative guidance strategy against highly maneuvering target[J]. Aerospace Science and Technology, 2017, 71: 147 - 155.

[79] Zhai C, He F, Hong Y G, et al. Coverage-based interception algorithm of multiple interceptors against the target involving decoys[J]. Journal of Guidance, Control, and Dynamics, 2016, 39(7): 1647 - 1653.

[80] Balhance N, Weiss M, Shima T. Cooperative guidance law for intrasalvo tracking[J]. Journal of Guidance, Control, and Dynamics, 2017, 40(6): 1441 - 1456.

[81] Wang L, Yao Y, He F H, et al. A novel cooperative mid-course guidance scheme for multiple intercepting missiles[J]. Chinese Journal of Aeronautics, 2017, 30(3): 1140 - 1153.

第5章
无人飞行器集群协同控制

5.1 无人飞行器协同控制概念

传统无人飞行器控制是指无人飞行器稳定控制回路,是无人飞行器上自动稳定和控制飞行器绕质心运动的控制系统。它的功能是保证飞行器稳定飞行,并根据制导指令控制飞行器飞向目标。无人飞行器稳定控制系统由敏感装置、控制计算装置和执行机构3部分组成。敏感装置(如陀螺仪、加速度计等)测量飞行器姿态的变化并输出信号。控制计算装置(如计算机)对各姿态信号和制导指令按一定控制规律进行运算、校正和放大并输出控制信号。执行机构(如舵机)根据控制信号驱动舵面或摆动发动机,产生使飞行器绕质心运动的控制力矩。随着技术发展,无人飞行器控制不仅仅局限于飞行器姿态稳定控制,对于无人机等飞行器而言,控制还包含了航迹跟踪控制等位置回路环的外环控制。当然这都局限在飞行器单体控制中。

对于无人飞行器集群系统,单体控制不再满足应用需求,当出现个体的误差偏大时,没有相互协作很难去保持协同队形。因此需要个体间的相互协作去调节飞行器之间的相对误差,从而保持高精度的编队飞行。

本章中的协同控制采用狭义的定义,即多飞行器编队控制。

5.1.1 协同控制的概念

随着日益复杂的作战环境与作战需求,单飞行器的作战样式已经很难完成作战任务,多飞行器协同作战技术已经成为未来武器装备的重要发展方向。通过集群作战可以将原本需要高昂价格的单个单元实现的多任务拆解为若干的子任务,交由成本更低的多个小的作战单元去实现,可以更好提高成本效益。对比单机的作战模式,将智能集群应用在飞行器作战上,可以有明显的优势:将单个作战单元需要携带的复杂的传感器、通信探测等设备进行合理分配,交由成本更低、规模更小、功能更单一的作战单元组合实现,通过这个数量较大的作战单元协同控制,实现远超单一平台的作战力。

在多飞行器协同控制过程中,任务执行效率的关键因素是智能集群系统的协同控制体系。集群系统的协同控制系统不仅需要具有强鲁棒、高可靠等特点,还需要快速组合等能力,这样才能保证协同作战任务的顺利。集中式结构与分布式结构是目前集群系统的协同控制结构主要的体系结构。下面以典型无人飞行器集群系统介绍集中式和分布式控制的区别。

1. 集中式协同控制体系

图5.1展示了集中式协同控制体系,可以看到,集中式协同控制结构的特点是系统具有一个全局的控制中心,这个控制可以是同类型的飞行器或者地面站等,它可以接收集群系统中其他飞行器传回的位置、速度等状态信息,通过控制算法进行处理,再将控制指令发送给各个飞行器,从而进行轨迹规划、任务分配等。在这种体系结构中,结构相对简单,控制中心可以很好地得到全局信息,掌握每个飞行器的飞行状态参数,面对复杂的问题也可以比较好的处理。但是正因如此,当这个全局的控制中心发生故障时,不能收到集群系统的其他飞行器的状态信息进行指令控制,而其他飞行器也收不到控制信号,那么所有预定的计划将会停止。并且,随着集群系统主体数量的增加,控制中心的通信带宽要求也越来越高。因此,集中式协同控制体系具有鲁棒性较差的特点,不适合执行可靠性要求较高的任务。

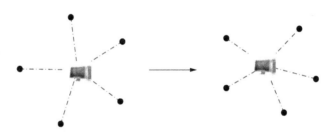

图5.1 集中式协同控制体系示意图

2. 分布式协同控制体系

图5.2展示了分布式协同控制体系,可以看到,分布式协同控制结构没有类似集中式的控制中心,系统中每个飞行器是处于同等的地位,他们通过相互的通信进行信息交流来实现协同控制的。在这个控制体系下,每个飞行器只需要知道局部的信息,通信受到带宽约束较小通信方向可以是有向的也可以是无向的,可以扩展到数量很多。集群系统中每个飞行器根据自身的状态和获得的邻居的状态信息,经过分布式协同控制处理,每个主体保持与邻居主体的相对状态实现协同控制。因此,分布式协同控制体系具有鲁棒性较强、可靠性较高的特点。但由于多无人飞行器在分布式体系结构下,对全局性能考虑不足,容易造成全局性能不强的问题,因此,分布式体系结构比较适合处理具有高动态性、高实时性特点的任务。

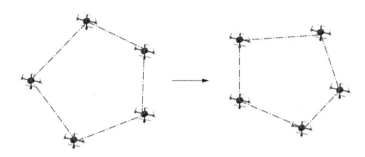

图 5.2 分布式协同控制体系示意图

5.1.2 协同控制的技术体系

在多飞行器协同作业时,集群一般有必要形成合适的队形。一方面,飞行器之间保持合适的间距有助于避免发生碰撞或者有的个体脱离集群的情况;另一方面,在一些任务中个体之间有必要形成指定的队形,例如通信中继等。因此,自主编队是多飞行器系统执行各种任务的重要基础。无人飞行器集群协同控制技术就是通过利用节点间数据链共享自身状态信息,根据任务要求、自身动力学特性等多约束条件形成合理的编队构型并保持。因此协同控制主要包含编队队形的优化与生成、编队指令的保持与重构两个环节。

5.2 编队拓扑与队形优化

5.2.1 编队队形评价指标

由现有编队的相关资料可知,编队的规模可大可小,一般飞行器编队的成员数量不定。可以将任意飞行器编队分解成若干个基本队形(表 5.1)[1]。

表 5.1 飞行器编队飞行时的典型队形

成员数量	队　　形			
2架	△ △ 纵队	△ △ 横队	△ 　△ 左梯队	△ △ 右梯队
3架	△ △ △ 纵队	△ △ △ 横队	△ △ △ 三角形	

续　表

成员数量	队　　　形			
4 架	△ △ △ △ 纵队	△ △ △ △ 横队	△ △ △ △ 环形	△ △ △ 菱形
	△ △ △ △ 楔形	△ △ △ △ 梯形	△ △ △ 人字形	

由于编队队形可以用两个飞行器在三维空间上的相对关系表示,因此以下采用每个飞行器与某一基准飞行器的相对距离及角度作为编队的队形参数。

在目的性、全面性、层次性、独立性、可行性等原则的指导下,通过分析飞行器编队协同作战过程可知,协同探测能力是协同突防-攻击的前提条件,表示编队构建全面的战场态势并提供精确的目标及拦截飞行器运动信息的能力;协同机动突防能力和目标毁伤能力是影响协同突防-攻击效果的决定性因素,表示编队实现协同突防-攻击的可行性及难易程度;指挥通信能力是协同突防-攻击的重要保障,表示了协同制导指令下达的完整性、快速性;战术隐身能力表示编队飞行过程中躲避敌预警雷达的能力。

1. 探测宽度

飞行器编队的探测宽度体现编队在飞行过程中发现打击目标与拦截飞行器的概率,宽度越大能发现的目标越多。假设每架编队成员的探测区域为一个母线为 R_d、顶角为 ε_d 的圆锥体,则最大探测宽度设定为所有编队成员探测圆锥体的底面直径之和。

由于编队协同探测时希望能尽量覆盖一个连续的区域,避免中间出现大量盲区,因此,飞行器编队不能过于松散。根据上述分析,可建立飞行器编队队形参数与探测宽度的关系式,以左梯形编队为例。

当 2 架飞行器间的横向距离大于编队成员的所有探测宽度之和时,由于存在盲区,所以设计其探测宽度为 1;当 2 架飞行器间的横向距离小于其探测宽度之和时,探测宽度随其交叠区域的增大而减少;当 2 架飞行器间的横向距离等于其探测宽度之和时,探测宽度最大。

$$f_1 = \begin{cases} 1 - e^{\left(W - \sum\limits_{i=1}^{N} W_d\right)}, & W \leq \sum\limits_{i=1}^{N} W_d \\ 1, & W > \sum\limits_{i=1}^{N} W_d \end{cases}$$

式中，W 为两架飞行器间的横向距离，$W = R\sin(\pi - \varPsi)$；W_d 为编队成员的探测宽度，$W_d = R_d\sin(\varepsilon)$；$N$ 为编队成员个数。

2. 机动互不干扰

机动互不干扰用以体现编队的机动能力，可以用飞行器间距离与编队成员的最小机动半径之间的关系表示。当任意一架编队成员和与其相邻的编队成员的距离大于该编队成员的最小机动半径时，则机动的互不干扰能力强。

假设任意成员的机动能力可表示为

$$f_{mi} = \begin{cases} 1, & R_{mi} < R_m \\ R_m/R_{mi}, & R_{mi} \geq R_m \end{cases}$$

式中，R_{mi} 为第 i 个编队成员和与其相邻成员的间距的最小值，$R_{mi} = \min\limits_{j \in \{1, \cdots, N\}}(R_{ij})$。则整个编队的机动能力可表示为

$$f_2 = \prod_{i=1}^{N} f_{mi}$$

3. 同时到达时间

为了有效地打击和摧毁某一目标，要求编队成员同时向该目标发起攻击，以形成强大的打击火力，摧毁较大坚固目标，这对目标区的落地时间差有较严格的要求，另外，同时到达有利于编队的整体突防，因此用编队成员的同时到达时间差表示其毁伤能力和突防能力：

$$f_3 = 1 - e^{-(L_{\max}/V)/T}$$

式中，T 为允许的时间差，由目标毁伤特性决定；$L_{\max}$ 为成员间的最大相对距离。

5.2.2　编队队形优化方法

为了快速找到满足编队协同需求的队形，需基于上述评价指标体系，寻找适宜的优化方法优化队形参数。传统的最优化方法，如最速下降法、共轭梯度法等，通常利用指标函数的梯度来确定搜索方向，且对初值信息敏感，容易陷入局部最优。而演化算法由于不受优化问题的连续性和可微性限制，具有较强的适应性。差分演化算法的工作过程如图 5.3 所示，描述了种群经过变异、交叉和选择操作进行演化的过程。

1. 编码

演化算法中优化变量通常采用二进制或十进制两种编码形式。二进制编码在交叉、变异时操作简单，因此具有相当广泛的应用。但当变量的数值范围较大或变量个数过多时，容易造成染色体长度过大，占用大量存储空间且需要消耗较

长解码时间。由于编队规模的不确定，因此，本章采取十进制方式表示编队信息。

假设需要设计一个由 3 架飞行器构成的编队，其中包含 1 个领导者和 2 个跟随者，则优化变量为 Follower1 和 Follower2，其编码格式设计为

$$X = \begin{bmatrix} \text{Follower1}, & \text{Follower2} \end{bmatrix}$$
$$= \begin{bmatrix} R_{\text{LF}_1}, & \theta_{\text{LF}_1}, & \psi_{\text{LF}_1}, & R_{\text{LF}_2}, & \theta_{\text{LF}_2}, & \psi_{\text{LF}_2} \end{bmatrix}$$

其中，R 为跟随者和领导者之间的距离；θ 为跟随者相对领导者的高低角；ψ 为跟随者相对领导者的方位角，同样的，当含有更多的跟随者时，依次向后添加即可。

2. 适应度指数

适应度函数用于评价个体的优劣程度，不需要连续可微，但针对输入需要可

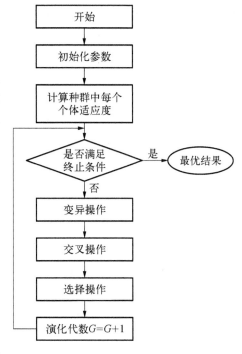

图 5.3　差分演化算法基本流程

以得到能进行比较的非负结果，且在实际问题中，适应度函数与问题的目标函数是不完全一致的。

基于现有工程经验，建立飞行器编队协同突防-攻击队形的适应度函数。为保证适应度计算的合理性，采用归一化的方法处理。

由飞行器编队协同突防-攻击一体化作战效能指标体系知，飞行器编队协同突防-攻击队形的适应度函数为

$$f = \sum_{i=1}^{N} \omega_I^2 f_i(\text{Formation})$$

式中，$f_i(\text{Formation})$ 为与编队队形参数相关的第 i 个指标的适应度；f 为飞行器编队协同突防-攻击队形的适应度。

3. 基于模糊评价的编队队形优化参数

当编队中的飞行器数量较多时，优化速度大大下降。因此，为提高队形优化速度，本策略采用模糊评价的方法先确定队形的形状以减少优化参数。

首先，定义 5 级模糊评语集 {好，较好，一般，较差，差}，用来表示队形形状对编队协同突防-攻击一体化作战效能的影响效果。

令 N_e 个专家基于上述评价集分别评价 N_p 个队形形状方案对第二层每个指标

的影响效果,得到每一个队形方案对第二层指标的评价隶属度,即

$$
R_i = \begin{bmatrix} R_i \mid I^1 \\ R_i \mid I^2 \\ \vdots \\ R_i \mid I^{N_i} \end{bmatrix} = \begin{bmatrix} r_{11} & r_{12} & r_{13} & r_{14} & r_{15} \\ r_{21} & r_{22} & r_{23} & r_{24} & r_{25} \\ \vdots & \vdots & \vdots & \vdots & \vdots \\ r_{N_i1} & r_{N_i2} & r_{N_i3} & r_{N_i4} & r_{N_i5} \end{bmatrix}
$$

式中,$R_i \mid I^j$ 为第 i 个队形形状方案对第二层第 j 个指标 I^j 的评价隶属度;R_i 为第 i 个队形形状方案对第二层指标的评价隶属度;r_{jm} 为 N_e 个专家给予第 i 个队形形状方案对第二层第 j 个指标的影响效果评价为第 m 个所占的百分比。

则第 i 个队形形状方案在总体上对评语集中各模糊子集的隶属度为

$$
E_i = \omega_I R_i
$$

利用加权平均原则,得到第 i 个队形形状方案在模糊评语集中的位置 P_i:

$$
P_i = \frac{\displaystyle\sum_{m=1}^{5} (E_i^m m)^{K_p}}{\displaystyle\sum_{m=1}^{5} (E_i^m)^{K_p}}
$$

式中,E_i^m 为第 i 个队形形状方案在总体上对第 m 模糊子集的隶属度;K_p 为控制系数,取2。

易见,P_i 越小,第 i 个队形形状方案越优。

至此,即可从备选的队形形状方案中选取适合编队协同突防-攻击一体化作战的方案,得到队形优化参数的形状限制约束,实现优化参数个数的减少。

5.3　编队协同控制策略

5.3.1　经典编队方法介绍

1. 领导者-跟随者控制方法

领导跟随者策略是现今应用最为广泛的队形控制策略。由于领导跟随者策略的简便性和可靠性,国内外很多学者对其进行了大量研究。领导跟随者策略的基本架构包括领导者和跟随者,领导者负责规划编队路线,跟随者通过控制其与领导者之间的视距和视线角,保持想要的编队队形。

领导跟随者策略选择编队系统中的一个或多个飞行器作为全局或局部的领导者飞行器,跟随者飞行器以一定的距离和角度与领导者飞行器形成特定的队形,此即距离-角度(l-ψ)构型的领导者-跟随者,若跟随者飞行器同时以 2 个领

导者飞行器保持一定的距离而形成编队,则为距离-距离($l-l$)构型编队,如图5.4 所示。

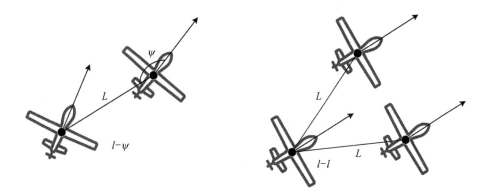

图 5.4　领导跟随者编队构型

这种控制策略的特点是基于预设的编队结构,通过对长机的状态跟踪来调整僚机,达到保持编队队形的目的。由于这种控制结构会受到很大的干扰影响,因此针对其特点,科研人员采用了鲁棒控制方法、极值搜索控制方法、涡旋调整技术、自适应控制方法和变结构控制方法等多种技术,较好地实现了这种控制策略。这种方法的优点在于编队系统只需跟随领导者,路径规划等控制问题比较明确。缺点也很明显,即出现突发事件后所有飞行器的位置都必须重新计算,增加了计算机的负担,同时系统完全由领导者飞行器主导,鲁棒性较差,一旦领导者飞行器出现故障,可能会引起编队系统的瘫痪。

以两架飞行器斜线编队为例进行研究,假定编队中领导者(L)和跟随者(W)处于某一水平面内(同一高度)斜线编队飞行,如图 5.5 所示,以跟随者为基准建立起旋转参考坐标系,它的轴方向为跟随者的速度矢量方向,y 方向垂直于 x 方向。在同一平面内飞行时,不考虑 z 方向,建立起领导者与跟随者的相对运动方程为

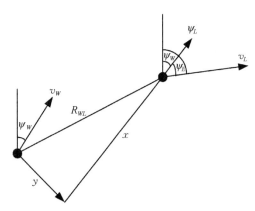

图 5.5　领导跟随者控制模型

$$\begin{cases} \dot{x} = v_L\cos\psi_E + \dot{\psi}_W y - v_W \\ \dot{y} = v_L\sin\psi_E - \dot{\psi}_W x \end{cases}$$

式中,x、y 为领导者与跟随者之间的相对距离在以跟随者为基准的旋转参考系中 x 方向和 y 方向上的分量;v_L、v_W 分别为领导者和跟随者的速度;ψ_L、ψ_W 分别为领

导者和跟随者的航向角;定义 $\psi_E = \psi_L - \psi_W$ 为航向角偏差,即领导者和跟随者速度向量之间的夹角。

2. 虚拟结构控制方法

虚拟结构控制方法是对主从式的一种改进的集中式控制方法,主要思想是将编队构造成虚拟刚体,将多飞行器整体的编队的形状,看成是一种类似的虚拟结构,在编队或刚体中选择虚拟长机或虚拟几何中心,每架飞行器以其对应的虚拟结构体的顶点为跟随目标,获得对应的编队飞行运动,如图5.6所示。这样便把多飞行器编队系统控制问题转化成了一个简单刚体在飞行空间运动的问题,使得飞行器系统的分析与控制更加简化。在飞行器编队飞行运动时,刚体上的每一固定点都是保持相对不变的,飞行器只需要追随刚体上固定点的运动便可以实现多飞行器在编队系统中保持不变的相对位置距离从而完成任务。因为刚体是固定不变的,刚体上面的点也是固定不变的,所以采用虚拟结构的控制策略可以保障编队系统的队形严格不变。

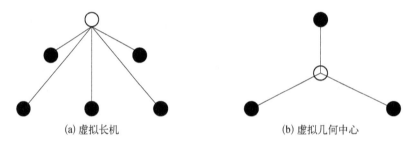

(a) 虚拟长机   (b) 虚拟几何中心

图 5.6   虚拟结构编队示意图

虚拟结构有着很明显的优势,即很容易获得虚拟结构的行为、具有良好的稳定性能,同时具有对队形的反馈,具有较高的鲁棒性和编队精度;缺点是虚拟结构的构造会引入较大的通信量和计算量,并且需要所有主体实时地跟踪虚拟结构上的对应点,一般需要做集中式的实现,使用分布式实现时需要个体间同步信息,本质上仍需使用全局信息。

基于虚拟结构法的编队控制策略可以分为3个子过程:第1个子过程,定义虚拟结构期望的动力学特性;第2个子过程,转化期望运动目标,将整体目标的实现转化为多智能体系统各自实现目标;第3个子过程,获得多智能体系统轨迹控制跟踪控制方法。虚拟结构法主要用于多智能体系统,尤其在多飞行器系统的编队控制和队形控制等邻域运用较为广泛。基于虚拟结构的编队控制策略具有鲁棒性好和控制精度高等特点,但虚拟结构的设计会引入较大的通信量和复杂的计算量,同时需要多体系统个体能够实时跟踪虚拟结构的对应期望位置,对实时性要求较高。

3. 基于行为控制方法

基于行为的编队控制策略主要是针对多飞行器的预先期望行为集合进行加权分配,根据行为的重要程度分配相应的权值,每个行为具有相应的控制作用,通过加权获取最终的控制作用和期望。在预先期望行为集合中包括如编队形成、障碍避碰、个体避碰、编队保持和目标跟踪等期望行为。将编队行为分解为异常情况处理、目标点运动、队形保持和障碍运动 4 种子行为。对于这种方法,每个个体动作的输出都可作为其他个体的输入,个体自身传感器获得的敏感信息也可作为输入,然后根据行为选择模块对信息进行综合处理。设计基于行为的编队控制策略的关键是设计各种基本行为和有效的协调机制,或者说如何获得各个个体之间的相对位置和状态等信息,然后根据上述信息来设计基本行为和相应的协调机制。然而基于行为的编队控制策略需要兼顾多种期望行为,没有基于实际物理系统的动力学模型,仅能通过仿真分析来进行验证,无法使用严格的理论工具对系统编队行为的稳定性进行证明,且随着系统复杂度与规模的增大,行为融合的难度与计算复杂度也会进一步增大。

基于行为的控制方法最初也是应用到机器人编队中的,通过设计编队中机器人的基本行为和局部控制规则,最终产生编队的整体行为。在不同的飞行环境中飞行器需要产生不同的行为,所以将飞行器的整体行为分解为多种子行为来进行表示。即使飞行器的飞行环境不同,但是基本的子行为大致是相同的,其他的行为可以根据基本行为进行融合或者转换。在飞行器编队实际飞行过程中,飞行器是通过传感器来获得外界的环境信息的,当获得外界信息之后才能对所设计的基本行为做出相应的反馈。选择一个合适的选择行为机制来融合基本行为,最后计算出飞行器的整体行为输出,使得飞行器控制自身运动做出相对应的行为动作。

当采用基于行为的控制方法时,飞行器之间的信息交互是经由自身的通信设备来获取的,主要获取编队系统中其他飞行器的姿态、位置、速度和机间的相对位置等来完成编队的协同飞行,当定义完几种基本行为后,需要行为选择机制来融合各个基本行为作为下一步的运动输出。现在行为的选择机制主要有如下 3 种方式。

（1）加权平均法指的是将所定义的几种基本行为的最终向量输出进行矢量的求和运算,每种行为都有自身的权重系数,而权重系数的大小与飞行器的行为的重要性相关联,对基本行为的求和运算后再归一化处理,得到的结果为飞行器的最终行为输出。

（2）行为抑制法主要的思想就是把定义好的几种基本行为按照所设计的规则来定义每种行为级别的高低,最终输出的行为采用等级的高低来输出。

（3）模糊逻辑法就是根据设计者所建立的模糊规则来将所定义的行为进行综

合处理,将综合后的行为作为最终飞行器的行为输出,这个方法与加权求和法有异曲同工之妙。

加权平均法的特点为能够快速地完成所分配的任务,不过每种基本行为之间是相互干扰的,这样便产生了对编队整体的控制效果;行为抑制法的特点为对于已经定义好的基本行为,它的行为变量的意义是非常明确的,不过由于行为之间的不断转换,影响了所交给任务的效率。模糊逻辑法的难点在于模糊数据的定义和模糊规则的建立,设计者不易将基本行为进行模糊库的建立。Lawton 采用加权求和的融合方法进行编队控制,引入遗传算法进行行为参数的优化,得到了良好的编队控制效果。周明利用基于行为的三层控制结构,以机器人所处地方的非静态形式进行编队队形的保持,编队过程中可以随意改变队形。

基于行为的控制方法的优点:能够实现基础行为的分布式控制,并能实时控制,编队队形在飞行过程中可以得到队形反馈信息。编队中的飞行器根据飞行环境中的实时变化通过自身判断,对行为可以实时控制。编队中的每一架飞行器都可以独立地完成行为的决策与转换,从而该控制策略可以采用分布式的控制,分布式的控制策略具有非常明显的优点。在编队控制中采用基于行为的控制策略使得飞行器自身行为与编队中其他的飞行器有着位置和行为的关系,所以在用该策略时,编队队形可以产生反馈信息,这样便有利于令编队队形得到及时控制与调整。该策略所具有的缺点是所用的方法相对不成熟,当将设计者所定义的几种基本行为进行融合时,产生了非常明显的不确定性,用数学方法对其进行行为分析时便很困难。但是该控制策略相对新颖,控制策略简单易实施,具有良好的扩展性,可以为以后的编队控制研究作铺垫。

4. 基于一致性控制方法

随着多智能体一致性控制问题取得越来越多的成果,很多学者尝试将一致性理论引入编队控制问题中,形成一种新的基于一致性的编队控制策略。其主要思想是通过分布式协议的作用,让多智能体系统中所有个体的状态或者输出相对于某个共同的编队参考保持一致的偏差,最后达到期望的编队。此外,相比于定常编队,时变编队更具有一般性。在很多实际的工程运用中,由于外部条件约束,多体系统的编队结构需要改变,如在多飞行器执行打击任务时,需要执行目标区域搜索和目标跟踪等任务。当外部环境存在障碍物使前进空间受限时,多飞行器的编队构型需要改变,同时各架飞行器之间的通信结构也可能随之改变。因此针对多飞行器集群协同控制问题,对时变编队控制方法的研究尤为重要。

基于一致性的编队控制思想是,系统中的每一个主体都相对于某个共同的编队参考有一定的偏差,即在编队参考的基础上做一个平移就可以得到每个主体的状态。在开始编队的时候,编队参考对每个主体来说可以是未知的,通过分布式的协同作用后,系统中所有的主体就可以达到对编队参考的一致,从而实现期望的编队。

根据集群系统一致性,可以知道集群系统一致性就是集群系统中每个主体的状态变为一样的,而编队其实是基于一致性的,即在每个主体状态做了一个状态的平移之后能够达到一致。而这个状态的平移就是时变状态编队。

基于一致性的编队控制方法对目前普遍存在的虚拟领航者的所有跟随者都接收虚拟领航信息这一情况做了相应的改进。在新的策略中,一个集群编队中仅有个别飞行器能够接收虚拟领航者的信息,其余飞行器根据通信拓扑网络获得邻居飞行器的信息,同时根据一致性编队控制律使得整个集群编队达到一致。基于一致性方法的方法也是本书后续各类协同控制算法的基础,关于一致性编队控制方法的详细介绍可参见5.3.3节。

5.3.2　无人飞行器协同控制模型

1. 集群通信架构描述

智能集群系统编队控制时,每个个体不仅需要完成自身的闭环控制,在受到其他个体的影响时还需要完成编队控制。为了可以表示集群系统中每个个体的相互影响,采用图的结构来描述主体之间的关系。

首先定义图 $G = \{V, S, W\}$ 来描述智能集群系统的相互影响。将集群系统中所有个体描述为顶点集 $V = \{v_1, v_2, \cdots, v_N\}$,其中的一个飞行器 i 对应图中的节点 v_i。飞行器 i 对飞行器 j 的影响对应于图中的一条边 $e_{ij} = (v_i, v_j)$,其中节点 v_i 可以被称作父节点,节点 v_j 可以被称作子节点。集群系统中的所有飞行器的相互影响可以由图的边集 $S \subseteq \{(v_i, v_j): v_i, v_j \in V\}$ 表示。如果对应的飞行器 i 和飞行器 j 的相互影响,即如果有 $e_{ij} \in S$,均有 $e_{ji} \in S$,则称图 G 为无向图,否则称为有向图。有向图 G 为强连通的当且仅当图中的任意两个不同的节点 v_i 和 v_j,都存在一条起始于 v_i 终于 v_j 的有向路径;图 G 为弱连通的当且仅当图中存在一个节点 v_k 到节点 v_i 和 v_j 各有一条路径。在无向图中,强连通和弱连通是等价的,可以统称为连通的。如果有向图 G 中至少存在一个节点经过一条有向路径后能够达到其他所有节点,则称图 G 具有一个生成树。

定义均匀有界、非重叠、连续的时间区间 $[t_k, t_{k+1})(k \in \mathbb{N})$,其中 $t_1 = 0$, $0 < \hat{\tau} \leqslant t_{k+1} - t_k$,$\mathbb{N}$ 是一个自然数集。时间序列 $t_k(k \in \mathbb{N})$ 表示发生拓扑切换的时间序列。$\hat{\tau}$ 代表拓扑驻留时间,即在这段时间内拓扑关系保持不变,切换信号为 $\sigma(t)$: $[0, +\infty) \to \{1, 2, \cdots, p\}$,$p$ 代表正整数,其在时刻 t 的取值表示这一时刻作用拓扑的标号。$L_{\sigma(t)}$ 代表拉普拉斯矩阵,是与作用拓扑图 $G_{\sigma(t)}$ 紧密相关的。$E_{\sigma(t)}$ 与 $N^i_{\sigma(t)}$ 表示 $G_{\sigma(t)}$ 中的边集合与邻居顶点集合。在时间区间 $[t_k, t_{k+1})(k \in \mathbb{N})$ 内,存

在有限数量的非重叠子区间 $\{[t_k^0, t_k^1), \cdots, [t_k^j, t_k^{j+1}), \cdots, [t_k^{n_l-1}, t_k^{n_l})\}$，其中，$t_k^0 = t_k$，$t_k^{n_l} = t_{k+1}$，$\tau \leqslant t_k^{j+1} - t_k^j \leqslant \bar{\tau}$，$(j = 0, 1, \cdots, n_l - 1)$ 整数 $n_l > 0$ 以及正常数 $\bar{\tau}$。对于所有的作用拓扑 $G_{\sigma(t)}\{Q, E_{\sigma(t_k^j)}\}$ $(j = 0, 1, \cdots, n_l - 1)$ 具有同样的顶点集合。作用拓扑 $\bar{G}_{\sigma(t)}([t_k, t_{k+1})) = \cup_{j=0}^{n_l-1} G_{\sigma(t_k^j)} = \{Q, \cup_{j=0}^{n_l-1} E_{\sigma(t_k^j)}\}$ 表示在时间间隔 $[t_k, t_{k+1})$ 内的联合拓扑图。如果 $\bar{G}_{\sigma(t)}([t_k, t_{k+1}))$ 是连通的，那么就称作用拓扑在时间区间 $[t_k, t_{k+1})$ 是联合连通的。

图 5.7 是一个集群系统通信拓扑的示意图，假设边权值均为 1，那么该图的入度矩阵 D 和邻接矩阵 W 分别如下：

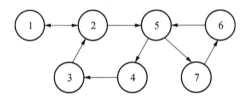

图 5.7   通信拓扑图

$$D = \begin{bmatrix} 1 & 0 & 0 & 0 & 0 & 0 & 0 \\ 0 & 2 & 0 & 0 & 0 & 0 & 0 \\ 0 & 0 & 1 & 0 & 0 & 0 & 0 \\ 0 & 0 & 0 & 1 & 0 & 0 & 0 \\ 0 & 0 & 0 & 0 & 2 & 0 & 0 \\ 0 & 0 & 0 & 0 & 0 & 1 & 0 \\ 0 & 0 & 0 & 0 & 0 & 0 & 1 \end{bmatrix}, W = \begin{bmatrix} 0 & 1 & 0 & 0 & 0 & 0 & 0 \\ 1 & 0 & 1 & 0 & 0 & 0 & 0 \\ 0 & 0 & 0 & 1 & 0 & 0 & 0 \\ 0 & 0 & 0 & 0 & 1 & 0 & 0 \\ 0 & 1 & 0 & 0 & 0 & 1 & 0 \\ 0 & 0 & 0 & 0 & 0 & 0 & 1 \\ 0 & 0 & 0 & 0 & 1 & 0 & 0 \end{bmatrix}$$

可得该图的拉普拉斯矩阵 $L = D - W$ 为

$$L = \begin{bmatrix} 1 & -1 & 0 & 0 & 0 & 0 & 0 \\ -1 & 2 & -1 & 0 & 0 & 0 & 0 \\ 0 & 0 & 1 & -1 & 0 & 0 & 0 \\ 0 & 0 & 0 & 1 & -1 & 0 & 0 \\ 0 & -1 & 0 & 0 & 2 & -1 & 0 \\ 0 & 0 & 0 & 0 & 0 & 1 & -1 \\ 0 & 0 & 0 & 0 & -1 & 0 & 1 \end{bmatrix}$$

则该集群系统的通信拓扑结构可以用拉普拉斯矩阵表示。

下面是关于拉普拉斯矩阵的基本定理。

引理 5.1：如果有向图 G 的拉普拉斯矩阵是 $L \in \mathbb{R}^{N \times N}$，则有：

（1）L 至少具有一个特征值为 0，且对应的特征向量为 1，也就是说，$L1 = 0$；

（2）如果 G 是具有生成树的，那么 0 是 L 的单一特征值，且所有其他 $N - 1$ 个特征值都为正；

（3）如果 G 是不具有生成树的，那么 L 至少具有两个几何重复度不小于 2 的特征值。

引理 5.2：如果无向图 G 的拉普拉斯矩阵是 $L \in \mathbb{R}^{N \times N}$，则有：

（1）L 具有至少一个特征值为 0，且 1 是相应的特征值，也就是说 $L1 = 0$；

（2）若 G 是连通的，那么 0 则是 L 的单一特征值，并且其他所有 $N - 1$ 个特征值都是为正的。

2. 集群系统模型描述

在整个编队协同控制阶段，将单枚飞行器视为质点，在发射坐标系下建立单体的三维飞行运动学与动力学模型：

$$\dot{V}_i = \frac{T_i - D_i}{m_i} - g\sin\theta_{ci}$$

$$\dot{\theta}_{ci} = \frac{L_i\cos\gamma_{Vi} - m_i g\cos\theta_{ci}}{m_i V_i}$$

$$\dot{\psi}_{ci}(t) = \frac{-L_i\sin\gamma_{Vi}}{m_i V_i\cos\theta_{ci}}$$

$$\dot{x}_i = V_i\cos\theta_{ci}\cos\psi_{ci}$$

$$\dot{y}_i(t) = V_i\sin\theta_{ci}$$

$$\dot{z}_i(t) = -V_i(t)\cos\theta_{ci}\sin\psi_{ci}$$

式中，下标 i 表示第 i 枚飞行器；m_i 表示飞行器的质量；g 表示重力加速度；T_i 为飞行器推力；D_i 为飞行阻力影响；γ_{Vi} 是速度倾斜角；V_i 表示速度；θ_{ci} 表示弹道倾角；ψ_{ci} 表示弹道偏角；x_i、y_i 和 z_i 分别表示发射坐标系下飞行器的前向、垂向和侧向位置。对上述单枚跟随者飞行器的运动学模型进行线性化处理可以得到如下的反馈线性化模型：

$$\begin{cases} \dot{x}_i(t) = \dot{v}_{xi}(t) \\ \dot{v}_{xi}(t) = u_{xi} \end{cases}, \quad \begin{cases} \dot{y}_i(t) = \dot{v}_{yi}(t) \\ \dot{v}_{yi}(t) = u_{yi} \end{cases}, \quad \begin{cases} \dot{z}_i(t) = \dot{v}_{zi}(t) \\ \dot{v}_{zi}(t) = u_{zi} \end{cases}$$

其矩阵形式为

$$\dot{\xi}_i = A\xi_i + Bu_i$$

领导者飞行器的矩阵形式为

$$\dot{\xi}_0(t) = A\xi_0(t)$$

式中,$A = I_3 \otimes \begin{bmatrix} 0 & 1 \\ 0 & 0 \end{bmatrix}$;$B = I_3 \otimes \begin{bmatrix} 0 \\ 1 \end{bmatrix}$;$\xi_i = \begin{bmatrix} x_i & v_{xi} & y_i & v_{yi} & z_i & v_{zi} \end{bmatrix}^T$为状态向量;

$u_i = \begin{bmatrix} u_{xi} & u_{yi} & u_{zi} \end{bmatrix}^T$为虚拟控制输入向量,满足:

$$\begin{cases} \gamma_{Vi} = \tan^{-1}\left[\dfrac{u_{xi}\sin\psi_{ci} + u_{zi}\cos\psi_{ci}}{-u_{xi}\sin\theta_{ci}\cos\psi_{ci} + (u_{yi} + g)\cos\theta_{ci} + u_z\sin\theta_{ci}\sin\psi_{ci}} \right] \\[3mm] L_i = m_i \dfrac{-u_{xi}\sin\theta_{ci}\cos\psi_{ci} + (u_{yi} + g)\cos\theta_{ci} + u_z\sin\theta_{ci}\sin\psi_{ci}}{\cos\gamma_{Vi}} \\[3mm] T_i = m_i\left[u_{xi}\cos\theta_{ci}\cos\psi_{ci} + (u_{yi} + g)\sin\theta_{ci} - u_{zi}\cos\theta_{ci}\sin\psi_{ci} \right] + D_i \end{cases}$$

式中,γ_{Vi}、L_i、T_i 分别飞行器的实际控制输入。

考虑到集群系统拓扑结构的特点,用 $L_{\sigma(t)}$ 表示的拉普拉斯矩阵,有如下形式:

$$L_{\sigma(t)} = \begin{bmatrix} L_{\sigma(t)}^F & L_{\sigma(t)}^{FE} \\ 0_{M \times 1} & 0_{M \times M} \end{bmatrix}$$

式中,$L_{\sigma(t)}^{FE} \in \mathbb{R}^{(M-1) \times 1}$ 和 $L_{\sigma(t)}^F \in \mathbb{R}^{(M-1) \times (M-1)}$ 表示领导者和跟随者之间的关系,以及跟随者之间的作用关系。

令 $h_i(t) \in \mathbb{R}^q (i \in F)$ 代表分段连续可导的向量,则跟随者的时变状态编队构型可用向量 $h_F(t) = \begin{bmatrix} h_1^T(t), h_2^T(t), \cdots, h_M^T(t) \end{bmatrix}^T \in \mathbb{R}^{Mn}$ 刻画。令 $x_k(t)$ $(k = 1, 2, \cdots, N)$ 表示各主体当前状态,$B_1 = \begin{bmatrix} 1, 0 \end{bmatrix}^T$,$B_2 = \begin{bmatrix} 0, 1 \end{bmatrix}^T$。

5.3.3　无人飞行器协同控制算法

当前国内外经典的编队控制方法一般可以分为三大类,分别是基于领导者-跟随者[2]、行为[3]以及虚拟结构[4]的基本控制策略。这三种控制策略都各有优劣。首先在基于领导者-跟随者的编队控制策略中,多智能体系统中的部分个体被看作成领导者,其余的个体被设计为跟随者。领导者按照预设的轨迹进行运动,而跟随者则与领导者保持一定的相对位置关系共同组成编队构型进行整体运动。基于领导者-跟随者的编队控制算法优点是结构简单并且易于实现,但是缺点也很明显,过于依赖领导者,鲁棒差,当领导者通信发生故障或其他意外与跟随者失去联系时,跟随者便失去了唯一的参考,整个多智能体系统的编队队形将无法继续保持。在以行为为基础的编队控制的策略中,多智能体系统中每个个体都具有几种相应权重的预定行为模式。通过对这些行为的控制作业进行加权,最后得到最终智能体的编队控制器,可以通过实时调整加权系数来实现智能体所需的控制行为。基于行为的编队控制策略主要是基于生物行为的,因此优点也很明显,就是智能化程度很高,可以同时兼顾队形的保持、个体间的避碰等较为复杂的运动模式,但也正因为此,缺点也很明显,就是智能体模型会过于复杂,很难在理论上对其进行精确的分析。以虚拟结构为基础的编队控制的基本思想是:期望的编队构型是被当作刚体看待的,在这个虚拟的结构上每一个点都对应着多智能体系统中的一个智能体,随着刚体的移动,主体跟踪虚拟结构上对应点进行运动即可,虚拟结构逐步发展形成一个可靠的整体,其中的每个主体都保持严格的几何关系。因此以虚拟结构为基础的编队控制策略优点是具有较高的鲁棒性和编队精度;缺点是虚拟结构的构造会引入较大的通信量和计算量,同时对个体控制精度要求很高,需要所有智能体能高精度地跟踪上虚拟结构对应的点。

近年来,众多领域的学者对多智能体系统的编队控制的策略方法进行广泛的研究,而随着学术界对一致性控制理论的进一步发展,基于一致性的编队控制策略作为一种新的编队控制方法被提出,这种控制策略主要是将多智能体系统中的每个个体状态都相对于之前的一致性状态(被称为共同编队参考)加入一定的偏移,基于一致性的方法也越来越广泛地被来处理编队控制问题。基于一致性控制策略,Ren[5]使用邻居节点的信息构建了一系列分布式编队控制器应用于二阶多智能体系统,并证明了前面的三种经典编队控制策略都可在基于一致性的编队控制策略的框架下达到统一,即可以认为都是一致性编队控制策略的特例。

针对一阶多智能体系统,在文献[6]中为了实现切换拓扑的编队控制,Oh 和 Ahn 提出了一种使用邻居位移(neighboring displacements)的控制策略来实现。文献[7]通过使用拉普拉斯矩阵提出了一阶多智能体系统在无向和固定拓扑下实现固定编队控制的充要条件。文献[8]和[9]分别解决了一阶多智能体系统在一维和三维空间下的圆形编队问题。针对一阶多智能体系统,Xiao 等[10]证明了多智能体系统可以在一定的时间内实现约定的固定编队。在文献[11]中,Xie 和 Wang 研究了无向作用拓扑下的二阶多智能体系统的编队控制问题,并证明了针对多智能体系统时不变编队的充分条件。文献[12]针对二阶多智能体系统,研究了具有不同通信时延情况下的编队控制问题。文献[13]研究了具有时延的机器人多智能体系统,提出了分散鲁棒编队控制器。文献[14]和[15]分别提出了具有固定方向拓扑和无向切换拓扑实现时变编队的充要条件,并将结论应用于解决多无人系统时变编队的控制问题。

本节介绍研究基础集群系统状态一致性控制的时变编队控制问题。首先,介绍一致性控制的概念和一致性控制协议。接着介绍基于一致性的时变编队控制问题和控制方法。需要强调的是,一致性控制是集群系统协同的基础,后续的编队控制均是建立在一致性控制基础之上的,而一致性控制也是编队控制的特例,所以本节使用的方法和思路均可以对编队问题有所借鉴。

1. 时变编队控制策略

随着集群系统协同控制的研究越发深入,尤其是一致性控制理论的研究开展,越来越多的研究者将一致性理论应用于编队控制问题的解决,基于一致性的编队控制思想,系统中的每一个主体都相对于某个共同的编队参考有一定的偏差,即在编队参考的基础上做一个平移就可以得到每个主体的状态。在开始编队的时候,编队参考对每个主体来说可以是未知的,通过分布式的协同作用后,系统中所有的主体就可以达到对编队参考的一致,从而实现期望的编队。

设存在一个具有 N 个主体的智能集群系统,集群系统对应的作用拓扑可以用有向图 G 来描述。每个主体都对应着图 G 上的一个节点。对任意 $i, j \in \{1, 2, \cdots, N\}$,主体 i 和主体 j 之间的作用强度可以用权重 w_{ij} 来表示。将每个主体的动力学特性用如下模型来描述:

$$\dot{\varphi}_i(t) = A\varphi_i(t) + Bu_i(t) \tag{5.1}$$

式中,$i \in \{1, 2, \cdots, N\}$;$A \in \mathbb{R}^{n \times n}$;$B \in \mathbb{R}^{n \times m}$;$x_i(t)$ 表示主体 i 的状态;$u_i(t)$ 是控制输入。

考虑如下一致性控制协议:

$$u_i(t) = \alpha\varphi_i(t) + \beta \sum_{j \in N_i} w_{ij}[\varphi_j(t) - \varphi_i(t)] \tag{5.2}$$

式中,$i, j \in \{1, 2, \cdots, N\}$;$\alpha, \beta \in \mathbb{R}^{m \times n}$ 是常数增益矩阵;N_i 表示主体 i 的邻居集。令 $\varphi(t) = [\varphi_1^{\mathrm{T}}(t), \varphi_2^{\mathrm{T}}(t), \cdots, \varphi_N^{\mathrm{T}}(t)]^{\mathrm{T}}$,在协议的作用下,集群系统的闭环形式如下:

$$\dot{\varphi}(t) = [I_N \otimes (A + B\alpha) - L \otimes B\beta]\varphi(t) \tag{5.3}$$

式中,I_N 是 N 阶单位矩阵;$L \in \mathbb{R}^{N \times N}$ 是作用拓扑的拉普拉斯矩阵。

在描述的系统中,A 描述了每个主体的动态特性;α 为反馈矩阵,用于配置每个主体的运动模态;β 为邻接反馈矩阵,用来表示了一种吸引的相互作用的强度,正是由于相互作用的存在,使得群系统中每一个主体的状态可能趋于一致。

定义 5.1:对于任意给定的有界初始状态 $\varphi(0)$,如果存在一个向量函数 $c(t) \in \mathbb{R}^n$,使得 $\lim_{t \to \infty}[\varphi_i(t) - c_i(t)] = 0 (i = 1, 2, \cdots, N)$,则称集群系统实现了状态一致,$c(t)$ 被称为一致函数。

一致性控制是本书的研究基础之一,更多的关于一致性控制的研究和成果本书不再多做介绍。

下面以一个具有多架无人飞行器的集群系统来详细介绍基于一致性的时变编队控制。当无人飞行器集群系统执行协同侦察任务时,无人飞行器集群系统要求在规定的地点实现编队,对指定区域进行全方位的探测。集群系统中每架无人机地位都是相同的,都不能获取全部的数据信息,也不存在可以收集机群所有飞机信息来提供编队指令的全局控制器。每一架无人机仅能通过获取自身的状态信息和需要的邻居的状态信息,实现自身状态的控制,从而使整体机群达到自主编队的效果。对于一个具有 N 架无人机和有向作用拓扑 G 的集群系统,把每一架无人机视为一个质点模型,并且可以将下面的动力学模型表示每一架无人飞行器:

$$\begin{cases} \dot{p}_i(t) = v_i(t) \\ \dot{v}_i(t) = u_i(t) \end{cases} \tag{5.4}$$

式中, $i = 1, 2, 3, \cdots, N$; $p_i(t) \in \mathbb{R}^n$ 代表的是系统中第 i 架无人飞行器的位置矢量信息; $v_i(t) \in \mathbb{R}^n$ 代表速度矢量信息; $u_i \in \mathbb{R}^n$ 表示第 i 架无人机的控制输入。这里均假设 n 为 1,当 n 大于 1 时,可以通过克罗内克(Kronecker)积的方式进行扩展,不会影响后续的结论。

定义 $\varphi_i(t) = [p_i(t), v_i(t)]^{\mathrm{T}}$, $B_1 = [1, 0]^{\mathrm{T}}$, $B_2 = [0, 1]^{\mathrm{T}}$, 有无人飞行器系统的可表示为

$$\dot{\varphi}_i(t) = B_1 B_2^{\mathrm{T}} \varphi_i(t) + B_2 u_i(t) \tag{5.5}$$

其中, $i = 1, 2, 3, \cdots, N$。令 $h(t) = [h_1^{\mathrm{T}}(t), h_2^{\mathrm{T}}(t), \cdots, h_N^{\mathrm{T}}(t)]^{\mathrm{T}} \in \mathbb{R}^{2N}$ 为飞行器的编队指令,其中 $h_i = [h_{ip}(t), h_{iv}(t)]^{\mathrm{T}}$, $h(t)$ 即可描述期望的时变状态编队。

根据上一节集群系统一致性的分析,可以知道集群系统一致性就是集群系统中每个主体的状态变为一样的,而编队其实是基于一致性的,即在每个主体状态做了一个状态的平移之后能够达到一致。而这个状态的平移就是时变状态编队。

集群自主编队的主要目的是使个体间的相对位置、速度收敛到指令值。因此,形成编队并不要求有 $\lim_{t \to \infty} \varphi_i(t) = h_i(t)$, 而是要求对任意 $i, j \in \{1, 2, \cdots, N\}$ 有 $\lim_{t \to \infty} [\varphi_i(t) - \varphi_j(t)] = h_i(t) - h_j(t)$, 如果存在向量函数 $r(t) \in \mathbb{R}^n$ 使得:

$$\lim_{t \to \infty} [\varphi_i(t) - h_i(t) - r(t)] = 0, \quad (i = 1, 2, \cdots, N) \tag{5.6}$$

则称集群系统实现了时变编队 $h(t)$, 其中称 $r(t)$ 为状态编队函数。

图 5.8 给出了具有 4 架无人飞行器的集群系统形成平行四边形编队的示意图。令 $\varphi_{ip}(t) = [p_{ix}(t), p_{iy}(t)]^{\mathrm{T}}$, $h_{ip}(t) = [h_{ipx}(t), h_{ipy}(t)]^{\mathrm{T}}$, $r_{ip}(t) = [r_{px}(t), r_{py}(t)]^{\mathrm{T}}$, $p_{ix}(t)$ 和 $p_{iy}(t)$ 分别表示在 X 和 Y 方向上的位置状态信息, $h_{ipx}(t)$ 与 $h_{ipy}(t)$ 分别表示在 X 和 Y 方向的位置编队信息, $r_{px}(t)$ 与 $r_{py}(t)$ 分别表示在 X 和 Y 方向上的位置编队参考函数。由图 5.8 可以看出,当 $t \to \infty$ 时,如果 $\varphi_{ip}(t) - h_{ip}(t) - r_{ip}(t) \to 0(i = 1, 2, 3, 4)$, 那么由 $\varphi_{ip}(t)$ 组成的平行四边形和 $h_{ip}(t)$ 组成的是完全相等的;也就是说,无人机集群系统实现了平行四边形编队控制。

当编队指令 $h(t)$ 恒为零向量时,意味着集群系统中的主体的状态最终会变成一样的,那么就是上一节的一致性控制问题。从这里可以看出,一致性控制问题其实是编队控制问题的特殊情况。使用如下时变状态编队协议:

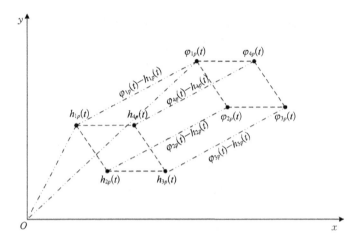

图 5.8　时变编队示意图

$$u_i(t) = K_1\big[\varphi_i(t) - h_i(t)\big] + K_2 \sum_{j \in N_i} w_{ij}\big[\varphi_j(t) - h_j(t)\big] - \big[\varphi_i(t) - h_i(t)\big] + \dot{h}_{iv}(t)$$

$$(5.7)$$

式中，$i = 1, 2, 3, \cdots, N$；$K_1 = [k_{11}, k_{12}]$；$K_2 = [k_{21}, k_{22}]$。在协议中，K_1 和 K_2 为可以配置的增益矩阵。

可见，控制输入包括三部分：第一部分的作用是配置运动模态；第二部分使得邻居节点间的位置、速度差收敛到给定差值；第三部分提供 $h(t)$ 的加速度信息，使得算法可以跟踪时变的编队信号。

对于时变编队控制部分，需要强调的是，基于一致性的时变编队控制是目前协同领域的主要的研究分支。下面介绍时变编队控制器参数的具体作用。

1）编队控制器参数 K_1 对编队参考振荡周期的影响

可以看出编队控制器参数 K_1 的作用，即用于配置系统的运动模态。当配置系统的极点在虚轴时，编队参考就会产生等幅振荡，下面将等幅振荡周期与 K_1 的关系做具体的分析。

定义 $\kappa(t) = \big[\varphi_1^{\mathrm{T}}(t), \ \varphi_2^{\mathrm{T}}(t), \ \cdots, \ \varphi_N^{\mathrm{T}}(t)\big]^{\mathrm{T}}$，$h_x(t) = \big[h_{1x}(t), \ h_{2x}(t), \ \cdots,$ $h_{Nx}(t)\big]^{\mathrm{T}}$，$h_v(t) = \big[h_{1v}(t), \ h_{2v}(t), \ \cdots, \ h_{Nv}(t)\big]^{\mathrm{T}}$。将编队控制协议代入集群系统得到系统的闭环表达式：

$$\dot{\varphi}(t) = \big[I_N \otimes (B_2 K_1 + B_1 B_2^{\mathrm{T}}) - L \otimes (B_2 K_2)\big]\varphi(t) + (I_N \otimes B_2)\dot{h}(t)$$
$$- \big[I_N \otimes (B_2 K_1) - L \otimes (B_2 K_2)\big]h(t)$$

$$(5.8)$$

为了确定实现时变状态编队 $h(t)$ 的条件，及如何确定参数对状态编队协议进行设计，可以采用状态分解的方法。

假设有向作用拓扑 G 的拉普拉斯矩阵 L 的特征值满足 $0 < \mathrm{Re}(\lambda_2) \leqslant$

$\text{Re}(\lambda_3) \leqslant \cdots \leqslant \text{Re}(\lambda_N)$。构造变换矩阵 $U = [\bar{u}_1, \bar{u}_2, \cdots, \bar{u}_N]^H$ 和 $U^{-1} = [\tilde{u}_1, \tilde{u}_2, \cdots, \tilde{u}_N]^H$，使得 $U^{-1}LU = J$，其中 J 是 L 的约当标准型。

令 $\tilde{\varphi}_i(t) = \varphi_i(t) - h_i(t)$ $(i = 1, 2, \cdots, N)$。所以集群系统可以转化为

$$\dot{\tilde{\varphi}}(t) = [I_N \otimes (B_2K_1 + B_1B_2^T) - L \otimes (B_2K_2)]\tilde{\varphi}(t) + [I_N \otimes (B_1B_2^T)]h(t) \quad (5.9)$$
$$+ (I_N \otimes B_2)\dot{h}_v(t) - \dot{h}(t)$$

注意到 $B_1 = [1, 0]^T$，$B_2 = [0, 1]^T$，$\dot{h}(t) = (I_N \otimes I_2)\dot{h}(t) = (I_N \otimes I_2)\begin{bmatrix} \dot{h}_x(t) \\ \dot{h}_v(t) \end{bmatrix}$，可以进一步化简为

$$\dot{\tilde{\varphi}}(t) = [I_N \otimes (B_2K_1 + B_1B_2^T) - L \otimes (B_2K_2)]\tilde{\varphi}(t) + (I_N \otimes B_2)[h_v(t) - \dot{h}_x(t)] \quad (5.10)$$

根据 $\mathbb{C}(U)$ 和 $\bar{\mathbb{C}}(U)$ 的结构可知，集群系统实现状态一致的充要条件是 $\lim_{t\to\infty}\tilde{\varphi}(t) \in \mathbb{C}(U)$。由引理5.2和 U 的结构可知，$J = \text{diag}\{0, \bar{J}\}$，其中 $\bar{J}$ 为包含 $\lambda_i(i = 2, 3, \cdots, N)$ 对应的约当块的矩阵。

令 $\tilde{U} = [\tilde{u}_2, \tilde{u}_3, \cdots, \tilde{u}_N]^H$，$\theta_h(t) = (\tilde{u}_1^H \otimes I)\tilde{\varphi}(t)$，$\zeta_h(t) = (\tilde{U} \otimes I)\tilde{\varphi}(t)$，则集群系统的状态空间可以分解为

$$\dot{\theta}_U(t) = (B_2K_1 + B_1B_2^T)\theta_U(t) + (\tilde{u}_1^H \otimes B_1)[h_v(t) - \dot{h}_x(t)] \quad (5.11)$$

$$\dot{\varsigma}_U(t) = [I_{N-1} \otimes (B_2K_1 + B_1B_2^T) - \bar{J} \otimes (B_2K_2)]\varsigma_U(t) + (\tilde{U} \otimes B_1)[h_v(t) - \dot{h}_x(t)] \quad (5.12)$$

根据式(5.11)可以有

$$\theta_U(t) = e^{(B_2K_1+B_1B_2^T)t}\theta_U(0) + \int_0^t e^{(B_2K_1+B_1B_2^T)(t-\tau)}(\tilde{u}_1^H \otimes B_1)[h_v(\tau) - \dot{h}_x(\tau)]d\tau \quad (5.13)$$

通过分步积分，有

$$\int_0^t e^{(B_2K_1+B_1B_2^T)(t-\tau)}(\tilde{u}_1^H \otimes B_2)\dot{h}_v(\tau)d\tau$$
$$= (\tilde{u}_1^H \otimes B_2)h_v(t) - e^{(B_2K_1+B_1B_2^T)t}(\tilde{u}_1^H \otimes B_2)h_v(0) \quad (5.14)$$
$$- \int_0^t e^{(B_2K_1+B_1B_2^T)(t-\tau)}[-(B_2K_1 + B_1B_2^T)](\tilde{u}_1^H \otimes B_2)h_v(\tau)d\tau$$

考虑到有 $K_1 = [k_{11}, k_{22}]$，所以：

$$\int_0^t e^{(B_2K_1+B_1B_2^T)(t-\tau)}(\tilde{u}_1^H \otimes B_1)h_v(\tau)d\tau = \int_0^t e^{(B_2K_1+B_1B_2^T)(t-\tau)}(\tilde{u}_1^H \otimes B_2)\dot{h}_v(\tau)d\tau$$

$$- (\tilde{u}_1^{\mathrm{H}} \otimes B_2)h_v(t) + \mathrm{e}^{(B_2K_1+B_1B_2^{\mathrm{T}})t}(\tilde{u}_1^{\mathrm{H}} \otimes B_2)h_v(0)$$

$$- k_{12}\int_0^t \mathrm{e}^{(B_2K_1+B_1B_2^{\mathrm{T}})(t-\tau)}(\tilde{u}_1^{\mathrm{H}} \otimes B_2)h_v(\tau)\mathrm{d}\tau$$

$$(5.15)$$

同样利用类似的处理可以得到：

$$\int_0^t \mathrm{e}^{(B_2K_1+B_1B_2^{\mathrm{T}})(t-\tau)}(\tilde{u}_1^{\mathrm{H}} \otimes B_1)\dot{h}_x(\tau)\mathrm{d}\tau = (\tilde{u}_1^{\mathrm{H}} \otimes B_1)h_x(t) - \mathrm{e}^{(B_2K_1+B_1B_2^{\mathrm{T}})t}(\tilde{u}_1^{\mathrm{H}} \otimes B_1)h_x(0)$$

$$+ k_{11}\int_0^t \mathrm{e}^{(B_2K_1+B_1B_2^{\mathrm{T}})(t-\tau)}(\tilde{u}_1^{\mathrm{H}} \otimes B_2)h_x(\tau)\mathrm{d}\tau$$

$$(5.16)$$

考虑到 $\theta_h(t) = (\tilde{u}_1^{\mathrm{H}} \otimes I)\tilde{\varphi}(t)$，$\tilde{\varphi}(t) = \varphi(t) - h(t)$，将和代入化简得

$$\theta_U(t) = \mathrm{e}^{(B_2K_1+B_1B_2^{\mathrm{T}})t}\theta_U(0) + \int_0^t \mathrm{e}^{(B_2K_1+B_1B_2^{\mathrm{T}})(t-\tau)}(\tilde{u}_1^{\mathrm{H}} \otimes B_1)[h_v(\tau) - \dot{h}_x(\tau)]\mathrm{d}\tau$$

$$= \int_0^t \mathrm{e}^{(B_2K_1+B_1B_2^{\mathrm{T}})(t-\tau)}(\tilde{u}_1^{\mathrm{H}} \otimes B_2)[\dot{h}_v(\tau) - k_{12}h_v(\tau) - k_{11}h_x(\tau)]\mathrm{d}\tau$$

$$+ \mathrm{e}^{(B_2K_1+B_1B_2^{\mathrm{T}})t}(\tilde{u}_1^{\mathrm{H}} \otimes I_2)\varphi(0) - (\tilde{u}_1^{\mathrm{H}} \otimes I_2)h(t)$$

$$(5.17)$$

根据以上推导可以得到集群系统编队参考函数的显示表达式，$c(t)$ 满足：

$$\lim_{t\to\infty}[c(t) - c_0(t) - c_h(t)] = 0 \qquad (5.18)$$

式中，$c_h = \int_0^t \mathrm{e}^{(B_2K_1+B_1B_2^{\mathrm{T}})(t-\tau)}(\tilde{u}_1^{\mathrm{H}} \otimes B_2)[\dot{h}_v(\tau) - k_{12}h_v(\tau) - k_{11}h_x(\tau)]\mathrm{d}\tau - (\tilde{u}_1^{\mathrm{H}} \otimes I_2)h(t)$。

振荡是系统的固有性质，主要是由标称部分决定的，所以分析的时候仅分析标称部分，不考虑输入部分。即只考虑：

$$\theta_U(t) = \mathrm{e}^{(B_2K_1+B_1B_2^{\mathrm{T}})t}\theta_U(0) \qquad (5.19)$$

进行分析。

设配置的使系统振荡的特征值为 $a\mathrm{j}$ 和 $-a\mathrm{j}(\mathrm{j}^2 = -1)$。则存在非奇异矩阵 $T = \begin{bmatrix} T_{11} & T_{12} \\ T_{21} & T_{22} \end{bmatrix}$ 和 $T^{-1} = \begin{bmatrix} \bar{T}_{11} & \bar{T}_{12} \\ \bar{T}_{21} & \bar{T}_{22} \end{bmatrix}$，使得 $T^{-1}(B_2K_1 + B_1B_2^{\mathrm{T}})T = \begin{bmatrix} a\mathrm{j} & 0 \\ 0 & -a\mathrm{j} \end{bmatrix}$；即有

$$(B_2K_1 + B_1B_2^{\mathrm{T}}) = T\begin{bmatrix} a\mathrm{j} & 0 \\ 0 & -a\mathrm{j} \end{bmatrix}T^{-1}$$

对应的微分方程为

$$\dot{\theta}_U(t) = (B_2K_1 + B_1B_2^{\mathrm{T}})\theta_U(0) \qquad (5.20)$$

那么的解可写为

$$\theta_U(t) = \mathrm{e}^{T\begin{bmatrix} a\mathrm{j} & 0 \\ 0 & -a\mathrm{j} \end{bmatrix} T^{-1}t} \theta_U(0) = T\mathrm{e}^{\begin{bmatrix} a\mathrm{j} & 0 \\ 0 & -a\mathrm{j} \end{bmatrix}t} T^{-1} \theta_U(0) = T\begin{bmatrix} \mathrm{e}^{a\mathrm{j}t} & 0 \\ 0 & \mathrm{e}^{-a\mathrm{j}t} \end{bmatrix} T^{-1} \theta_U(0)$$

代入 T 和 T^{-1} 可得

$$\theta_U(t) = \begin{bmatrix} T_{11}\bar{T}_{11}\mathrm{e}^{a\mathrm{j}t} + T_{12}\bar{T}_{21}\mathrm{e}^{-a\mathrm{j}t} & T_{11}\bar{T}_{12}\mathrm{e}^{a\mathrm{j}t} + T_{12}\bar{T}_{22}\mathrm{e}^{-a\mathrm{j}t} \\ T_{21}\bar{T}_{11}\mathrm{e}^{a\mathrm{j}t} + T_{22}\bar{T}_{21}\mathrm{e}^{-a\mathrm{j}t} & T_{21}\bar{T}_{12}\mathrm{e}^{a\mathrm{j}t} + T_{22}\bar{T}_{22}\mathrm{e}^{-a\mathrm{j}t} \end{bmatrix} \theta_U(0) \quad (5.21)$$

由于 $\theta_U(0) = \begin{bmatrix} \theta_{UX}(0) \\ \theta_{UY}(0) \end{bmatrix}$，利用欧拉公式 $\mathrm{e}^{a\mathrm{j}t} = \cos(at) + \mathrm{j}\sin(at)$，变为

$$\theta_U(t) = \begin{bmatrix} [\cos(at) + (T_{11}\bar{T}_{11} - T_{12}\bar{T}_{21})\mathrm{j}\sin(at)]\theta_{UX}(0) + [(T_{11}\bar{T}_{12} - T_{12}\bar{T}_{22})\mathrm{j}\sin(at)]\theta_{UY}(0) \\ [(T_{21}\bar{T}_{11} - T_{22}\bar{T}_{21})\mathrm{j}\sin(at)]\theta_{UX}(0) + [\cos(at) + (T_{21}\bar{T}_{12} - T_{22}\bar{T}_{22})\mathrm{j}\sin(at)\theta_{UY}(0)] \end{bmatrix}$$

由上式可以知道，编队参考在平面内振荡的周期为 $2\pi/a$。

　　下面，结合仿真实验通过修改编队控制器参数 K_1 的大小来配置极点与原点的距离，来对比说明 K_1 对编队参考周期的影响。考虑如下时变状态编队：

$$h_i(t) = \begin{bmatrix} r\cos\left[\omega t + \dfrac{2(i-1)}{5}\pi\right] \\[2ex] -\omega r\sin\left[\omega t + \dfrac{2(i-1)}{5}\pi\right] \\[2ex] r\sin\left[\omega t + \dfrac{2(i-1)}{5}\pi\right] \\[2ex] \omega r\cos\left[\omega t + \dfrac{2(i-1)}{5}\pi\right] \end{bmatrix}, \quad (i = 1, 2, \cdots, 5)$$

式中，半径 $r = 10\,\mathrm{m}$，绕圆运动角速度 $\omega = 0.1\,\mathrm{rad/s}$。将编队中心等幅振荡的情形，可以选取 $K_2 = I_2 \otimes [1.1299, 2.3162]$，$K_1 = I_2 \otimes [-0.25, 0]$。可以看出，如果集群系统实现了期望的时变状态编队，那么五个主体将分布在半径为 $10\,\mathrm{m}$ 的圆周上保持 $2\pi/5\,\mathrm{rad}$ 的相位差，并且同时绕着圆心以 $0.25\,\mathrm{rad/s}$ 的角速率旋转，但是由于编队中心还在沿椭圆轨迹振荡，所以对于每一个主体的运动包括上述两部分，运动轨迹与圆一定不同。

　　图 5.9 为编队位置状态 X 的仿真结果。可以看到图 5.9(a) 为参数 K_1 修改之前的仿真结果，即 $K_1 = I_2 \otimes [-0.25, 0]$ 配置系统的极点为 $[-0.5\mathrm{i}, 0.5\mathrm{i}]$，同时 $K_2 = I_2 \otimes [1.1299, 2.3162]$；图 5.9(b) 为参数 K_1 修改的仿真结果，即 $K_1 = I_2 \otimes [-1, 0]$ 配置系统的极点为 $[-\mathrm{i}, \mathrm{i}]$，同时 $K_2 = I_2 \otimes [0.5994, 1.9569]$。对比图 5.9 中的 (a) 和 (b) 能发现，(a) 的周期约为 $12.56\,\mathrm{s}$，(b) 的周期约为 $6.28\,\mathrm{s}$，(b) 相比于 (a) 振荡周期明显地减小，符合理论分析的结果。对编队误差位置状态 Y、速

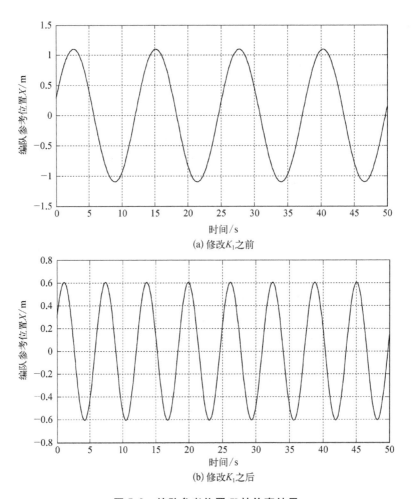

图 5.9　编队参考位置 X 的仿真结果

度状态 X 和速度状态 Y 进行仿真分析均可以得到此结论。

当参数 K_1 使得编队参考发散时，K_1 的大小也影响到了发散的情况。如图 5.10 所示，其中，图 5.10(a) 为 $K_1 = I_2 \otimes [0.0025, 0]$ 配置的极点为 $[0.0025, 0]$，$K_2 = I_2 \otimes [1.4472, 2.8944]$，编队参考状态位置 X 发散到数值 100 时间为 58.3 s；图 5.10(b) 为 $K_1 = I_2 \otimes [-1, 0]$ 配置的极点为 $[0.005, 0]$，那么 $K_2 = I_2 \otimes [1.4472, 2.5138]$，编队参考状态位置 X 发散到数值 100 的时间为 45.9 s。对比可以知道，K_1 的大小对发散的情况影响较大，即配置的极点比较大时，编队参考发散较快，有时在很短的时间能够达到 10^6 以上的数量级，在这种数量级下，编队早已经被仿真的计算误差淹没了，不能看出编队效果。所以尽量要使得编队参考缓慢发散。

2）编队控制器参数 K_2 对编队收敛速度的影响

根据时变编队控制的分析，在满足可以实现时变状态编队的基本要求之上，研

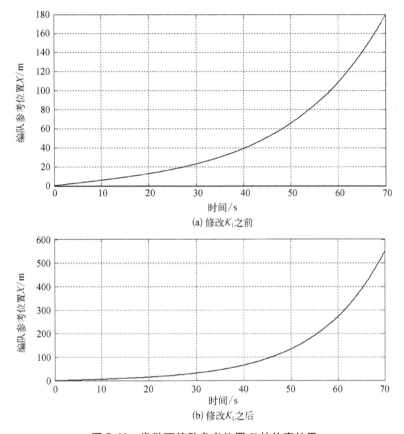

图 5.10　发散下编队参考位置 X 的仿真结果

究分析编队控制器参数 K_2 大小的选取与编队收敛速度之间的关系。

定理 5.1：编队控制器参数 K_2 越大，编队收敛速度越快。

证明：李雅普洛夫函数的导数 $\dot{V}_i(t)$ 越小,那么系统状态收敛的速度就越快。因为 $1 - 2\mathrm{Re}(\lambda_i)[\mathrm{Re}(\lambda_2)]^{-1}$ 越小于零则 $\dot{V}_i(t)$ 越小,由 $K_2 = [\mathrm{Re}(\lambda_2)]^{-1}B_2^{\mathrm{T}}P_U$ 得,$1 - 2\mathrm{Re}(\lambda_i)B_2^{\mathrm{T}}P_U/K_2$ 就要越小于零,即在满足条件的情况下,K_2 应该越大,那么 $\dot{V}_i(t)$ 越小,系统状态收敛的速度就会更快。

$$
h_i(t) = \begin{bmatrix} r\left\{\cos\left[\omega t + \dfrac{2\pi(i-1)}{5}\right] - 1\right\}g_i(t) \\[2mm] -\omega r\sin\left[\omega t + \dfrac{2(i-1)}{5}\pi\right]g_i(t) \\[2mm] r\sin\left[\omega t + \dfrac{2(i-1)}{5}\pi\right] \\[2mm] \omega r\cos\left[\omega t + \dfrac{2(i-1)}{5}\pi\right] \end{bmatrix},\ (i = 1, 2, \cdots, 5) \quad (5.22)
$$

　　结合时变状态编队,修改编队控制器参数 K_2 的大小,对比说明定理5.1,其中, $r = 7$ m; $\omega = 0.214$ rad/s; $g_i(t) = \text{sign}\left\{\sin\left[\dfrac{\omega t}{2} + \dfrac{\pi(i-1)}{5}\right]\right\}$, $(i = 1, 2, \cdots, 5)$ 。如果集群系统实现了期望的时变状态编队,那么5个主体将均匀分布并保持 $2\pi/5$ rad 的相位差,同时按照数字8的形状以0.25 rad/s 的角速率飞行。

　　定义 $\varsigma_U(t)$ 为编队偏差,图5.11为编队误差位置状态 X 的仿真结果。图5.12为编队误差速度状态 X 的仿真结果。可以看到,其中图5.12(a)为参数 K_2 修改之前的仿真结果,即对应为 $K_2 = I_2 \otimes [0.3419, 0.7331]$;图5.12(b)为参数 K_2 修改为之前5倍大小的仿真结果,即对应为 $K_2 = I_2 \otimes [1.7095, 3.6655]$ 。 分别对比图5.11中的(a)和(b)、图5.12中(a)和(b),均能发现,(b)相比于(a)收敛速度有明显的加快。对编队误差位置状态 Y 和速度状态 Y 进行仿真分析均可以得到此结论。

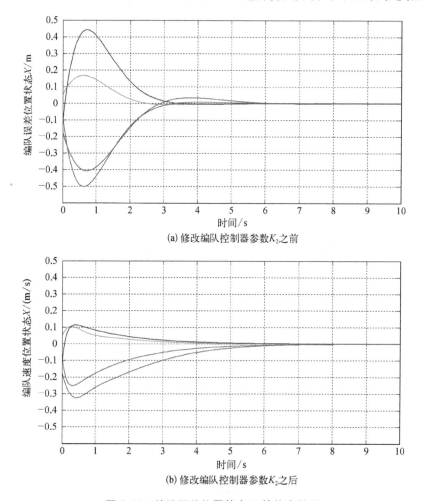

(a) 修改编队控制器参数 K_2 之前

(b) 修改编队控制器参数 K_2 之后

图 5.11　编队误差位置状态 X 的仿真结果

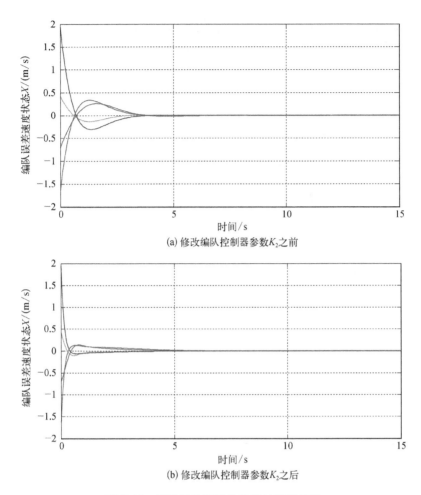

(a) 修改编队控制器参数K_2之前

(b) 修改编队控制器参数K_2之后

图 5.12 编队误差速度状态 X 的仿真结果

根据以上对编队控制器参数的分析,详细地说明了参数 K_1 对编队参考振荡周期的影响,即通过设计参数 K_1 来配置系统的极点在虚轴上,当编队参考轨迹等幅振荡时,振荡的周期与配置的极点的虚部相关,有周期 $T = 2\pi/a$;而参数 K_2 也影响着编队状态的收敛速度,即李雅普洛夫函数的导数 $\dot{V}_i(t)$ 越小,那么系统状态收敛的速度就越快,从而增大 K_2 能够加速状态收敛。联系集群系统一致性控制的分析,对于防震建筑和海面作业平台,均需要群系统状态能够快速收敛,使建筑物保持水平,这个时候就需要通过增大 K_2 来加快收敛速度。

2. 编队跟踪控制策略

在一些实际应用中,形成一个预定义的编队队形仅仅是集群系统的第一步,对集群系统还存在较高层次的任务,跟踪一个实际的/虚拟的领导者所产生的轨迹,或者包围一个移动的目标。例如在多无人飞行器群系统集群作战过程中,有时需要主动保护重要的无人飞行器,如载有战斗武器或指挥系统的无人飞行器。在这种情况下,集群系统中的无人飞行器将分为跟随者与领导者。其中,领导者一般是需要受到保护的无人飞行器,其他无人飞行器则被视为跟随者。通过多无人飞行器集群系统编队控制,跟随者会形成特定的凸包,领导者进入跟随者形成的凸包内部,从而对凸包内部的领导者进行保护。进一步,通过编队控制,跟随者会逐渐形成指定的编队,领导者能够进入编队队形的内部,从而使跟随者以期望的编队队形来保护内部的领导者。这样便形成了跟踪问题。

考虑一个具有 N 个主体的智能集群系统,其作用拓扑可以用有向图 G 来描述,图中每个主体 i 使用节点 q_i 表示,对于任意的 i、$j \in \{1, 2, \cdots, N\}$,边 q_{ij} 表示主体 i 到主体 j 的作用关系,作用的权重使用 w_{ji} 来表示。首先给出如下的定义。

定义 $\varphi_i(t) = [x_i(t), v_i(t)]^T$,$B_1 = [1, 0]^T$,$B_2 = [0, 1]^T$。那么二阶智能集群系统的可表示为

$$\dot{\varphi}_i(t) = B_1 B_2^T \varphi_i(t) + B_2 u_i(t) \tag{5.23}$$

式中,$i = 1, 2, 3, \cdots, N$。令 $h(t) = [h_1^T(t), h_2^T(t), \cdots, h_N^T(t)]^T \in \mathbb{R}^{2N}$ 为集群系统的编队指令,其中 $h_i = [h_{ix}(t), h_{iv}(t)]^T$,$h(t)$ 即可描述期望的时变状态编队。

首先由于编队跟踪控制结构的特点,跟随者可以获取领导者的状态信息,而跟随者不能将它的状态信息发送给领导者,设计只存在一个领导者,其他主体都是跟随者的拓扑结构,并针对领导者和跟随者考虑不同的动力学模型。考虑 N 架无人机和有向作用拓扑 G 的集群系统,其中 $N - 1$ 个主体为跟随者。

定义 5.2:在一个拓扑中,如果一个主体没有从邻居节点到它的输入的边,则称这个主体为领导者。如果一个主体至少有一条从邻居节点到它的输入的边,则称这个主体为跟随者。

领导者 N 动力学模型可以表示为

$$\begin{cases} \dot{x}_N(t) = v_N(t) \\ \dot{v}_N(t) = \alpha_x x_N(t) + \alpha_v v_N(t) \end{cases} \tag{5.24}$$

式中,$x_N(t) \in \mathbb{R}^n$ 和 $v_N(t) \in \mathbb{R}^n$ 分别是领导者 N 的位置和速度向量。跟随者的时变编队状态可以由 $h_F(t) = [h_1^T(t), h_2^T(t), \cdots, h_M^T(t)]^T$,其中 $h_i(t) = [h_{ix}(t), h_{iv}(t)]^T (i \in F)$。

注释 5.1:从可以看到,α_x 和 α_v 分别是对应位置和速度的阻尼增益。可以看到,在 $\alpha_x = 0$ 和 $\alpha_v = 0$ 的情况时,每个智能体的动力学模型将变成了二阶积分器的形式。

令 $\phi_k(t) = [x_k(t), v_k(t)]^T (k = 1, 2, \cdots, N)$,有

定义 5.3:对有一个领导者的智能集群系统,在任意给定的有限初始状态下,有

$$\lim_{t \to \infty} \{ [\phi_i(t) - h_i(t)] - \phi_N(t) \} = 0, \ (i \in F) \tag{5.25}$$

则称实现了时变编队跟踪。

注释 5.2：编队状态向量 $h_F(t)$ 是预先定义的,每个跟随者都知道它自己的编队状态信息 $h_i(t)(i \in F)$。之所以跟随者需要预先知道编队状态信息 $h_i(t)(i \in F)$,在于它们的控制对象需要实现 $h_i(t)$ 指定的预定义的编队。对智能体 i, 它的邻居状态信息 $h_j(t)(j \in F)$ 可以通过通信网络传递给它。需要指出的是, $h_i(t)(i \in F)$ 并不是每个跟随者跟随的轨迹,从定义 5.3 可以看到, $h_i(t)(i \in F)$ 表示了状态向量 $\phi_i(t)$ 和状态向量 $\phi_N(t)$ 的相对偏移量,只是用来指定需要实现的时变状态编队。

注释 5.3：当时变编队跟踪实现后,领导者最终会在编队状态 $h_i(t)(i \in F)$ 的里面或者外面。当 $\lim\limits_{t \to \infty} \sum\limits_{i=1}^{N-1} h_i(t) = 0$ 时,可以知道, $\lim\limits_{t \to \infty} \sum\limits_{i=1}^{M} [\phi_i(t)/(N-1) - \phi_N(t)] = 0$, 这说明 $\phi_N(t)$ 存在于时变状态编队 $h_F(t)$ 的中心。因此,如果设定的 $\lim\limits_{t \to \infty} \sum\limits_{i=1}^{N-1} h_i(t) = 0$, 定义 5.3 便定义了一个目标的目标围捕(目标追踪)问题。需要指出的是, $h_F(t)$ 满足 $\lim\limits_{t \to \infty} \sum\limits_{i=1}^{M} h_i(t) = 0$ 并不会增加保守型,因为时变的向量 $h_F(t)$ 表征的编队形状不是唯一的。此外,由定义 5.3 可以知道,当 $h_F(t) \equiv 0$ 时,编队跟踪问题可以被看作是一致性跟踪问题或者领导者-跟随者一致性问题。本书将这两种情况都看作是编队跟踪问题特殊情况。图 5.13 给出了多无人飞行器集群系统时变编队跟踪控制示意图。

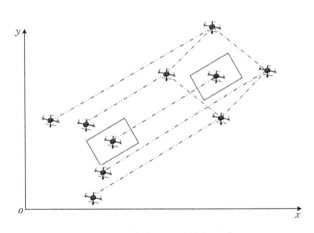

图 5.13 时变编队跟踪控制示意图

采用分布式的控制思想设计编队控制协议时,控制器的组成主要包含以下四个部分:第一部分是每个节点与邻居节点的状态偏差;第二部分是每个节点状态与编队状态的状态偏差;第三部分是编队状态信息;第四部分提供 $h(t)$ 的加速度信息,使得算法可以跟踪时变的编队信号。

因此设计下分布式时变编队跟踪控制器：

$$u_i(t) = K \sum_{j \in N_i, j \neq N} w_{ij}(t) \{[\phi_i(t) - h_i(t)] - [\phi_j(t) - h_j(t)]\}$$

$$+ Kw_{iN}(t)\{[\phi_i(t) - h_i(t)] - \phi_N(t)\} - \alpha h_i(t) + \dot{h}_{iw}(t) \qquad (5.26)$$

式中，$i \in F$；N_i 表示主体 i 的邻居节点；$\alpha = [\alpha_x, \alpha_v]$ 和 $K = [K_{11}, K_{12}]$ 是常数增益矩阵。

由定义 5.2 可以看到，由于通信拓扑结构的特殊性，将系统的拉普拉斯矩阵进行分解：

$$L = \begin{bmatrix} L_1 & L_2 \\ 0 & 0 \end{bmatrix}$$

式中，$L_1 \in \mathbb{R}^{(N-1) \times (N-1)}$；$L_2 \in \mathbb{R}^{(N-1) \times 1}$。

令 $\phi_F(t) = [\phi_1^T(t), \phi_2^T(t), \cdots, \phi_{N-1}^T(t)]^T$，$B_1 = [1, 0]^T$，$B_2 = [0, 1]^T$。基于控制器，智能集群系统能够表示成如下更紧凑的形式：

$$\begin{cases} \dot{\phi}_F(t) = [I_{N-1} \otimes (B_1 B_2^T + B_2 \alpha) + (L_1 \otimes B_2 K)]\phi_F(t) + (L_2 \otimes B_2 K)\phi_N(t) \\ \qquad + (I_{N-1} \otimes B_2 B_2^T)\dot{h}_F(t) - (L_1 \otimes B_2 K - I_{N-1} \otimes B_2 \alpha)h_F(t) \qquad (5.27) \\ \dot{\phi}_N(t) = (B_1 B_2^T + B_2 \alpha)\phi_N(t) \end{cases}$$

注释 5.4：由控制器可以看到，$[\phi_i(t) - h_i(t)] - [\phi_j(t) - h_j(t)]$ 相当于 $[\phi_i(t) - \phi_j(t)] - [h_i(t) - h_j(t)]$ 决定了邻居节点之间的相对位置和编队状态信息。控制器是一个在传统的一致性跟踪控制上进行扩展的控制器，可以被称为基于一致性的编队跟踪控制器。在 $h_F(t) \equiv 0$ 的时候，控制器成为一致性跟踪控制器。传统的一致性跟踪控制器不能应用于解决本书的问题，因为前者所有的跟随者的状态信息需要同领导者的状态达成一致，而本书的情况是跟随者的状态应该遵循在领导者状态的情况下保持一个时变编队的状态。由可以看到，编队信息 $h_F(t)$ 和它的导数 $\dot{h}_F(t)$ 同时对 $\phi_F(t)$ 有影响，这说明分析和设计时变状态控制器要比一致性跟踪控制器要复杂得多。

本章主要基于下面两个问题来研究集群系统在控制器下的影响：① 在什么条件下，只有一个领导者的智能集群系统可以实现时变状态编队跟踪；② 怎么去设计控制器来实现时变状态编队跟踪控制。

假设 5.1：在任何跟随者中，最少存在一条有向通信路径连接领导者。

下面将分析只有一个领导者的集群系统实现时变状态编队跟踪的充要条件。

假设 5.2：在跟随者中，领导者至少存在一条有向通信路径由领导者到达跟随者。

如果假设 5.1 成立，那么下面的引理成立。

引理 5.3：(详见文献[16])如果有向拓扑图 G 满足假设 5.1，则 L_1 所有的特征值都是正的；$-L_1^{-1}L_2$ 的每个元素均是大于等于 0 的，且每行元素的和均为 1。

引理 5.4：(详见文献[17])对系统 $\dot{\varphi}(t) = M\varphi(t)$，其中 M 是一个 2×2 的复数矩阵，它的特征多项式为 ，当且仅当 $\mathrm{Re}(a_1) > 0$ 和 $\mathrm{Re}(a_1)\mathrm{Re}(a_1\bar{a}_2) - \mathrm{Im}(a_2)^2 > 0$ 时，系统为渐进稳定系统。

定理 5.2：只有一个领导者的智能集群系统在控制器的作用下实现时变编队跟踪控制的充要条件为，编队跟踪可行条件满足 $\lim\limits_{t \to \infty}[h_{iv}(t) - \dot{h}_{ix}(t)] = 0$，并且：

$$\begin{cases} \alpha_v + \mathrm{Re}(\lambda_i)k_{12} < 0, \\ [\alpha_v + \mathrm{Re}(\lambda_i)k_{12}]\psi_i + \mathrm{Im}(\lambda_i)^2 k_{11}^2 < 0 \end{cases} \tag{5.28}$$

式中，$\psi_i = \alpha_v\alpha_x + \mathrm{Re}(\lambda_i)(\alpha_v k_{11} + \alpha_x k_{12}) + [\mathrm{Re}(\lambda_i)^2 + \mathrm{Im}(\lambda_i)^2]k_{11}k_{12}$，$i \in F$。

证明：令 $\dot{\phi}(t) = [\dot{\phi}_F^{\mathrm{T}}(t), \dot{\phi}_N^{\mathrm{T}}(t)]^{\mathrm{T}}$。智能集群系统可以转换成：

$$\dot{\phi}(t) = \left(\begin{bmatrix} I_{N-1} \otimes (B_1 B_2^{\mathrm{T}} + B_2\alpha) & 0 \\ 0 & B_1 B_2^{\mathrm{T}} + B_2\alpha \end{bmatrix} + L \otimes B_2 K \right) \phi(t)$$

$$- \begin{bmatrix} L_1 \otimes B_2 K + I_{N-1} \otimes B_2\alpha \\ 0 \end{bmatrix} h_F(t) + \begin{bmatrix} I_{N-1} \otimes B_2 B_2^{\mathrm{T}} \\ 0 \end{bmatrix} \dot{h}_F(t) \tag{5.29}$$

令 $\theta_i(t) = \phi_i(t) - h_i(t)\,(i \in F)$，$\theta_F(t) = [\theta_1^{\mathrm{T}}(t), \theta_2^{\mathrm{T}}(t), \cdots, \theta_{N-1}^{\mathrm{T}}(t)]^{\mathrm{T}}$，$\xi(t) = [\theta_F^{\mathrm{T}}(t), \phi_N^{\mathrm{T}}(t)]^{\mathrm{T}}$，有 $\xi(t) = \phi(t) - [I, 0]^{\mathrm{T}}h_F(t)$，智能集群系统可以转换成：

$$\dot{\xi}(t) = \left(\begin{bmatrix} I_{N-1} \otimes (B_1 B_2^{\mathrm{T}} + B_2\alpha) & 0 \\ 0 & B_1 B_2^{\mathrm{T}} + B_2\alpha \end{bmatrix} + L \otimes B_2 K \right) \xi(t)$$

$$- \begin{bmatrix} I_{N-1} \otimes B_1 B_2^{\mathrm{T}} \\ 0 \end{bmatrix} h_F(t) - \begin{bmatrix} I_{N-1} \otimes B_1 B_1^{\mathrm{T}} \\ 0 \end{bmatrix} \dot{h}_F(t) \tag{5.30}$$

由引理 5.3，L_1 所有的特征值都是正的，一次设 $\lambda_i(i \in F)$ 为它的特征值，则有 $0 < \mathrm{Re}(\lambda_1) \leqslant \mathrm{Re}(\lambda_2) \leqslant \cdots \leqslant \mathrm{Re}(\lambda_{N-1})$。设存在非奇异矩阵 $U_F \in \mathbb{R}^{(N-1)\times(N-1)}$，$J_F$ 是 L_1 的约旦标准型，有 $U_F^{-1}L_1 U_F = J_F$。令

$$T = \begin{bmatrix} U_F & 1_{N-1} \\ 0 & 1 \end{bmatrix}$$

则有

$$T^{-1} = \begin{bmatrix} U_F^{-1} & -U_F^{-1}1_{N-1} \\ 0 & 1 \end{bmatrix}$$

由引理 5.3 有 $-L_1^{-1}L_2 = 1_{N-1}$，即

$$L_1 1_{N-1} + L_2 = 0 \tag{5.31}$$

因此可以得到：

$$T^{-1}LT = \begin{bmatrix} J_F & 0 \\ 0 & 0 \end{bmatrix} \tag{5.32}$$

令 $\varsigma(t) = (U_F^{-1} \otimes I_2)\theta_F(t) - (U_F^{-1} 1_{N-1} \otimes I_2)\phi_N(t)$，$\bar{\xi}(t) = [\varsigma^H(t), \ \phi_N^H(t)]^H$，有

$$(T^{-1} \otimes I_2)\xi(t) = \bar{\xi}(t) \tag{5.33}$$

因此系统可以转换成：

$$\dot{\varsigma}(t) = (I_{N-1} \otimes (B_1 B_2^T + B_2 \alpha) + J_F \otimes B_2 K)\varsigma(t) \\ - (U_F^{-1} \otimes B_1 B_2^T)h_F(t) - (U_F^{-1} \otimes B_1 B_1^T)\dot{h}_F(t) \tag{5.34}$$

$$\dot{\phi}_N(t) = (B_1 B_2^T + B_2 \alpha)\phi_N(t) \tag{5.35}$$

令

$$\xi_f(t) = (T \otimes I_2)[0, \ \phi_N^T]^T \tag{5.36}$$

$$\xi_{\bar{f}}(t) = (T \otimes I_2)[\varsigma^H(t), \ 0]^H \tag{5.37}$$

因为 $[0, \ \phi_N^T]^T = e_N \otimes \phi_N(t)$，其中 $e_N \in \mathbb{R}^N$，它为一个第 N 个元素为 1 剩余元素值为 0 的列向量。由式(5.36)可以看到：

$$\xi_f(t) = Te_N \otimes \phi_N(t) = 1_N \otimes \phi_N(t) \tag{5.38}$$

从式(5.33)、式(5.36)和式(5.38)可以得到：

$$\xi(t) = \xi_f(t) + \xi_{\bar{f}}(t) \tag{5.39}$$

由式(5.36)和式(5.37)，因为 $T \otimes I_2$ 不是奇异的，则推导出 $\xi_f(t)$ 和 $\xi_{\bar{f}}(t)$ 是线性无关的。由式(5.38)和式(5.39)，可以得到：

$$\xi_{\bar{f}}(t) = \phi(t) - [I, \ 0]^T h_F(t) - 1_N \otimes \phi_N(t) \tag{5.40}$$

即

$$\xi_{\bar{f}}(t) = \begin{bmatrix} \phi(t) - h_F(t) - 1_{N-1} \otimes \phi_N(t) \\ 0 \end{bmatrix} \tag{5.41}$$

由式(5.41)可以看到，只有一个领导者的智能集群系统在控制器的作用下实现时变编队跟踪控制的充要条件为

$$\lim_{t \to \infty} \xi_{\bar{f}}(t) = 0 \tag{5.42}$$

由式(5.37),其中 $T \otimes I_2$ 是非奇异的:

$$\lim_{t \to \infty} \varsigma(t) = 0 \tag{5.43}$$

这样 $\varsigma(t)$ 就代表了时变编队跟踪误差。由 $\varsigma(t)$ 逐渐变成 0,当且仅当 $I_{N-1} \otimes (B_1 B_2^{\mathrm{T}} + B_2 \alpha) + J_F \otimes B_2 K$ 是赫尔维茨的,并且:

$$\lim_{t \to \infty} \left[(U_F^{-1} \otimes B_1 B_2^{\mathrm{T}}) h_F(t) - (U_F^{-1} \otimes B_1 B_1^{\mathrm{T}}) \dot{h}_F(t) \right] = 0 \tag{5.44}$$

由 J_F 的结构,$I_{N-1} \otimes (B_1 B_2^{\mathrm{T}} + B_2 \alpha) + J_F \otimes B_2 K$ 是赫尔维茨的,需要 $B_1 B_2^{\mathrm{T}} + B_2 \alpha + \lambda_i B_2 K$ 是赫尔维茨的。所以有

$$B_1 B_2^{\mathrm{T}} + B_2 \alpha + \lambda_i B_2 K = \begin{bmatrix} 0 & 1 \\ \alpha_x + \lambda_i k_{11} & \alpha_v + \lambda_i k_{12} \end{bmatrix} \tag{5.45}$$

的特征多项式为

$$p(s) = s^2 - (\alpha_v + \lambda_i k_{12}) s - (\alpha_x + \lambda_i k_{11}) \tag{5.46}$$

式中,s 是复数变量。由引理 5.4,$I_{N-1} \otimes (B_1 B_2^{\mathrm{T}} + B_2 \alpha) + J_F \otimes B_2 K$ 是赫尔维茨的,当且仅当条件成立。因为 $U_F^{-1} \otimes I_2$ 是非线性的,在式等号两边均前乘一个 $U_F \otimes I_2$ 可以得到

$$\lim_{t \to \infty} \left[(I_{N-1} \otimes B_1 B_2^{\mathrm{T}}) h_F(t) - (I_{N-1} \otimes B_1 B_1^{\mathrm{T}}) \dot{h}_F(t) \right] = 0 \tag{5.47}$$

即 $\lim_{t \to \infty} [h_{iv}(t) - \dot{h}_{ix}(t)] = 0$,$i \in F$,这说明编队跟踪可行性条件是充分且必要的。因此,定理 5.2 得证。

注释 5.5:编队跟踪可行性条件揭示了,在控制器作用下的有一个领导者的智能集群系统实现时变编队跟踪时,由于每个主体的动力学模型均为二阶形式,编队状态信息的位置向量的导数与其对应的速度向量最终是相等的。当 $\lim_{t \to \infty} \sum_{i=1}^{N-1} h_i(t) = 0$ 时,线性系统实现目标围捕的充要条件可以由定理 5.2 得到。在文献[18]中,研究的是每个主体的动力学模型为一阶的集群系统,得到的条件并非是充分的。当 $h_F(t) \equiv 0$ 时,定理 5.2 给出了在控制器作用下的只有一个领导者的智能集群系统实现时变一致性跟踪的充分必要条件。

基于定理 5.2,下面将确定控制器的增益矩阵的设计方法。

定理 5.3:如果时变编队跟踪的可行性条件由定理 5.2 确定,令 $K = -\delta [\mathrm{Re}(\lambda_1)]^{-1} R^{-1} B_2^{\mathrm{T}} P$,其中 $\delta > 0.5$,P 是以下代数黎卡提微分方程的正定解:

$$P(B_1 B_2^{\mathrm{T}} + B_2 \alpha) + (B_1 B_2^{\mathrm{T}} + B_2 \alpha)^{\mathrm{T}} P - P B_2 R^{-1} B_2^{\mathrm{T}} P + I = 0 \tag{5.48}$$

式中,$R = R^{\mathrm{T}} > 0$ 为任意给定的常矩阵,则对于任意给定的有界初始状态,智能集群系统在控制器的作用下可以实现时变一致性跟踪。

证明：考虑下面子系统的稳定性：

$$\dot{\bar{\varsigma}}_i(t) = (B_1 B_2^{\mathrm{T}} + B_2\alpha + \lambda_i B_2 K)\,\bar{\varsigma}_i(t),\ (i \in F) \tag{5.49}$$

构造下面的李亚普诺夫候选函数：

$$V_i(t) = \bar{\varsigma}_i^{\mathrm{H}}(t) P \bar{\varsigma}_i(t)$$

对其求导得到：

$$\dot{V}_i(t) = \bar{\varsigma}_i^{\mathrm{H}}(t)\big[P(B_1 B_2^{\mathrm{T}} + B_2\alpha) + (B_1 B_2^{\mathrm{T}} + B_2\alpha)^{\mathrm{T}} P + \lambda_i^{\mathrm{H}}(B_2 K)^{\mathrm{T}} P + \lambda_i P B_2 K \big]\bar{\varsigma}_i(t) \tag{5.50}$$

将 $K = -\delta[\mathrm{Re}(\lambda_1)]^{-1} R^{-1} B_2^{\mathrm{T}} P$，$P(B_1 B_2^{\mathrm{T}} + B_2\alpha) + (B_1 B_2^{\mathrm{T}} + B_2\alpha)^{\mathrm{T}} P = P B_2 R^{-1} B_2^{\mathrm{T}} P - I$ 代入得

$$\dot{V}_i(t) = -\bar{\varsigma}_i^{\mathrm{H}}(t)\bar{\varsigma}_i(t) + \big\{ 1 - 2\delta[\mathrm{Re}(\lambda_1)]^{-1}\mathrm{Re}(\lambda_1) \big\}\bar{\varsigma}_i^{\mathrm{H}}(t) P B_2 R^{-1} B_2^{\mathrm{T}} P \bar{\varsigma}_i(t) \tag{5.51}$$

由 $1 - 2\delta[\mathrm{Re}(\lambda_1)]^{-1}\mathrm{Re}(\lambda_1) < 0$，$\dot{V}_i(t) < 0$，推出 $\lim\limits_{t\to\infty}\bar{\varsigma}_i(t) = 0$，就说明 $B_1 B_2^{\mathrm{T}} + B_2\alpha + \lambda_i B_2 K$ 是赫尔维茨的。因为时变编队跟踪控制可行性条件在定理 5.2 已得到确定，定理 5.3 得证。

注释 5.6：由定理 5.3，增益矩阵 K 能够被黎卡提方程的解决定，则比较好确定和实现。由于 $(B_1 B_2^{\mathrm{T}}, I)$ 是稳定的，能够保证 K 的存在。

3. 异构编队控制策略

现阶段对于异构多智能体系统时变编队控制的研究成果较少[19]，目前对于异构多智能体系统编队控制研究主要集中在固定队形的编队控制，文献[20]基于一致性研究了离散异构多主体系统的固定编队方法，文献[21]采用领导者-跟随者（leader-follower）方法研究了无人机与无人车的异构编队问题。而当前对异构多智能体系统一致性研究有较多成果[22-24]，对异构多智能体系统一致性关于时延[25]、通信拓扑切换[26]、有向图[27]等都有相关成果。但是异构多智能体系统基于一致性的研究还没有应用到时变编队控制中。

时变编队控制问题的研究现阶段主要集中在具有相同动态特性的一阶、二阶、高阶多多智能体系统，然而在一些实际情况下，有很多场景需要不同的多智能体协同工作，例如典型的空地协同，空中无人机与地面无人车进行协同编队搜索等任务，充分发挥各自优势，协同合作。因此研究异构多智能体系统的时变编队控制问题至关重要。

本书以一阶、二阶异构多智能体系统为对象，研究其时变编队控制问题，首先提出了异构多智能体系统时变编队定义，随后提出了一种实现时变编队的控制器，控制器根据邻居节点的信息实现全局的控制。接着提出了实现时变编队控制的充要条件，并给出了相应证明。得到的结果可以用于解决异构多智能体系统的时变编队控制问题。

首先对于一个由一阶和二阶智能体组成具有有向作用拓扑 G 的异构多智能体系统,不失一般性的,假设异构系统共有 n 个智能体,其中存在 $m(0 < m < n)$ 个二阶智能体,其动力学模型可以表示如下:

$$\begin{cases} \dot{x}_i(t) = v_i(t) \\ \dot{v}_i(t) = u_i(t), \ i \in I_m \end{cases} \tag{5.52}$$

存在 $n - m$ 个一阶智能体,其动力学模型表示如下:

$$\dot{x}_i(t) = u_i(t), \ i \in I_{n-m} \tag{5.53}$$

式中,$I_m = \{1, 2, \cdots, m\}$,$I_{n-m} = \{m+1, m+2, \cdots, n\}$;对二阶智能体,$x_i(t) \in \mathbb{R}^N$ 代表的是系统中第 $i(i \in I_m)$ 个二阶智能体的位置矢量信息,$v_i(t) \in \mathbb{R}^N$ 则代表其速度矢量信息,$u_i \in \mathbb{R}^N$ 表示其对应的控制输入;而对一阶智能体,$x_i(t) \in \mathbb{R}^N$、$u_i \in \mathbb{R}^N$ 分别代表的是系统中第 $i(i \in I_{n-m})$ 个一阶智能体的位置矢量信息和对应的控制输入。为简化分析,这里均假设 N 为 1,当 $N > 1$ 时可以通过克罗内克(Kronecker)积的方式进行扩展,不会影响后续的结论。

则整个异构多智能体可表示如下:

$$\begin{cases} \dot{x}_i(t) = v_i(t), & i \in I_m \\ \dot{v}_i(t) = u_i(t), & i \in I_m \\ \dot{x}_i(t) = u_i(t), & i \in I_{n-m} \end{cases} \tag{5.54}$$

令 $h(t) = [h_1^{\mathrm{T}}(t), h_2^{\mathrm{T}}(t), \cdots, h_n^{\mathrm{T}}(t)]^{\mathrm{T}} \in \mathbb{R}^{n+m}$ 为异构多智能体系统的编队指令,其中 $h_i = \begin{cases} [h_{ix}(t), h_{iv}(t)]^{\mathrm{T}}, i \in I_m \\ h_{ix}(t), i \in I_{n-m} \end{cases}$,则 $h(t)$ 即可描述期望的时变编队构型。

定义 5.4:对异构多智能体系统,在任意给定的有限初始状态下,当

$$\begin{cases} \lim\limits_{t \to \infty}[x_i(t) - h_{ix}(t) - c_x(t)] = 0, \ i \in I_n \\ \lim\limits_{t \to \infty}[v_i(t) - h_{iv}(t) - c_v(t)] = 0, \ i \in I_m \end{cases} \tag{5.55}$$

式中 $c_x(t)$、$c_v(t)$ 为编队中心,则称实现了时变编队。

注释 5.7:编队状态向量 $h(t)$ 是预先定义的,每个智能体都知道它自己的编队状态信息 $h_i(t)(i \in I_n)$。对智能体 i,它的邻居状态信息 $h_j(t)(j \in I_n)$ 可以通过通信网络传递给它。需要指出的是,$h_i(t)(i \in I_n)$ 并不是每个智能体的轨迹,从定义 5.4 可以看到,智能体状态与编队状态存在一定偏移。

根据定义 5.4 可得定义 5.5。

定义 5.5:对异构多智能体系统,在任意给定的有限初始状态下,当有

$$\begin{cases} \lim\limits_{t \to \infty} \{ [x_i(t) - h_{ix}(t)] - [x_j(t) - h_{jx}(t)] \} = 0, \, i, j \in I_n \\ \lim\limits_{t \to \infty} \{ [v_i(t) - h_{iv}(t)] - [v_j(t) - h_{jv}(t)] \} = 0, \, i, j \in I_m \end{cases} \tag{5.56}$$

则称实现了时变编队。

设计编队控制协议时采用分布式的控制思想,控制器的设计主要包括三个部分:第一部分是每个节点与邻居节点的状态偏差;第二部分是每个节点状态与编队状态的状态偏差;第三部分提供 $h(t)$ 的加速度(对二阶智能体是加速度,对一阶智能体对应是速度)信息,使得算法可以跟踪时变的编队信号。

因此设计下分布式时变编队控制器:

$$u_i(t) = \begin{cases} -k_1[v_i(t) - h_{iv}(t)] + k_{21} \sum\limits_{j=1}^{n} w_{ij} \{ [x_j(t) - h_j(t)] - [x_i(t) - h_i(t)] \} \\ + k_{22} \sum\limits_{j=1}^{m} w_{ij} \{ [v_j(t) - h_{jv}(t)] - [v_i(t) - h_{iv}(t)] \} + \dot{h}_{iv}(t), \, i \in I_m \\ k_{23} \sum\limits_{j=1}^{n} w_{ij} \{ [x_j(t) - h_j(t)] - [x_i(t) - h_{ix}(t)] \} + \dot{h}_{ix}(t), \, i \in I_{n-m} \end{cases} \tag{5.57}$$

式中,$k_1 > 0$,$k_{21} > 0$,$k_{22} > 0$,$k_{23} > 0$ 为控制器参数。

则在控制器下,异构多智能体系统可以改写如下:

$$\begin{cases} \dot{x}_i(t) = v_i(t), \, i \in I_m \\ \dot{v}_i(t) = -k_1[v_i(t) - h_{iv}(t)] + k_{21} \sum\limits_{j=1}^{n} w_{ij} \{ [x_j(t) - h_j(t)] - [x_i(t) - h_i(t)] \} \\ \qquad + k_{22} \sum\limits_{j=1}^{m} w_{ij} \{ [v_j(t) - h_{jv}(t)] - [v_i(t) - h_{iv}(t)] \} + \dot{h}_{iv}(t), \, i \in I_m \\ \dot{x}_i(t) = k_{23} \sum\limits_{j=1}^{n} w_{ij} \{ [x_j(t) - h_j(t)] - [x_i(t) - h_{ix}(t)] \} + \dot{h}_{ix}(t), \, i \in I_{n-m} \end{cases} \tag{5.58}$$

令 $\bar{x}_i(t) = x_i(t) - h_{ix}(t)$,$i \in I_n$,$\bar{v}_i(t) = v_i(t) - h_{iv}(t)$,$i \in I_m$,则上式可化为

$$\begin{cases} \dot{\bar{x}}_i(t) = \bar{v}_i(t) + h_{iv}(t) - \dot{h}_{ix}(t), \, i \in I_m \\ \dot{\bar{v}}_i(t) = -k_1 \bar{v}_i(t) + k_{21} \sum\limits_{j=1}^{n} w_{ij} [\bar{x}_j(t) - \bar{x}_i(t)] - k_{22} \sum\limits_{j=1}^{m} w_{ij} [\bar{v}_j(t) - \bar{v}_i(t)], \, i \in I_m \\ \dot{\bar{x}}_i(t) = k_{23} \sum\limits_{j=1}^{n} w_{ij} [\bar{x}_j(t) - \bar{x}_i(t)], \, i \in I_{n-m} \end{cases} \tag{5.59}$$

则定义 5.5 可改为下式：

$$\begin{cases} \lim\limits_{t \to \infty}[\bar{x}_i(t) - \bar{x}_j(t)] = 0, \ (i, j \in I_n) \\ \lim\limits_{t \to \infty}[\bar{v}_i(t) - \bar{v}_j(t)] = 0, \ (i, j \in I_m) \end{cases} \tag{5.60}$$

由于整个异构系统分别由一阶智能体和二阶智能体构成，则整个系统对应的邻接矩阵 W 可以表示为

$$W = \begin{bmatrix} W_s & W_{sf} \\ W_{fs} & W_f \end{bmatrix} \tag{5.61}$$

式中，$W_s \in \mathbb{R}^{m \times m}$；$W_f \in \mathbb{R}^{(n-m) \times (n-m)}$。

定义二阶智能体内部的拉普拉斯矩阵为 $L_s = D_s - W_s$，其中 D_s 为二阶个体中只考虑二阶的入度矩阵，同理定义一阶智能体拉普拉斯矩阵为 $L_f = D_f - W_f$。则整个异构多智能体系统通信拓扑 G 的拉普拉斯矩阵可表示如下：

$$L = \begin{bmatrix} L_s + D_{sf} & -W_{sf} \\ -W_{fs} & L_f + D_{fs} \end{bmatrix} \tag{5.62}$$

式中，D_{sf} 表示二阶个体中只考虑来自一阶的入度矩阵；D_{fs} 表示一阶个体中只考虑来自二阶的入度矩阵。

令 $\bar{x}^1 = [\bar{x}_1, \bar{x}_2, \cdots, \bar{x}_m]^T$，$\bar{v} = [\bar{v}_1, \bar{v}_2, \cdots, \bar{v}_m]^T$，$\bar{x}^2 = [\bar{x}_{m+1}, \bar{x}_{m+2}, \cdots, \bar{x}_n]^T$，$h_x^1 = [h_{1x}(t), h_{2x}(t), \cdots, h_{mx}(t)]$，$h_v^1 = [h_{1v}(t), h_{2v}(t), \cdots, h_{mv}(t)]$，则式可改写为

$$\begin{bmatrix} \dot{\bar{x}}^1 \\ \dot{\bar{v}} \\ \dot{\bar{x}}^2 \end{bmatrix} = \Gamma \begin{bmatrix} \bar{x}^1 \\ \bar{v} \\ \bar{x}^2 \end{bmatrix} + \begin{bmatrix} I_m \\ 0_{m \times m} \\ 0_{(n-m) \times m} \end{bmatrix} (h_v^1 - \dot{h}_x^1) \tag{5.63}$$

式中，$\Gamma = \begin{bmatrix} 0_{m \times m} & I_m & 0_{m \times (n-m)} \\ -k_{21}\bar{L}_s & -k_1 I_m - k_{22} L_s & k_{21} W_{sf} \\ k_{23} W_{fs} & 0_{(n-m) \times m} & -k_{23}\bar{L}_f \end{bmatrix}$；$\bar{L}_s = L_s + D_{sf}$；$\bar{L}_f = L_f + D_{fs}$。

为帮助后续分析，这里令 $\bar{y}_i = \bar{x}_i + \dfrac{k_{22}}{k_{21}}\bar{v}_i$，$i \in I_m$，$\bar{y} = [\bar{y}_1, \bar{y}_2, \cdots, \bar{y}_m]^T$，则在控制器下，异构多智能体系统写为如下矩阵形式：

$$\begin{bmatrix} \dot{\bar{x}}^1 \\ \dot{\bar{y}} \\ \dot{\bar{x}}^2 \end{bmatrix} = -\Psi \begin{bmatrix} \bar{x}^1 \\ \bar{y} \\ \bar{x}^2 \end{bmatrix} + \begin{bmatrix} I_m \\ I_m \\ 0_{(n-m) \times m} \end{bmatrix} (h_v^1 - \dot{h}_x^1) \tag{5.64}$$

其中，

$$\Psi = \begin{bmatrix} \dfrac{k_{21}}{k_{22}}I_m & -\dfrac{k_{21}}{k_{22}}I_m & 0_{m\times(n-m)} \\ \left(\dfrac{k_{21}}{k_{22}}-k_1\right)I_m + k_{22}D_{sf} & \left(-\dfrac{k_{21}}{k_{22}}+k_1\right)I_m + k_{22}L_s & -k_{22}W_{sf} \\ -k_{23}W_{fs} & 0_{(n-m)\times m} & k_{23}\bar{L}_f \end{bmatrix} \tag{5.65}$$

定理 5.4：当控制器参数 k_1、k_{21}、k_{22} 满足：

$$k_1 - \frac{k_{21}}{k_{22}} \geqslant k_{22}\sum_{v_j\in N_{i,\,f}}w_{ij},\ i\in I_m \tag{5.66}$$

则中定义的矩阵 Ψ 是有效的拉普拉斯矩阵，并且 Ψ 所代表的通信拓扑具有生成树的充分必要条件是通信拓扑 G 有生成树。

证明：当控制器参数满足条件时，显然矩阵 Ψ 的对角元素均为非负，非对角元素均为非正。同时有：

$$\Psi 1_{n+m} = \begin{bmatrix} \dfrac{k_{21}}{k_{22}}I_m & -\dfrac{k_{21}}{k_{22}}I_m & 0_{m\times(n-m)} \\ \left(\dfrac{k_{21}}{k_{22}}-k_1\right)I_m + k_{22}D_{sf} & \left(-\dfrac{k_{21}}{k_{22}}+k_1\right)I_m + k_{22}L_s & -k_{22}W_{sf} \\ -k_{23}W_{fs} & 0_{(n-m)\times m} & k_{23}\bar{L}_f \end{bmatrix}\begin{bmatrix} 1_m \\ 1_m \\ 1_{n-m} \end{bmatrix} = 0$$

因此显然矩阵 Ψ 是有效的拉普拉斯矩阵。

对 Ψ 进行初等变换，可得

$$\Psi \rightarrow \begin{bmatrix} \dfrac{k_{21}}{k_{22}}I_m & 0 & 0 \\ \left(\dfrac{k_{21}}{k_{22}}-k_1\right)I_m + k_{22}D_{sf} & k_{22}\bar{L}_s & -k_{22}W_{sf} \\ -k_{23}W_{fs} & -k_{23}W_{fs} & k_{23}\bar{L}_f \end{bmatrix} \rightarrow \begin{bmatrix} \dfrac{k_{21}}{k_{22}}I_m & 0 & 0 \\ 0 & k_{22}\bar{L} & -k_{22}W_{sf} \\ 0 & -k_{23}W_{fs} & k_{23}\bar{L}_f \end{bmatrix} \rightarrow \begin{bmatrix} I_m & 0 \\ 0 & L \end{bmatrix}$$

$$\tag{5.67}$$

则 $\text{Rank}(\Psi) = m + \text{Rank}(L)$，由引理 5.4 可知，当且仅当通信拓扑 G 有生成树时，Ψ 所代表的通信拓扑具有生成树，故得证。

定理 5.5：如果控制器参数满足式，通信拓扑 G 有生成树，且期望编队构型条件 $\lim\limits_{t\to\infty}[h_{iv}(t)-\dot{h}_{ix}(t)]=0,\ i\in I_m$ 时，则异构多智能体系统在控制器的作用下实现时变编队。

证明：令 $\zeta = [\bar{x}^{1\text{T}},\ \bar{y}^\text{T},\ \bar{x}^{2\text{T}}]^\text{T}$，则式等价于 $\dot{\zeta} = -\Psi\zeta + [I_m,\ I_m,\ 0_{m\times(n-m)}]^\text{T}(h_v^1 -$

h_x^1),将 ζ 分解为 $\zeta = \zeta_c + \zeta_h$,其中 $\dot{\zeta}_c = -\boldsymbol{\varPsi}\zeta_c$,$\dot{\zeta}_h = [I_m, I_m, 0_{m\times(n-m)}]^{\mathrm{T}}(h_v^1 - \dot{h}_x^1)$,$\zeta_c(0) = \zeta(0)$,$\zeta_h(0) = 0$。

由式(5.64)可知,要使 ζ 实现渐进一致性,等价于系统 $\dot{\zeta}_c = -\boldsymbol{\varPsi}\zeta_c$ 渐进稳定,且 $\lim\limits_{t\to\infty}[I_m, I_m, 0_{m\times(n-m)}]^{\mathrm{T}}(h_v^1 - \dot{h}_x^1) = 0$。

对系统 $\dot{\zeta}_c = -\boldsymbol{\varPsi}\zeta_c$,如果控制器参数满足式且通信拓扑 G 有生成树,则矩阵 $\boldsymbol{\varPsi}$ 是有效的拉普拉斯矩阵(有一个零特征值并且其他的特征值均有正实部),则系统 $\dot{\zeta}_c = -\boldsymbol{\varPsi}\zeta_c$ 能实现渐进稳定。即 $\lim\limits_{t\to\infty}[\zeta_{ci}(t) - \zeta_{cj}(t)] = 0$ $(i, j \in I_{n+m})$,其中 $\zeta_{ci}(t)$ 代表 ζ_c 中的第 i 行。

由 $\dot{\zeta}_h = [I_m, I_m, 0_{m\times(n-m)}]^{\mathrm{T}}(h_v^1 - \dot{h}_x^1)$,则对 ζ_h 中的第 i 行可得

$$\dot{\zeta}_{hi}(t) = \begin{cases} h_{iv} - \dot{h}_{ix}, & i \in I_m \\ h_{(i-m)v} - \dot{h}_{(i-m)x}, & i \in \{m+1, \cdots, 2m\} \\ 0, & i \in \{2m, \cdots, n+m\} \end{cases} \qquad (5.68)$$

由 $\lim\limits_{t\to\infty}[I_m, I_m, 0_{m\times(n-m)}]^{\mathrm{T}}(h_v^1 - \dot{h}_x^1) = 0$,等价于 $\lim\limits_{t\to\infty}\zeta_{hi}(t) = 0$ $(i, j \in I_{n+m})$,显然要求 $\lim\limits_{t\to\infty}[h_{iv}(t) - \dot{h}_{ix}(t)] = 0$,$(i \in I_m)$。 因此下式成立:

$$\lim\limits_{t\to\infty}[\zeta_i(t) - \zeta_j(t)] = \lim\limits_{t\to\infty}[\zeta_{ci}(t) + \zeta_{hi}(t) - \zeta_{cj}(t) - \zeta_{hj}(t)] = 0,\ (i, j \in I_{n+m})$$

$$(5.69)$$

故可得

$$\begin{cases} \lim\limits_{t\to\infty}(\bar{x}_i - \bar{x}_j) = 0,\ (\forall i, j \in I_n) \\ \lim\limits_{t\to\infty}(\bar{x}_i - \bar{y}_j) = 0,\ (\forall i \in I_n, j \in I_m) \\ \lim\limits_{t\to\infty}(\bar{y}_i - \bar{y}_j) = 0,\ (\forall i, j \in I_m) \end{cases} \qquad (5.70)$$

由 $\bar{y}_i = \bar{x}_i + \dfrac{k_{22}}{k_{21}}\bar{v}_i$,$i \in I_m$,得

$$\begin{cases} \lim\limits_{t\to\infty}[\bar{x}_i(t) - \bar{x}_j(t)] = 0,\ (i, j \in I_n) \\ \lim\limits_{t\to\infty}[\bar{v}_i(t) - \bar{v}_j(t)] = 0,\ (i, j \in I_m) \end{cases}$$

与式(5.60)相符,故异构多智能体系统在控制器的作用下实现时变编队得证。

4. 分组编队控制策略

对于未来协同作战场景,多飞行器的编队构型设计是进行编队协同作战的基础。常用编队队形包括纵横队形、楔形、菱形以及多边形等。飞行器编队在执行协作任务过程中,对于不同的任务要求与环境条件,保持某种合理的编队队形,可以

使得系统更加有效地完成任务,缩短任务的执行时间,提高编队的协作效率。

图 5.14 给出了七枚飞行器形成分组时变编队的示意图。

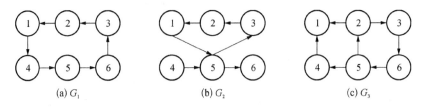

(a) G_1 (b) G_2 (c) G_3

图 5.14　分组时变编队示意图

时变编队可行性分析采取如下的方法:对于期望的编队队形,考虑其的动力学与运动学约束,以及弹群之间的通信拓扑关系,利用状态空间分解、非奇异变换、模型变换等方法,研究多飞行器时变编队的可行域范围,给出可行编队的集合,为编队控制器的设计奠定基础。

考虑到多飞行器执行不同的拦截任务、拦截多个目标群的背景需求,研究多飞行器分组编队跟踪,即多飞行器分成多个小组,每个小组有各自的领飞行器(或虚拟领导者,即参考航迹),小组中的从飞行器跟踪各自的领飞行器并形成队形,一同飞往预测拦截空域。

1)多飞行器分组编队跟踪通信网络建模

设 N 枚飞行器分成了 M 组,组内的成员间存在通信,组与组间也存在通信,代表组与组间的排斥与吸引关系。

对于由 i_m 枚飞行器组成的组 $m(m \in \{1, \cdots, M\})$,其组内成员的通信建模与不分组的建模一致:图 G_m 的节点集 $Q_m = \{q_1^m, q_2^m, \cdots, q_{i_m}^m\}$ 建模 i_m 枚飞行器,其中 q_1^m 表示领飞行器,$q_2^m, \cdots, q_{i_m}^m$ 表示从飞行器,两枚从飞行器 $q_i^m, q_j^m(i, j \in \{2, \cdots, i_m\})$ 间的互相通信建模为 G_m 中的一条无向边 $q_{ij}^m = (q_i^m, q_j^m)(i, j \in 2, \cdots, i_m)$,一起组成通信边集 $E_m \subseteq \{(q_i^m, q_j^m): i, j \in 2, \cdots, i_m\}$;领飞行器 1 到从飞行器 i 的通信建模为一条有向边 $q_{i1}^m = (q_i^m, q_1^m)(i \in 2, \cdots, i_m)$,一起组成边集 $B_m \subseteq \{(q_i^m, q_1^m): i \in 2, \cdots, i_m\}$。设 b_{i1}^m 为领飞行器到从飞行器的通信权重,w_{ij}^m 为从飞行器间的通信权重。$b_{i1}^m > 0$ 当且仅当 $q_{i1}^m \in B_m$,否则 $b_{i1}^m = 0$;$w_{ij}^m > 0$ 当且仅当 $q_{ij}^m \in E_m$,否则 $w_{ij}^m = 0$,此外,$w_{ii}^m = 0$,$i = 2, \cdots, i_m$。这里假设组 m 内的 i_m 枚飞行器组成的通信网络 G_m 满足:对于每枚从飞行器 q_i^m,在通信拓扑图 G_m 中存在一条领飞行器 q_1^m 到 q_i^m 的路径。

组间的通信建模:组 k 内飞行器 q_j^k 到组 m 内飞行器 q_i^m 的通信建模为有向边 $q_{ij}^{mk} = (q_i^m, q_j^k)$,一起组成有向边集 $E_{mk} \subseteq \{(q_i^m, q_j^k): q_i^m \in Q_m, q_j^k \in Q_k\}$,记 w_{ij}^{mk} 为通信权重,这里要求 $\sum\limits_{j=1}^{i_k} w_{ij}^{mk} = 0$。

则 N 枚飞行器的整体通信拓扑建模为图 $G = \bigcup\limits_{m=1}^{M} G_m$，相应的节点集为 $Q = \{ q_1,$ $q_2, \cdots, q_N \} = \bigcup\limits_{m=1}^{M} Q_m [q_1^m = q_m (1 \leqslant m \leqslant M), q_i^m = q_{M+i_0+\cdots+i_{m-1}-m+i} (i \geqslant 2), i_0 = 0]$，边集为 $E = \{ (q_i, q_j) : (q_i, q_j) \in E_m \ or \ (q_i, q_j) \in E_{mk}, m, k \in \{1, 2, \cdots, M\} \}$，通信权重用邻接矩阵 $W = [w_{ij}] \in \mathbb{R}^{N \times N}$ 表示，组间的通信要求 G 是无圈图，即 W 具有如下的形式：

$$W = [B, \ \bar{W}]$$

式中，$B = [\bar{B}_1, \bar{B}_2, \cdots, \bar{B}_M] = [b_{ij}]_{N \times M}$；$\bar{B}_m = e_m \otimes [0, b_{21}^m, b_{31}^m, \cdots, b_{i_m1}^m]^T$，$e_m \in \mathbb{R}^M$ 的第 m 元为 1，其他元为 0；而 $\bar{W} = \begin{bmatrix} \bar{W}_{11} & 0 & 0 & 0 \\ \bar{W}_{21} & \bar{W}_{22} & 0 & 0 \\ \vdots & \vdots & \ddots & \vdots \\ \bar{W}_{M1} & \bar{W}_{M2} & \cdots & \bar{W}_{MM} \end{bmatrix} = [w_{ij}]_{N \times (N-M)}$，其中 $\bar{W}_{mm} = \begin{bmatrix} 0 \\ W_m \end{bmatrix} \in \mathbb{R}^{i_m \times (i_m-1)}$；$W_m = [w_{ij}^m]_{(i_m-1) \times (i_m-1)}$ 代表从飞行器间的通信；$\bar{W}_{mk} = \begin{bmatrix} 0 \\ W_{mk} \end{bmatrix} \in \mathbb{R}^{i_m \times (i_k-1)}$；$W_{mk} = [w_{ij}^{mk}]_{(i_m-1) \times (i_k-1)}$ 代表组 k 到组 m 的通信。

编队跟踪的定义以及队形变换算法与部分的情形相同，这里不再赘述。

2）分组编队跟踪控制器设计

基于单枚飞行器的轨迹跟踪控制器设计思路，给出从飞行器 $q_i (i = M + 1, \cdots, N)$ 的分组编队跟踪控制器如下：

$$\begin{bmatrix} n_{xi} \\ n_{yi} \\ n_{zi} \end{bmatrix} = \frac{1}{g} \begin{bmatrix} \cos \theta_i \cos \psi_{Vi} & \sin \theta_i & -\cos \theta_i \sin \psi_{Vi} \\ -\sin \theta_i \cos \psi_{Vi} & \cos \theta_i & \sin \theta_i \sin \psi_{Vi} \\ \sin \psi_{Vi} & 0 & \cos \psi_{Vi} \end{bmatrix} \begin{bmatrix} u_{xi} \\ u_{yi} + g \\ u_{zi} \end{bmatrix}$$

其中，g 为重力加速度；u_{yi} 和 u_{zi} 为编队的虚拟控制量，满足：

$$\begin{cases} u_{yi} = K_y \sum\limits_{j \in N_i} w_{ij} [(\xi_{y_gj} - h_{y_gj}) - (\xi_{y_gi} - h_{y_gi})] + K_y b_{i\bar{i}} [\xi_{y_g\bar{i}} - (\xi_{y_gi} - h_{y_gi})] + \dot{h}_{yv_gi} \\ u_{zi} = K_z \sum\limits_{j \in N_i} w_{ij} [(\xi_{z_gj} - h_{z_gj}) - (\xi_{z_gi} - h_{z_gi})] + K_z b_{i\bar{i}} [\xi_{z_g\bar{i}} - (\xi_{z_gi} - h_{z_gi})] + \dot{h}_{zv_gi} \end{cases}$$

其中，N_i 表示与 q_i 通信的从飞行器集合；$\bar{i}$ 表示飞行器 q_i 所属的组的编号；K_y，$K_z \in \mathbb{R}^{1 \times 2}$ 为编队跟踪控制器参数。最后利用 PWPF 脉冲调制技术，将连续控制量 n_{gy_ki}、n_{gz_ki} 调制为脉冲发动机的开关控制量。

由于多飞行器在飞行过程中通信链路的遮挡、故障等，造成通信拓扑的动态性与不确定性，如何确保多智能体在通信拓扑存在约束的条件下实现期望的编队是基于一致性理论的时变编队控制技术的关键。考虑到通信拓扑切换条件下的分组时变编队控制问题。

1）含通信切换拓扑的分组时变编队建模

不重叠的连续时间区间 $[t_k, t_{k+1})(k \in \mathbb{N})$ 内，集群间通信拓扑在时间间隔 $\tau_0(0 < \tau_0 \leqslant t_{k+1} - t_k)$ 段保持不变，在时间点 $t_k(k \in \mathbb{N})$ 发生拓扑切换。用 $\sigma(t)：[0；+\infty) \to \{1, 2, \cdots, p\}$ 代表切换信号，它在 t 时刻的取值 p 表示这一时刻通信拓扑的标号。通信拓扑不切换，在时间段内一直保持不变，可看作切换拓扑的一种特殊情况。

2）多飞行器带通信拓扑约束条件下的分组时变编队控制器设计

基于前述结论，这里直接给出带通信拓扑约束条件下的分组时变编队控制器：

$$
\begin{cases}
u_{yi} = K_y \sum_{j \in N_i} w_{ij}(t) \left[(\xi_{y_g j} - h_{y_g j}) - (\xi_{y_g i} - h_{y_g i}) \right] + K_y b_{\bar{i}\bar{i}}(t) \left[\xi_{y_g \bar{i}} - (\xi_{y_g i} - h_{y_g i}) \right] + \dot{h}_{yv_g i} \\
u_{zi} = K_z \sum_{j \in N_i} w_{ij}(t) \left[(\xi_{z_g j} - h_{z_g j}) - (\xi_{z_g i} - h_{z_g i}) \right] + K_z b_{\bar{i}\bar{i}}(t) \left[\xi_{z_g \bar{i}} - (\xi_{z_g i} - h_{z_g i}) \right] + \dot{h}_{zv_g i}
\end{cases}
$$

其中，$w_{ij}(t)$ 为飞行器之间的切换通信权重；τ_0 为通信拓扑切换驻留时间。

3）分组编队控制稳定性分析

飞行器的动力学模型可以表示为

$$
\begin{cases}
\dot{x}_i(t) = v_i(t) \\
\dot{v}_i(t) = \alpha_x x_i(t) + \alpha_v v_i(t) + u_i(t)
\end{cases}
$$

其中，$x_i(t) \in \mathbb{R}^n$、$v_i(t) \in \mathbb{R}^n$ 和 $u_i(t) \in \mathbb{R}^n$ 分别跟踪随者 $i(i \in F)$ 的位置、速度和控制输入；$\alpha_x \in \mathbb{R}$ 和 $\alpha_v \in \mathbb{R}$ 为已知阻尼常数。

假设 5.3：$\{V_1, V_2, \cdots, V_g\}$ 是节点集 V 的无圈分解，并且对于任意的 $\bar{i} \in \{1, 2, \cdots, g\}$，$G_{\sigma(t)\bar{i}}$ 包含了至少一个生成树。

在假设 5.3 的基础上，拉普拉斯矩阵有如下的形式：

$$
L_{\sigma(t)} = \begin{bmatrix}
L_{\sigma(t)11} & 0 & \cdots & 0 \\
L_{\sigma(t)21} & L_{\sigma(t)22} & \cdots & 0 \\
\vdots & \vdots & \ddots & \vdots \\
L_{\sigma(t)g1} & L_{\sigma(t)g2} & \cdots & L_{\sigma(t)gg}
\end{bmatrix}
$$

其中，$L_{\sigma(t)\bar{i}\bar{i}}$ 代表小组间成员的通信；$L_{\sigma(t)\bar{i}\bar{j}}$ 代表了从小组 $\bar{j}$ 到小组 $\bar{i}$ 的通信拓扑；其中 $\bar{i}, \bar{j} \in \{1, 2, \cdots, g\}$。

假设 5.4：分块矩阵 $L_{\sigma(t)\bar{i}\bar{j}}$，$\bar{i}, \bar{j} \in \{1, 2, \cdots, g\}$ 的每一行的和为零。

引理 5.5：如果假设 5.3 和假设 5.4 满足，$L_{\sigma(t)}$ 有 g 个为零的特征值且对应 g 个线性无关的特征向量 $u_1 = [1_{q_1}^{\mathrm{T}}, 0_{N-q_1}^{\mathrm{T}}]^{\mathrm{T}}$，$u_2 = [0_{q_1}^{\mathrm{T}}, 1_{q_2}^{\mathrm{T}}, 0_{N-q_1-q_2}^{\mathrm{T}}]^{\mathrm{T}}$，$\cdots$，$u_g = [0_{N-q_g}^{\mathrm{T}}, 1_{q_g}^{\mathrm{T}}]^{\mathrm{T}}$，其余 $N - g$ 个特征值都为正。

从引理 5.5 知,可令 $\lambda_{\bar{i}} = 0 (\bar{i} = 1, 2, \cdots, g)$ 为 $L_{\sigma(t)}$ 特征值,并对应特征向量 $u_1 = [1_{q_1}^{\mathrm{T}}, 0_{N-q_1}^{\mathrm{T}}]^{\mathrm{T}}$, $u_2 = [0_{q_1}^{\mathrm{T}}, 1_{q_2}^{\mathrm{T}}, 0_{N-q_1-q_2}^{\mathrm{T}}]^{\mathrm{T}}$, $\cdots$, $u_g = [0_{N-q_g}^{\mathrm{T}}, 1_{q_g}^{\mathrm{T}}]^{\mathrm{T}}$, 且 $0 < \mathrm{Re}(\lambda_{g+1}) \leqslant \cdots \leqslant \mathrm{Re}(\lambda_N)$。

令 $\tilde{u}_j^{\bar{i}}$ 表示矩阵 U 第 $\bar{i}$, $\bar{i} \in \{1, 2, \cdots, g\}$ 块的第 j 行。则第 1 块可表示如下:

$$\tilde{u}_1^1 = [1, 0_{n-1}^{\mathrm{T}}]$$

$$\tilde{u}_2^1 = [1, 0_{g-1}^{\mathrm{T}}, 1, 0_{n-g-1}^{\mathrm{T}}]$$

$$\vdots$$

$$\tilde{u}_{q_1}^1 = [1, 0_{g+q_1-3}^{\mathrm{T}}, 1, 0_{n+1-g-q_1}^{\mathrm{T}}]$$

第 2 块可构造为

$$\tilde{u}_1^2 = [0, 1, 0_{n-2}^{\mathrm{T}}]$$

$$\tilde{u}_2^2 = [0, 1, 0_{g+q_1-3}^{\mathrm{T}}, 1, 0_{n-g-q_1}^{\mathrm{T}}]$$

$$\vdots$$

$$\tilde{u}_{q_2}^2 = [0, 1, 0_{g+q_1+q_2-5}^{\mathrm{T}}, 1, 0_{n+2-g-q_1-q_2}^{\mathrm{T}}]$$

同样地,可得到第 g 块:

$$\tilde{u}_1^g = [0_{g-1}^{\mathrm{T}}, 1, 0_{n-g}^{\mathrm{T}}]$$

$$\tilde{u}_2^g = [0_{g-1}^{\mathrm{T}}, 1, 0_{q_1+q_2+\cdots+q_{g-1}+1-g}^{\mathrm{T}}, 1, 0_{q_{g-2}}^{\mathrm{T}}]$$

$$\vdots$$

$$\tilde{u}_{q_g}^g = [0_{g-1}^{\mathrm{T}}, 1, 0_{q_1+q_2+\cdots+q_{g-1}+q_g-1-g}^{\mathrm{T}}, 1]$$

则矩阵 U 可写成:

$$U = \begin{bmatrix} \tilde{u}_1^1 \\ \vdots \\ \tilde{u}_{q_1}^1 \\ \vdots \\ \tilde{u}_1^g \\ \vdots \\ \tilde{u}_{q_g}^g \end{bmatrix}$$

引理 5.6:矩阵 U 的前 g 列为特征向量 u_1, u_2, $\cdots$, u_g,且矩阵 U 可逆。

构造 $U = [u_1, u_2, \cdots, u_N]$, $U^{-1} = [\tilde{u}_1^{\mathrm{H}}, \tilde{u}_2^{\mathrm{H}}, \cdots, \tilde{u}_N^{\mathrm{H}}]^{\mathrm{H}}$, $\bar{U} = [u_{g+1}, u_{g+2}, \cdots,$

u_N] 和 $\tilde{U} = [\tilde{u}_{g+1}^{\mathrm{H}}, \tilde{u}_{g+2}^{\mathrm{H}}, \cdots, \tilde{u}_N^{\mathrm{H}}]^{\mathrm{H}}$。可得到：

$$U^{-1}L_{\sigma(t)}U = \begin{bmatrix} 0 & \cdots & 0 & \tilde{u}_1 L_{\sigma(t)} \bar{U} \\ \vdots & \ddots & \vdots & \vdots \\ 0 & \cdots & 0 & \tilde{u}_N L_{\sigma(t)} \bar{U} \end{bmatrix}$$

令 $\varphi_i(t) = \xi_i(t) - h_i(t)$ $(i = 1, 2, \cdots, N)$，$\bar{\varphi}_{\bar{i}}(t) = [\varphi_{\Xi_{\bar{i}}+1}^{\mathrm{T}}(t), \varphi_{\Xi_{\bar{i}}+2}^{\mathrm{T}}(t), \cdots,$
$\varphi_{\Xi_{\bar{i}}+q_{\bar{i}}}^{\mathrm{T}}(t)]^{\mathrm{T}}(\bar{i} = 1, 2, \cdots, g)$ 且 $\varphi(t) = [\bar{\varphi}_1^{\mathrm{T}}(t), \bar{\varphi}_2^{\mathrm{T}}(t), \cdots, \bar{\varphi}_g^{\mathrm{T}}(t)]^{\mathrm{T}}$，则多飞行器
系统将被写成：

$$\dot{\varphi}(t) = [I_N \otimes (B_1 B_2^{\mathrm{T}} + B_2 \alpha) + L_{\sigma(t)} \otimes B_2 K]\varphi(t)$$
$$+ (I_N \otimes B_1 B_2^{\mathrm{T}})h(t) - (I_N \otimes B_1 B_1^{\mathrm{T}})\dot{h}(t)$$

令 $\vartheta(t) = (U^{-1} \otimes I_2)\varphi(t) = [\vartheta_1^{\mathrm{H}}, \vartheta_2^{\mathrm{H}}, \cdots, \vartheta_N^{\mathrm{H}}]^{\mathrm{H}}$ 且 $\varsigma(t) = [\vartheta_{g+1}^{\mathrm{H}}, \vartheta_{g+2}^{\mathrm{H}}, \cdots, \vartheta_N^{\mathrm{H}}]^{\mathrm{H}}$，
上式可写成：

$$\begin{cases} \dot{\vartheta}_1(t) = (B_1 B_2^{\mathrm{T}} + B_2 \alpha)\vartheta_1 + (\tilde{u}_1 L_{\sigma(t)} \bar{U} \otimes B_2 K)\varsigma(t) \\ \qquad\qquad + (\tilde{u}_1 \otimes B_1)[h_v(t) - \dot{h}_x(t)] \\ \vdots \\ \dot{\vartheta}_g(t) = (B_1 B_2^{\mathrm{T}} + B_2 \alpha)\vartheta_g + (\tilde{u}_g L_{\sigma(t)} \bar{U} \otimes B_2 K)\varsigma(t) \\ \qquad\qquad + (\tilde{u}_g \otimes B_1)[h_v(t) - \dot{h}_x(t)] \end{cases}$$

$$\dot{\varsigma}(t) = [I_{N-g} \otimes (B_1 B_2^{\mathrm{T}} + B_2 \alpha) + (\tilde{U} L_{\sigma(t)} \bar{U} \otimes B_2 K)]\varsigma(t)$$
$$+ (\tilde{U} \otimes B_1)[h_v(t) - \dot{h}_x(t)]$$

其中，$h_v(t) = [h_{1v}(t), h_{2v}(t), \cdots, h_{Nv}(t)]^{\mathrm{T}}$；$\dot{h}_x(t) = [\dot{h}_{1x}(t), \dot{h}_{2x}(t), \cdots, \dot{h}_{Nx}(t)]^{\mathrm{T}}$。

定义 $\lambda_i(\tilde{U} L_{\sigma(t)} \bar{U})$ $(i = 1, 2, \cdots, N - g)$ 为 $\tilde{U} L_{\sigma(t)} \bar{U}$ 的第 i 个特征值，$\gamma_{\sigma(t)}^{\min} = $
$\min\{\operatorname{Re}[\lambda_i(\tilde{U} L_{\sigma(t)} \bar{U})], i = \{1, 2, \cdots, N - g\}\}$。如果假设 5.3 满足，可知 $\gamma_{\sigma(t)}^{\min}$ 为
正。从引理 5.6 可知，对任意 $\gamma_{\sigma(t)} \in (0, \gamma_{\sigma(t)}^{\min})$，存在一个对称正定矩阵 $Y_{\sigma(t)} \in$
$\mathbb{R}^{(N-g) \times (N-g)}$ 满足：

$$(\tilde{U} L_{\sigma(t)} \bar{U})^{\mathrm{T}} Y_{\sigma(t)} + Y_{\sigma(t)} (\tilde{U} L_{\sigma(t)} \bar{U}) - 2\gamma_{\sigma(t)} Y_{\sigma(t)} > 0$$

4）分组编队控制器参数设计算法

算法 5.1：在有向切换拓扑下，增益矩阵 K 分组时变编队控制协议的确定步骤
如下：

步骤 1　对于一个给定 $\varepsilon > 0$，通过解下列不等式，可得到一个正定对称矩阵 P：

$$(B_1 B_2^{\mathrm{T}} + B_2 \alpha)P + P(B_1 B_2^{\mathrm{T}} + B_2 \alpha)^{\mathrm{T}} - B_2 B_2^{\mathrm{T}} + \varepsilon P < 0$$

步骤 2　选择满足 $\delta > 1/(2\bar{\gamma})$ 的耦合强度 δ，其中 $\bar{\gamma} = \min\{\gamma_{\sigma(t)}, \sigma(t) \in \{1, 2, \cdots, p\}\}$。

步骤 3　通过 $K = -\delta B_2^{\mathrm{T}} P^{-1}$，增益矩阵可被确定。

依据算法 5.1，可得到定理如下。

定理 5.6：有向切换拓扑条件下，多飞行器系统能实现分组时变编队跟踪，如果以下编队可行性条件满足：

$$\lim_{t \to \infty}\{[h_{iv}(t) - h_{jv}(t)] - [\dot{h}_{ix}(t) - \dot{h}_{jx}(t)]\} = 0$$

且拓扑切换间隔时间 $\tau_0 > \ln\mu/\varepsilon$，其中 $\mu = \max(\lambda_{\max}(Y_i^{-1}Y_j), i, j \in \{1, 2, \cdots, p\})$，$\lambda_{\max}(Y_i^{-1}Y_j)$ 是 $Y_i^{-1}Y_j$ 的最大特征值。

5.3.4　仿真实例

1. 时变编队控制策略仿真

考虑一个具有 6 个智能体的智能集群系统，每个智能体均为三阶，动力学模型都可以用进行描述，$x_i(t) = [x_{i1}(t), x_{i2}(t), x_{i3}(t)]^{\mathrm{T}}(i = 1, 2, \cdots, 6)$，其中有

$$A = \begin{bmatrix} 0 & -22 & 10 \\ 2 & -2 & 1 \\ 3 & 5 & -7 \end{bmatrix}, \quad B = \begin{bmatrix} 0 \\ 0 \\ 1 \end{bmatrix}$$

假定有向拓扑的权重均为 0~1，3 个切换的拓扑图如图 5.15 所示。

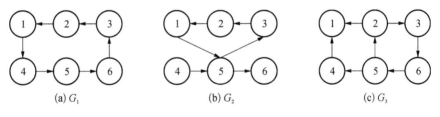

(a) G_1　　　　　　　(b) G_2　　　　　　　(c) G_3

图 5.15　有向拓扑切换图

要求 6 个智能体实现一个周期性的平行六边形时变编队，时变编队可以有如下表示：

$$h_i(t) = \begin{bmatrix} -15\cos\left[2t + \dfrac{(i-1)\pi}{3}\right] \\[2mm] 15\sin\left[2t + \dfrac{(i-1)\pi}{3}\right] \\[2mm] 30\cos\left[2t + \dfrac{(i-1)\pi}{3}\right] \end{bmatrix}, \quad (i = 1, 2, \cdots, 6)$$

由 $B \in \mathbb{R}^{3\times 1}$，$\mathrm{rank}(B) = 1$，得 B 是列满秩的。选择 $\tilde{B} = [0, 0, 1]$：

$$\bar{B} = \begin{bmatrix} 1 & 0 & 0 \\ 0 & 1 & 0 \end{bmatrix}, \quad U = \begin{bmatrix} 1 & 0 \\ 1_{N-1} & I_{N-1} \end{bmatrix}$$

可以验证是满足可行性条件的。根据算法，$v_i(t)$ 可以解出：

$$v_i(t) = -135\cos\left[2t + \frac{\pi}{3}(i-1)\right] + 15\sin\left[2t + \frac{\pi}{3}(i-1)\right], \quad (i = 1, 2, \cdots, 6)$$

解不等式得 $K_1 = [1.6861, -6.2167, 4.7648]$，可以得到 $\alpha > 2.7651$，$\tau_0 > 12.6762\,\mathrm{s}$。因此，选择 $\alpha = 13$，则驻留时间为 $15\,\mathrm{s}$。

令 6 个主体的初始状态为 $x_{ij}(0) = i(\Theta - 0.5)$，$(i = 1, 2, \cdots, 6; j = 1, 2, 3)$，其中 Θ 为 0~1 的随机数。图 5.16 展示了 $t = 0\,\mathrm{s}$ 到 $t = 150\,\mathrm{s}$ 的拓扑切换顺序。从图中可以看到，在 150 s 的仿真试验中，集群系统的作用拓扑随机发生 4 次切换，最开始是拓扑 G_2 持续时间为 60 s，然后切换到拓扑 G_3 持续了 15 s，然后又切换到拓扑 G_2，接着又切换回了拓扑 G_3，这几次切换维持时间均为 15 s，最后一次切换到拓扑 G_1 直至仿真结束。图 5.17 分别展示了 $t = 0\,\mathrm{s}$、$t = 146\,\mathrm{s}$、$t = 148\,\mathrm{s}$ 和 $t = 150\,\mathrm{s}$ 四个时刻的位置状态，图中的 6 个主体分别用三角形、星形、点、加号、正方形和菱形表示。可以看到 $t = 0\,\mathrm{s}$ 时，6 个主体并没有形成编队队形，随着控制器的作用，在随后的 3 个时刻都保持了预定的编队队形。图 5.18 展示了时变编队的误差 $\vartheta(t)$。可以看出，经过控制器的作用之后，集群系统实现了具有有向拓扑切换的时变编队控制。

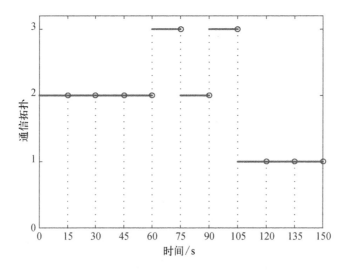

图 5.16 $t = 0\,\mathrm{s}$ 到 $t = 150\,\mathrm{s}$ 的拓扑切换顺序

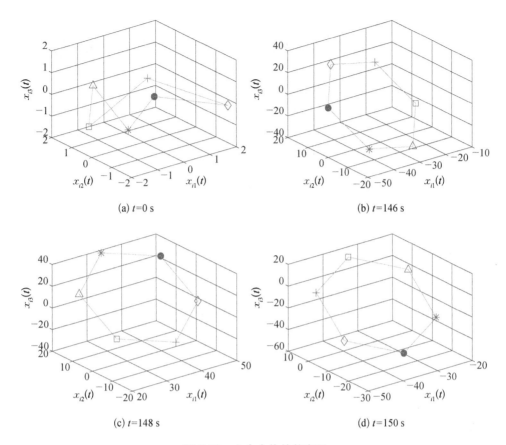

(a) t=0 s

(b) t=146 s

(c) t=148 s

(d) t=150 s

图 5.17　六个主体的状态图

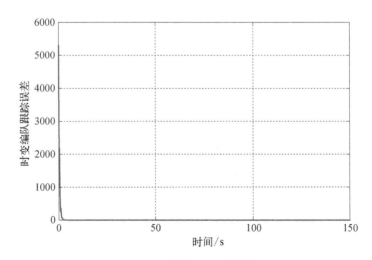

图 5.18　时变编队误差曲线图

2. 编队跟踪控制策略仿真

假设存在 7 个无人机的集群系统,其中一个是目标(领导者),其余 6 个是跟随者。6 个跟随者要求在二维平面即 $X-Y$ 平面,实现对移动目标的围捕并保持时变圆形编队。7 个无人机之间的有向作用拓扑由图 5.19 给出。为了描述简单,假定图 G 中权重均为 0~1。假设每个无人机的动力学模型参数 $\alpha_x = -0.64$ 和 $\alpha_v = 0$, $\phi_k(t) = [x_{kX}(t), v_{kX}(t), x_{kY}(t), v_{kY}(t)]^{\mathrm{T}}(k = 1, 2, \cdots, 7)$, $u_i(t) = [u_{iX}(t), u_{iY}(t)]^{\mathrm{T}}(i \in F)$。 跟随者的时变圆形编队可以表示为

$$h_i(t) = \begin{bmatrix} r\omega\sin[\omega t + \pi(i-1)/3] - r\cos[\omega t + \pi(i-1)/3] \\ r\omega\sin[\omega t + \pi(i-1)/3] + r\cos[\omega t + \pi(i-1)/3] \\ 2r\sin[\omega t + \pi(i-1)/3] \\ 2r\omega\cos[\omega t + \pi(i-1)/3] \end{bmatrix}, (i \in F)$$

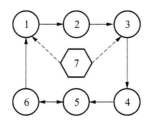

图 5.19　拓扑图

其中,$r = 10$,$\omega = 0.5$。由 $h_F(t)$ 可以知道,$\lim\limits_{t \to 0}\sum\limits_{i=1}^{6}h_i(t) = 0$,意味着当需要的时变编队跟踪实现的时候,6 个跟随者会绕着领导者保持平行六边形构型的圆周运动。

可以验证,定理 5.3 的时变编队跟踪的可行性条件是满足的。选择 $\delta = 0.6$,$R = I$,通过定理 5.4 可以得到增益矩阵 $K = I_2 \otimes [-1.7264, -4.5655]$。7 个主体的初始状态可以由 $\phi_{kj}(t) = 10(\Theta - 0.5)(k = 1, 2, \cdots, 7; j = 1, 2, 3, 4)$ 得到。图 5.20 和图 5.21 展示了 7 个主体在 $t = 80\,\mathrm{s}$ 仿真时间内轨迹图以及 $t = 80\,\mathrm{s}$ 时刻的位置和速度状态。

图中的圆圈表示初始状态,跟随者和领导者的最终状态分别由星、点、X、正方形、菱形、三角形和五角星形表示。图 5.22 展示了在 $t = 80\,\mathrm{s}$ 内的时变编队跟踪误差 $\varsigma(t)$。 由图 5.20~图 5.22 可以看出:① 6 个跟随者形成了平行六边形的构型,并做圆周运动;② 领导者(目标)的状态是在平行六边形的中心;③ 领导者的移动方向不是固定不变的。因此,实现了具有一个领导者的时变编队跟踪控制。

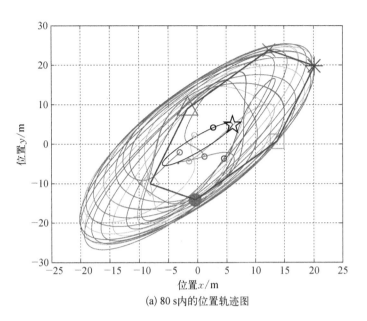

(a) 80 s内的位置轨迹图

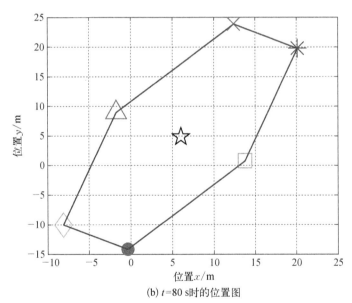

(b) t=80 s时的位置图

图 5.20　位置轨迹图

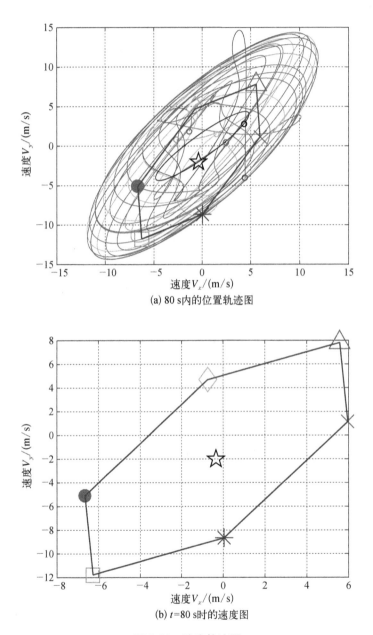

(a) 80 s 内的位置轨迹图

(b) t=80 s时的速度图

图 5.21 速度轨迹图

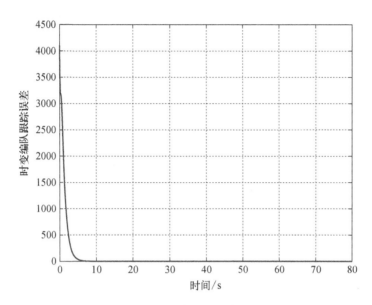

图 5.22　时变编队跟踪误差

误差试验：本实验主要是为了验证设计控制器所具有的鲁棒特性。在上例的基础上，集群系统中每个主体的状态为 $\phi_k(t) \in \mathbb{R}^{4\times1}(k \in \{1, 2, \cdots, 7\})$，每个跟随者的预定编队状态信息为 $h_i(t) \in \mathbb{R}^{4\times1}(i \in F)$。现在给每个主体的状态加上随机噪声 $\Phi_{\text{noise}}^{\phi_k}(t)$，编队状态信息也加上随机噪声 $\Phi_{\text{noise}}^{h_i}(t)$，其中 $\Phi_{\text{noise}}^{\phi_k}(t)$ 和 $\Phi_{\text{noise}}^{h_i}(t)$ 是均匀分布在 $(-3, 3)$ 上的随机噪声。控制器的其他参数和上例一致。图 5.23 展示了在随机噪声影响下的 7 个主体在 80 s 内的位置轨迹图和 $t = 80$ s 时刻的轨迹图。图 5.24 展示了在随机噪声影响下的 7 个主体在 80 s 内的速度轨迹图和 $t = 80$ s 时刻的轨迹图。图 5.25 展示了在 $t = 80$ s 内的时变编队跟踪误差 $\varsigma(t)$。

　　由图 5.23~图 5.25 可以知道，即使在随机噪声的影响下，集群系统的预定编队跟踪控制仍能在一定的误差范围内实现。将图 5.20、图 5.21 和图 5.23、图 5.24 进行对比，可以看到由于速度是位置的微分关系，随机噪声对速度的影响比对位置的影响更大。因此，在随机噪声的影响下，控制器仍实现时变编队跟踪控制。

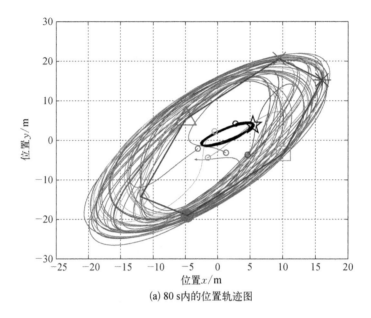

(a) 80 s内的位置轨迹图

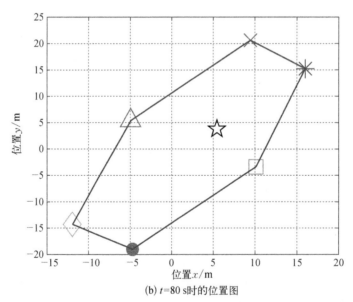

(b) t=80 s时的位置图

图 5.23 噪声下位置轨迹图

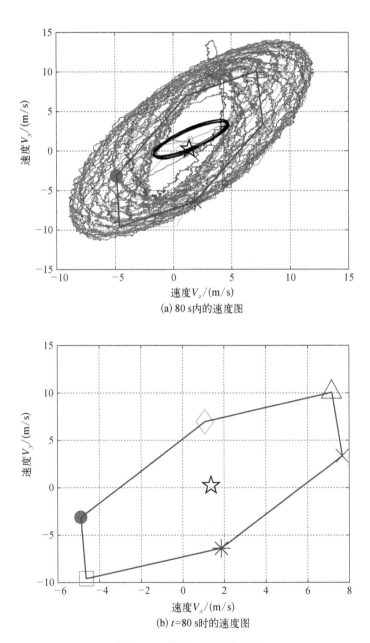

(a) 80 s内的速度图

(b) t=80 s时的速度图

图 5.24　噪声下速度轨迹图

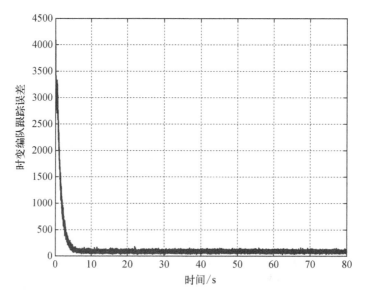

图 5.25 噪声下时变编队跟踪误差

3. 异构编队控制策略仿真

假设异构多智能体系统由 4 架四旋翼无人机(视为二阶智能体)和 2 架地面无人车(视为一阶智能体)组成,考虑二维平面即 $X-Y$ 平面的时变编队。整个系统通信拓扑如图 5.26 所示。

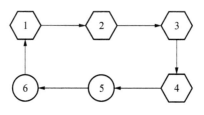

图 5.26 通信拓扑图

其中,1、2、3、4 为二阶智能体,5、6 为一阶智能体。给定期望时变编队表示如下:

$$h_i(t) = \begin{cases} \begin{bmatrix} r\omega\sin[\omega t + \pi(i-1)/2] - r\cos[\omega t + \pi(i-1)/2] \\ r\omega\sin[\omega t + \pi(i-1)/2] + r\cos[\omega t + \pi(i-1)/2] \\ 2r\sin[\omega t + \pi(i-1)/2] \\ 2r\omega\cos[\omega t + \pi(i-1)/2] \end{bmatrix}, & i \in I_m \\ \begin{bmatrix} r\omega\sin[\omega t + \pi(i-1)] - r\cos[\omega t + \pi(i-1)] \\ r\omega\sin[\omega t + \pi(i-1)] + r\cos[\omega t + \pi(i-1)] \end{bmatrix}, & i \in I_{n-m} \end{cases}$$

式中, $n = 6$, $m = 4$, 设定 $r = 8$, $\omega = 0.3$, 各智能体初始状态任意。

通信拓扑有生成树, 则控制器参数满足 $k_1 - \dfrac{k_{21}}{k_{22}} \geq k_{22} \sum\limits_{v_j \in N_i, f} w_{ij}$, $i \in I_m$ 即可。这里取 $k_1 = 2$, $k_{21} = 0.5$, $k_{22} = 1$, $k_{23} = 1$, 使用 MATLAB 得到仿真结果如图 5.27~图 5.29 所示。图 5.27 和图 5.28 展示了异构多智能体系统在 $t = 100\,\mathrm{s}$ 仿真时间内轨迹图以及 $t = 100\,\mathrm{s}$ 时刻的位置状态, 图 5.29 展示了 $t = 100\,\mathrm{s}$ 仿真时间内速度状态图。图中的圆圈表示初始状态, 无人机和无人车的最终状态分别由三角形、加号、圆形、正方形、下三角形和星形表示。由下图可以得到, 6 个智能体形成了正四边

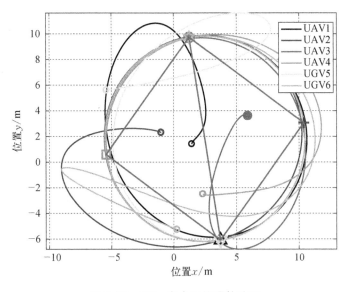

图 5.27　100 s 内水平位置轨迹图

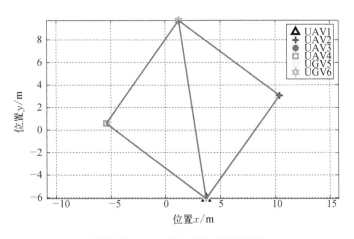

图 5.28　$t = 100\,\mathrm{s}$ 时水平位置图

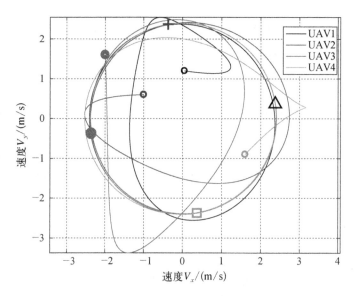

图 5.29　100 s 内的速度曲线图

形的构型,并做圆周运动,实现了期望的时变编队构型。

为了验证本章设计控制器所具有的鲁棒特性。在上例仿真的基础上,给每个智能体的状态加上随机噪声 $\Phi_{\text{noise}}(t)$,噪声方差大小为1。控制器的其他参数和上述的一致。图 5.30 展示了在随机噪声影响下的异构多智能体系统在 $t = 100$ s 内的位置轨迹图,图 5.31 和图 5.32 分别展示了在随机噪声影响下的位置图与速度轨迹图。

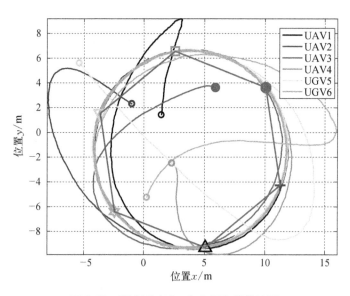

图 5.30　噪声下 100 s 内水平位置轨迹图

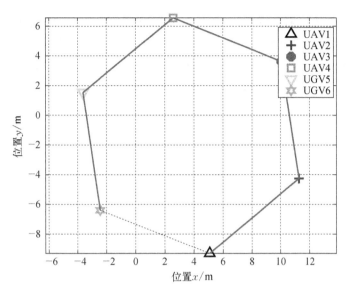

图 5.31 噪声下 t = 100 s 时水平位置图

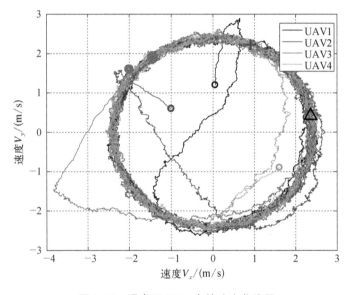

图 5.32 噪声下 100 s 内的速度曲线图

由图 5.30~图 5.32 可以知道,即使在随机噪声的影响下,异构多智能体系统的预定编队时变编队控制仍能在一定的误差范围内实现。因此,在随机噪声的影响下,控制器仍实现时变编队控制。

4. 分组编队控制策略仿真

本部分以 10 架飞行器为例进行仿真。10 架飞行器分为两个组,每组 5 枚飞行器,第一组内,1 枚作为领飞行器(编号为 1),4 枚作为从飞行器(编号为 2~5),第二组内,1 枚作为领飞行器(编号为 1′),4 枚作为从飞行器(编号为 2′~5′)。10 架飞行器的初始位置、初始速度、弹道倾角,以及中末制导交班阵位如表 5.2 所示,通信结构如图 5.33 所示,仿真基于六自由度飞行器模型进行,内环(即姿态环)具体实现前面有介绍,这里不再给出。

表 5.2   各飞行器初始状态和交班阵位

编号	x_g/km	y_g/km	z_g/km	V/(m/s)	θ/(°)	ψ_v/(°)	$h_{y_g}(t_f)$/m	$h_{z_g}(t_f)$/m
1	0	384.600	0	4 207.3	6.65	0	—	—
2	0	385.115	−0.620	4 207.3	6.65	0	750	−850
3	0	383.900	−0.340	4 207.3	6.65	0	−600	−500
4	0	385.165	0.500	4 207.3	6.65	0	815	−650
5	0	384.025	1.200	4 207.3	6.65	0	−725	1 000
6	0	384.600	2.500	4 207.3	7.65	−0.8	—	—
7	0	385.115	1.880	4 207.3	7.65	−0.8	750	−850
8	0	383.900	2.160	4 207.3	7.65	−0.8	−600	−500
9	0	385.165	3.000	4 207.3	7.65	−0.8	815	−650
10	0	384.025	3.700	4 207.3	7.65	−0.8	−725	1 000

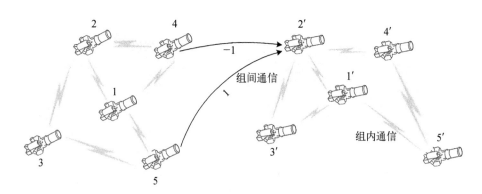

图 5.33   分组编队跟踪通信拓扑

作为示例,给出多飞行器中制导段分组编队跟踪的三维弹道、末端阵位的仿真结果如图 5.34 和图 5.35 所示。

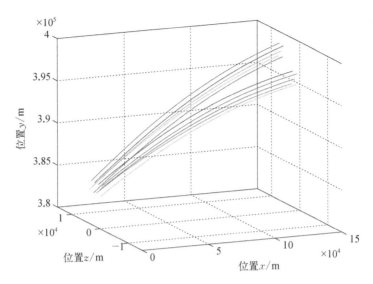

图 5.34　分组编队三维位置图

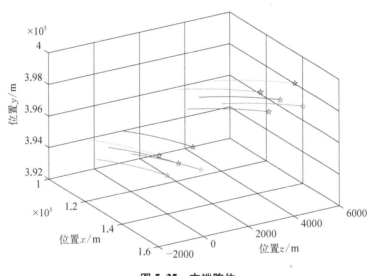

图 5.35　末端阵位

　　给出的弹道图显示,10 架飞行器分为两个小组,实现了分组编队跟踪,小组内的各飞行器形成期望的队形,一同飞往预测拦截空域。

　　图 5.36~图 5.39 给出了多飞行器分组编队跟踪误差的仿真结果,从中可以看出,两个编队分组在分组编队跟踪控制器的作用下,能够实现横侧向两个通道的误差收敛。

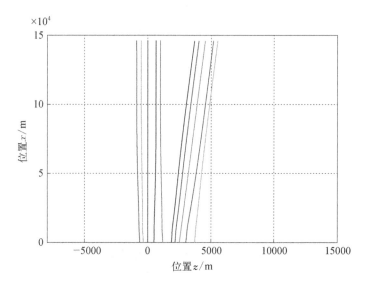

图 5.36　弹道水平面投影

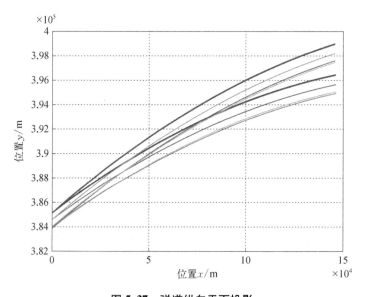

图 5.37　弹道纵向平面投影

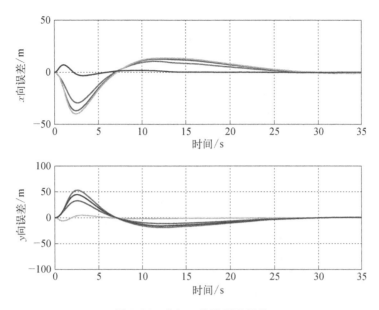

图 5.38 分组 1 编队跟踪误差

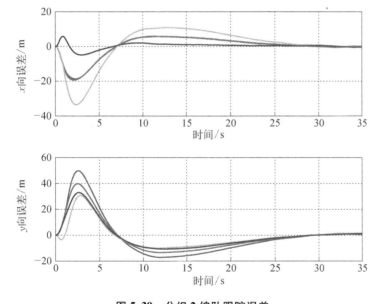

图 5.39 分组 2 编队跟踪误差

参考文献

［1］ 王芳. 导弹编队协同突防-攻击一体化队形优化设计及最优控制研究［D］. 哈尔滨: 哈尔滨工业大学, 2016.

［2］ Wang P K C. Navigation strategies for multiple autonomous mobile robots moving in formation

[J]. Journal of Robotic Systems, 1991, 8(2): 177 – 195.

[3]　Balch T, Arkin R C. Behavior-based formation control for multirobot teams [J]. IEEE Transactions on Robotics and Automation, 1998, 14(6): 926 – 939.

[4]　Lewis M A, Tan K H. High precision formation control of mobile robots using virtual structures [J]. Autonomous Robots, 1997, 4(4): 387 – 403.

[5]　Ren W. Consensus strategies for cooperative control of vehicle formations [J]. IET Control Theory and Applications, 2007, 1(2): 505 – 512.

[6]　Oh K K, Ahn H S. Formation control and network localization via orientation alignment [J]. IEEE Transactions on Automatic Control, 2014, 59(2): 540 – 545.

[7]　Lin Z, Wang L, Han Z, et al. Distributed formation control of multi-agent systems using complex Laplacian [J]. IEEE Transactions on Automatic Control, 2014, 59(7): 1765 – 1777.

[8]　Wang C, Xie G, Cao M. Forming circle formations of anonymous mobile agents with order preservation [J]. IEEE Transactions on Automatic Control, 2013, 58(12): 3248 – 3254.

[9]　El-Hawwary M I. Three-dimensional circular formations via set stabilization [J]. Automatica, 2015, 54: 374 – 381.

[10]　Xiao F, Wang L, Chen J, et al. Finite-time formation control for multi-agent systems [J]. Automatica, 2009, 45(11): 2605 – 2611.

[11]　Xie G, Wang L. Moving formation convergence of a group of mobile robots via decentralised information feedback [J]. International Journal of Systems Science, 2009, 40(10): 1019 – 1027.

[12]　Liu C L, Tian Y P. Formation control of multi-agent systems with heterogeneous communication delays [J]. International Journal of Systems Science, 2009, 40(6): 627 – 636.

[13]　Dong W. Robust formation control of multiple wheeled mobile robots [J]. Journal of Intelligent and Robotic Systems, 2011, 62(3 – 4): 547 – 565.

[14]　Dong X, Yu B, Shi Z, et al. Time-varying formation control for unmanned aerial vehicles: Theories and applications [J]. IEEE Transactions on Control Systems Technology, 2015, 23(1): 340 – 348.

[15]　Dong X, Zhou Y, Ren Z, et al. Time-varying formation control for unmanned aerial vehicles with switching interaction topologies [J]. Control Engineering Practice, 2016, 46: 26 – 36.

[16]　Meng Z, Ren W, You Z. Distributed finite-time attitude containment control for multiple rigid bodies [J]. Automatica, 2010, 46(12): 2092 – 2099.

[17]　Zahreddine Z, El-Shehawey E F. On the stability of a system of differential equations with complex coefficients [J]. Indian Journal of Pure and Applied Mathematics, 1988, 19(10): 963 – 972.

[18]　Antonelli G, Arrichiello F, Caccavale F, et al. Decentralized time-varying formation control for multi-robot systems [J]. International Journal of Robotics Research, 2014, 33(7): 1029 – 1043.

[19]　Reihane R, Farzaneh A, Karo N. Time-varying formation control of a collaborative heterogeneous multi agent system [J]. Robotics and Autonomous Systems, 2014, 62(12): 1799 – 1805.

[20]　林涛,韩娜妮.离散异构多自主体系统的分布式编队控制[J].自动化仪表,2017,38(2):

31 – 35.

[21] Santana L V, Brandao A S, Sarcinelli-Filho M . Heterogeneous leader-follower formation based on kinematic models[C]. Arlington: International Conference on Unmanned Aircraft Systems, 2016.

[22] Zheng Y, Zhu Y, Wang L. Consensus of heterogeneous multi-agent systems[J]. IET Control Theory and Applications, 2011, 5(16): 1881 – 1888.

[23] Zheng Y, Wang L. Distributed consensus of heterogeneous multi-agent systems with fixed and switching topologies[J]. International Journal of Control, 2012, 85(12): 1967 – 1976.

[24] Liu K, Ji Z. Consensus for heterogeneous multi-agent systems under fixed and switching topologies[J]. Journal of the Franklin Institute, 2015, 352(9): 3670 – 3683.

[25] Liu C, Liu F. Stationary consensus of heterogeneous multi-agent systems with bounded communication delays[J]. Automatica, 2011, 49(9): 2130 – 2133.

[26] Feng Y, Xu S, Lewis F. Consensus of heterogeneous first- and second-order multi-agent systems with directed communication topologies[J]. International Journal of Robust Nonlinear Control, 2015, 25(3): 362 – 375.

[27] Dong X, Zhou Y, Ren Z, et al. Time-varying formation tracking for second-order multi-agent systems subjected to switching topologies with application to quadrotor formation flying[J]. IEEE Transactions on Industrial Electronics, 2017, 64(6): 5014 – 5024.

第6章
试验验证与效能评估

6.1 仿真试验验证方法

仿真试验验证简单地说就是建立模型,然后在模型上进行试验。仿真试验与现实工程联结非常紧密,应用范围极其广泛,可谓是包罗万象。仿真技术已经在国民经济的各个部门得到了广泛应用,这就需要对仿真问题进行深入研究,使仿真的优势得以充分利用。

对于仿真试验验证技术,从不同角度可以有不同的分类:

按被仿真试验验证对象的性质,可分为连续系统仿真(系统模型以微分方程描述)、离散系统仿真(系统模型以面向事件、面向进程、面向活动的方法描述)、连续/离散混合系统仿真和定性系统仿真(系统模型以模糊理论等描述)。

按仿真试验系统的结构和实现手段的不同,可分为物理仿真、数学仿真、硬件在回路中的仿真(半实物仿真)和人在回路中的仿真。物理仿真要求模型与原型有相同的物理属性,其优点是模型能更真实全面地体现原系统的特点,缺点是模型制作复杂、成本高、周期长。数学仿真,又称计算机仿真是用计算机实现系统模型的仿真。硬件在回路的仿真,又称半实物仿真,是将一部分实物接在仿真试验回路中,用计算机和物理效应设备实现系统模型的仿真。人在回路的仿真是操作决策人员进入仿真回路内的仿真。

为了提高飞行试验成功率,优化飞行试验效果,搭建基于虚拟现实的系统仿真平台是飞控设计流程的重中之重。无人飞行器飞行仿真工作主要分为两个阶段:第一阶段为纯软仿阶段,主要通过软件环境来实现飞行场景的模拟,一方面可以应用 MATLAB、C++等算法语言进行代码编程,另一方面可以应用成熟的飞行模拟器对场景进行沉浸式呈现;第二阶段为半物理仿真,主要通过连接硬件飞控板和软件场景来获取更为真实的仿真效果。硬件半回路可以验证硬件在未来飞行试验中的真实状态,而软件半回路则可提供复杂环境如风场等的近现实模拟[1]。仿真场景搭建得越细致,考虑的问题越接近于现实,越能发现飞控程序在飞行试验中可能会遇到的问题,获取先验知识,提前纠正问题,可推动飞控设计的流程[2]。飞控研制第一阶段的软仿主要集中在两个层面,一是算法层,二是视景层。在算法层为了追求研发效率,初步阶段的控制逻辑可以由 MATLAB/Simulink 的 RTW(Real Time Workspace,实时工作空间)平台来呈现[3]。Simulink 搭载框图形语言,逻辑清晰,可清楚地展现算法逻辑关系,便于调试,同时支持多种接口协议,扩展性强;或为了追求计算效率及交互界面设计,用 C/C++搭建算法模型可适用于多种硬件环境[4,5],为半实物及实物仿真做好铺垫。同时 C 环境搭建的 UI 界面能很好地适应 Windows 系统[6]。视景层主要考虑视景驱动引擎,用于展示三维虚拟世界中的运动逻辑关系。对于飞行仿真来说,视景引擎就是所谓的飞行模拟器,结合后台的飞行动力学模型,在引擎中呈现飞行状态。本章主要介绍试验验证的具体方法,如数字仿真、半实物仿真等,以及等效验证平台设计和验证系统的效能评估方法。

6.1.1　数字仿真试验验证

总体上,数字仿真技术向着一体化、分布式、面向对象和可视化方向发展,接下来从以下几个方面介绍数字仿真技术。

1. 建模与仿真方法学

数学模型是仿真基础,对被仿真的对象或系统,应根据其运动定律、约束条件和物理特性建立数学模型。一般有 3 种途径:

(1)内部结构和特性清楚的系统,利用已知的一些基本定律,经过分析和演绎推导出系统模型;

(2)对那些内部结构和特性不清楚的系统,可假设模型并通过试验验证和修正来建立模型,也可以用辨识的方法建立模型;

(3)对于内部结构和特性有部分了解,但又不甚了解的,则采用以上两种方法相结合的方式。

随着仿真应用范围的不断拓宽,近年来,系统建模理论与方法的研究范围逐渐从定量系统向定性系统拓展,其中典型的定性系统建模方法有 Kuiper 法以及各类基于模糊理论的方法等。此外,在离散事件系统及各类并发分布系统的建模方法中,Petri 网及 Bond 图方法及其应用也有较快的发展。从建模的方法学来看,除了典型的机理建模及系统辨识方法外,近年来正积极发展模糊优化法、人工智能辅助建模方法学及混合模式(multi-paradigm)的建模方法学等。

2. 模型校核、验证与认可(verfication,validation and accreditation,VVA)技术

VVA 即系统模型的校核、仿真模型的验证以及仿真结果的认可技术,数学模型的正确与否和精确度直接影响到仿真的置信度。对模型的评估过程已成为复杂系统建模与仿真技术中的重要课题,尤其受到军事部门的高度重视,并正从局部的、分散的研究向实用化、自动化、规范化与集成化的 VVA 系统发展(图 6.1)。

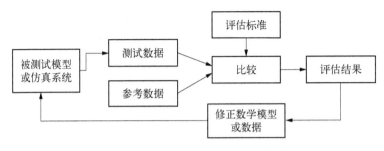

图 6.1　VVA 仿真架构

3. 数字仿真算法

仿真算法是将系统模型转换成仿真模型的一类算法,经历了从串行算法到并行算法的发展过程。目前,连续事件系统与离散事件系统的非实时串行算法已相当完善,其成果包括处理线性、非线性、刚性、间断右函数等连续系统算法,各类分布参数系统算法,各种随机统计算法及基于系统分割、方法分割和时间分割的部分并行算法。当前研究的重点是实时连续系统算法、各类系统的并行算法及定性系统算法,其中并行系统算法的效率将是并行仿真计算机发展中的关键课题。

仿真技术的发展来自军用仿真的推动,但它不仅用于军事领域,如:在军事领域中的训练、武器系统研制和作战效果评定;在许多非军事领域也到了广泛的应用,例如:商业领域中的商业活动预测、决策、规划、评估,游戏;工业领域中的工业系统规划、研制、评估及模拟训练;农业领域中的农业系统规划、研制、评估,灾情预报、分析系统,环境保护;在交通领域,驾驶模拟训练和交通管理中的应用等。从国防到国民经济的各个领域,仿真技术的应用正获得日益明显的社会与经济效益。

一般来说集群数字仿真平台应用流程如图 6.2 所示。

平台应用过程包括任务管理、仿真设计、执行控制、算法控制、算法交互等过程,最终输出仿真视景展示数据和仿真结果,其中仿真数据保存到数据库中。

基于仿真模型的任务管理能够帮助使用人员,根据仿真对象的参数信息和任务信息完成对仿真任务的有效管理。其中显控端与算法端的功能架构分解如图 6.3 和图 6.4 所示。

仿真执行与显示模块主要包括:显示配置、仿真执行、数据接收处理和仿真显示 4 个子模块。显示配置子模块用于配置仿真结果的显示内容和显示方式,可设置三维视角,平台视角,视角锁定等;仿真执行子模块提供图形化的指令发送状态显示,支持按照自动执行序列驱动仿真自动执行,实时控制流程的功能,包括顺序、选择、循环等控制流程的执行,并支持人机在环进行兵力调整、战术干预、在线控制等控制方式;数据接收处理子模块对接收的各种原始仿真数据进行基本处理,基于

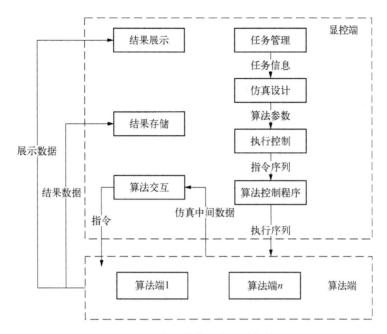

图 6.2　集群仿真平台系统架构

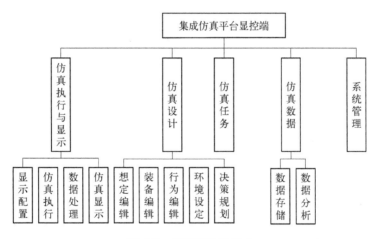

图 6.3　显控端功能组成

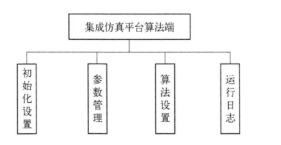

图 6.4　算法端功能组成

数据格式定义的数据解析规则,实现一个数据解析引擎,主要支持对参数、姿态等常规数据的基本处理;仿真显示子模块能够按照显示配置以三维场景、图形图表、参数显示等方式为用户提供仿真数据(如状态数据和飞行参数等)和仿真实景展示界面。

为了完成数字仿真,通常需要连接飞行模拟器来模拟飞行器的动力学响应,此处介绍两款常用的飞行模拟器,一种是开源软件 FlightGear。FlightGear 利用 SimGear 做仿真引擎,调用 Plib 包获取跨平台通信,加载 OpenGL 实现图像处理,是一款复杂的通用飞行模拟平台[7]。FlightGear 的核心动力学控制模块主要涉及三个平台:YA Sim、JSB Sim 和 LARC Sim,根据不同飞行器的特点调用与之匹配的动力学数据进行至少六自由度的仿真,同时还支持用户自定义飞机模型及动力学参数设置[8]。另一种是非开源的飞行模拟器平台,如 XPLANE。虽然 XPLANE 开源拓展性没有 FlightGear 强,使用用户没有 FlightGear 多,但是拥有更逼真更强大的环境仿真能力,飞行模拟更加真实,三维沉浸式仿真优势凸显。XPLANE 同样支持 MATLAB、VS 等平台的 UDP 通信,可实现多机协同仿真及半实物仿真等,满足大多数工业仿真需求。

在算法设计阶段,编队控制算法很多是在 MATLAB 进行调试开发的。为加快算法模拟过程,可搭建 MATLAB/Simulink 与模拟器的联合仿真平台。如图 6.5 所示,利用 XPLANE 模拟器平台,联合 MATLAB/Simulink 算法端,进行飞行动力学、编队控制、风场模拟等的软回路仿真,平台之间通过用户数据报协议(User Datagram Protocol, UDP)进行通信。

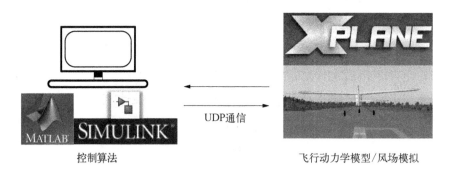

控制算法　　　　　　　　　　　飞行动力学模型/风场模拟

图 6.5　MATLAB - XPLANE 联合仿真框架

6.1.2　半实物仿真试验验证

半实物仿真又名硬件在回路仿真(hardware in the loop simulation, HILS),在进行仿真时要尽可能多地将所研究系统的实物接入系统回路,作为仿真系统的重要组成部分。

国外很早就开始了半实物仿真技术在军工产品设计中的研究和应用,特别是在武器系统的研制上,早在 20 世纪 40 年代就开始了大量的研究,以美国、俄罗斯、以色列等武器生产大国最为突出。以美国为例,从探路者号深空探测器到爱国者、毒刺等型号导弹,再到 X-43、X-51、HTV-2 等先进高超声速飞行器,美国国家航空航天局(National Aeronautics and Space Administration, NASA)通过虚拟飞行试验系统(Flight System Testbed, FST)与飞行器总体仿真平台(Spacecraft Simulator, SPASIM)进行总体性能仿真验证,补充了数学仿真的不足,为 X-43、X-51、HTV-2 等多项高超声速飞行试验提供了大量的仿真验证,为这些高超声速飞行试验的成功提供强有力的技术保证,带来了可观的研制效率和经济效益。在航空器方面,Tam 开发了考核航空飞行器制导算法的半实物仿真系统,系统中加入高逼真的环境模型,便于验证制导律在真实环境中的性能,该系统还具有良好的接口性能便于后续进行控制系统开发,并对无人飞行器的制导系统开展半实物仿真方法研究,以此验证其系统的良好性能。另外,Per Bodin 等阐述了导弹制导控制系统半实物仿真系统组成、特点和每个组成设备的功用,从理论层面讨论了仿真系统的原理,分析了仿真系统的相似原型系统,解决了设备接口、设备安装、模型和软件设计等关键问题,并分析了仿真系统的误差来源。

目前,国内半实物仿真技术蓬勃发展,在军民领域都达到了较高的水平,尤其在导弹与运载火箭控制、卫星姿控、飞机模拟仿真等方面见长。早在 20 世纪 70 年代,为了加快相关武器型号的研制,国家投入大量财力建设了一系列各具特色的半实物仿真环境。如适合各型导弹研制的半实物仿真系统、卫星半实物仿真系统等,这些建成的半实物仿真系统对航空航天技术的发展起到了十分重大的作用。近几年来,在国防工业新的发展需求下,国内学者对半实物仿真技术进行了不同应用背景下的拓展研究。相继开发了针对导弹、无人飞行器、航天器、亚轨道飞行器和高超声速飞行器等不同应用对象的半实物仿真系统。苏建刚、朱晓勤在传统半实物仿真技术的基础上分别深入研究了激光末制导炮弹、多模复合制导武器的半实物仿真技术。西北工业大学闫杰教授团队系统研究了基于实时仿真软件 RT-LAB 的分布式实时半实物仿真技术,相继完成了飞控系统快速原型开发系统、实时仿真软件在半实物仿真中的应用研究和多个型号导弹的半实物仿真系统设计。胡敏将半实物仿真系统用于航天器的姿态控制的研究中,设计了适合分析考核姿态控制系统的半实物仿真系统。国防科技大学建设了用于研究高超飞行器发动机系统的半实物仿真环境,胡鸿炜基于此套仿真系统,以具有升力体和轴对称两种气动构形的高超飞行器为研究对象,开展了飞行器在动力系统故障、偏差等工况下的半实物仿真研究,从而分析动力系统故障对高超声速飞行器的主要影响。张银辉在基于 dSPACE 的半实物仿真系统上对亚轨道飞行器的最优控制系统进行了仿真试验研究,对系统中各部分实物部件的接口模型设计了考核试验,并通过半实物仿真对不同干扰下的控制系统性能进行了全面验证。郭叔伟在我国载人航天工程的背景下,对载人飞船回收着陆半实物仿真进行了深入研究,完成了数百次半实物仿真试验。

利用半实物仿真试验验证,可针对无人飞行器集群系统,面向大气污染监测、战场作战环境等复杂应用场景,搭建异构无人集群系统虚实结合迭代演化综合半实物仿真平台,构建虚实结合仿真数据库,训练提高仿真模型精确性,解决仿真模型同实际集群体匹配问题,完成多源交互迭代演化评估的仿真机制,提高系统对复杂不确定环境的适应性,验证复杂系统的安全性。具体内容如下。

1)复杂应用环境可扩展动态任务场景构建

构建火场灾害救援、大气污染监测、园区无人物流、战场作战环境等应用任务场景,建立可拓展、可动态调整的异构无人集群节点。针对火场灾害救援场景,考虑固定翼进行火情态势监测、多旋翼执行人员搜索任务、无人车承担物资配送等场景应用策略;针对大气污染监测场景,考虑异构机型的不同航程能力,分配不同范围的巡视监测任务;针对园区无人物流场景,协调异构集群配送任务分配、转运调度、路线规划等,对环境进行有效避障。

2)多数据交互虚实结合仿真平台开发

开发多源交互虚实结合演化平台(图6.6和图6.7),其中虚系统:异构无人集群虚拟仿真平台;实系统:异构无人集群试验平台,相互迭代验证,提高仿真平台

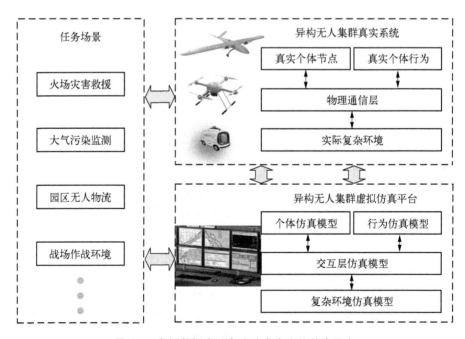

图6.6　多源数据交互虚实结合半实物仿真平台

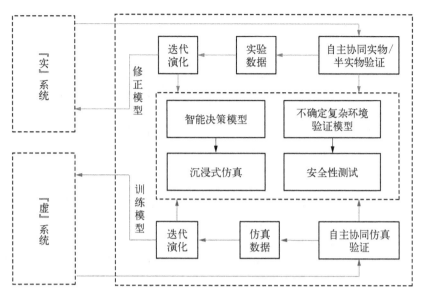

图 6.7　迭代演化验证技术

质量及试验平台性能。开发分布式仿真体系架构,上层建筑决策层,搭建仿真系统为实现复杂场景任务所需的智能决策算法;中层交互通信层,处理集群个体与物理或仿真环境之间的数据交换;下层个体层,搭建集群个体模型、场景模块化模型、集群行为仿真模型等。三层次共同构成虚实结合仿真平台的整体架构。

3）基于通用计算平台的智能决策及沉浸式仿真

建立智能化决策算法,使仿真系统具备与实物模型、半实物仿真和真实场景高精度匹配的决策能力。将基于仿真系统的策略应用于实物验证环节,应用实物数据和仿真数据修正决策模型的置信度。搭建沉浸式仿真环境,以更为逼真的仿真效果模拟复杂任务场景。

4）不确定环境群体自主系统验证及安全性测试

搭建复杂任务场景不确定环境验证模型。针对不同场景探究环境变化的可能性,提高在不确定性条件下,决策模型、仿真模型、任务分配等环节的可靠性。根据不确定环境条件,完成虚实结合的自主系统安全性测试,并迭代演化对仿真系统进行修正。

对于复杂战场应用环境,典型的指挥控制系统半实物仿真验证架构如图 6.8 所示。分为以下几个部分:场景模拟器,包含海、陆、空、潜等多种作战应用环境;仿真系统网及其应用支撑环境,如导航、数据库、测试评估、环境部署等模块;作战平台仿真,包含每个作战平台节点的元器件模块仿真,如传感器模拟器、指挥决策模拟器等,及多平台节点之间的无线网通信模拟。

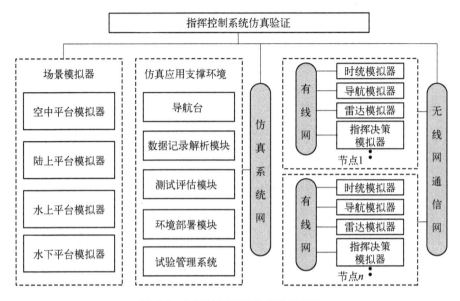

图 6.8　指挥控制系统仿真验证架构

5）搭建基于地理空间战场情报的信息架构

无人飞行器集群信息融合体系的基础功能是对信息的采集与融合,战场情报、监视、作战任务,均建立在对空间中目标的识别、分类、定位的基础上。地理空间情报体系架构如图 6.9 所示。

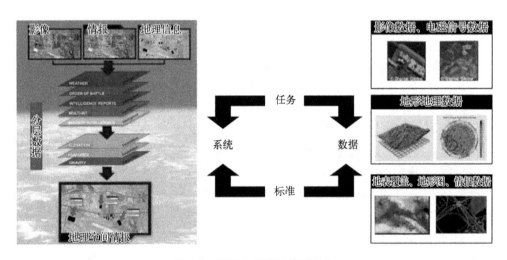

图 6.9　地理空间情报体系架构

无人飞行器蜂群的分布式特点,其任务信息的融合处理均需建立在统一的时空框架下,因此本项目采用基于地理空间搜救情报(Geospatial Intelligence,GEOINT)构架服务体系作为分布式任务信息融合的基础平台。地理空间搜救情报由影像、影像搜救情报和地理空间信息组成。地理空间搜救情报服务体系是利用并分析影像和地理空间信息,对地球上的自然地物以及与地理位置相关的活动进行描述、评估和直观展示的一种工作。

6）基于面向对象世界模型战场环境建模

无人飞行器蜂群体系中平台与传感器数量众多、类型多样、分布广泛,其任务信息的融合也分为不同层次,在低层次的同平台同目标多传感器融合、中层次的多平台多传感器同目标融合、高层次的多平台多目标态势生成,底层关注传感器数据、中层关注目标、高层关注态势,不同层次需要相应的算法模型支撑。在搜救情报态势层面,更关注在动态环境中被观测到的真实世界实体与搜救系统识别为目标的数据之间的集成,根据搜救情报融合中常用的 JDL(joint directors of laboratories)模型,态势感知作为较高层次的 Level 2 融合,向上从 Level 1 融合接收搜救情报数据,作为态势感知的信息来源,向下为 Level 3 融合提供态势信息,用于威胁分析和决策支持,如图 6.10 所示。

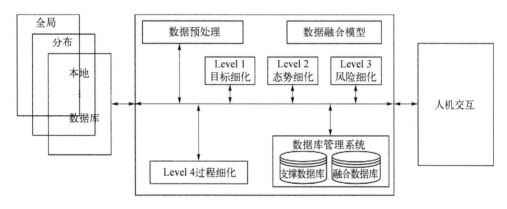

图 6.10　态势数据融合模型

为了将蜂群搜救系统操作员与数据库在同一系统中集成,并考虑到不同数据格式及搜救情报抽象层级,需确保数据与搜救情报信息的互操作性,因此有必要引入一个对环境中的实体对象信息进行有效表达和持续更新的世界模型。本方案采用面向对象世界模型,即 object-oriented world model(OOWM),以表达包含实体对象的环境的当前状态,如图 6.11 所示。

OOWM 中对象有一组属性集描述,属性集来自传感器对其特定特征的测量,为了描述对象的不确定性,属性集可用概率的方式描述其置信度,此外支持实现给定的背景知识,在无人飞行器蜂群搜救领域,对象即被搜救到的目标,背景知识即先验的关于目标的已知属性。当多个传感器提供更新数据时,系统采用概率信息处理算法

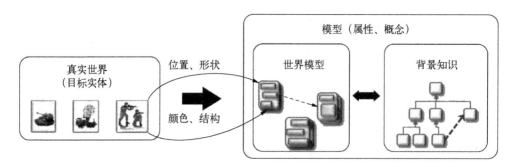

图 6.11　面向对象世界模型

更新对象表达,由测量过程产生的不确定性在算法中被加权计算。本质上,OOWM
是一个多源信息的集散器,实现多传感器环境下的态势感知集成和任务信息融合。

6.1.3　无人集群 MBSE 验证流程

本节将介绍一种基于 MATLAB 的无人飞行器集群 MBSE(model-based system
engineering)设计验证方法。无人飞行器集群中可能存在任务不同的不同无人飞行
器,以其中一架无人飞行器为例,简要介绍其 MBSE 设计实现方法。

1. 软硬件介绍

1)硬件系统

硬件系统部分对实际飞行效果有重要影响,一般由飞控计算机以及机载传感
器两部分构成。飞控计算机对控制指令和飞行状态进行相应解算,向执行机构输
出控制信号,其中飞行状态主要由机载传感器采集得到。

基于 Pixhawk 进行飞行控制程序的开发。Pixhawk 是一款基于 ARM 芯片的 32
位开源飞控,其性能较好,在业余和高端研究都有一定应用,它适用于无人飞行器和无
人车等可移动的机器人平台。最早是美国的 3D Robotics 作为分销商。Pixhawk 的硬件
架构框图如下所示。其主芯片系统为 STM32F427,通过不同的协议及接口与文件系统、
导航系统、姿态控制系统等进行交互。Pixhawk 硬件架构整体框图如图 6.12 所示。

Pixhawk 是一款基于 ARM 芯片的 32 位开源飞控,由苏黎世联邦理工大学的计
算机视觉与几何组(Computer Vision and Geometry Group)的博士生 Lorenz Meier 开
发,综合了 PX4FMU 和 PX4IO 两者的功能,是基于 ARM 芯片的、一种软硬件都开
源的 32 位飞控。一些关键组成部分如表 6.1 所示。

2)软件系统

飞行控制系统软件部分主要为 MATLAB、PSP 和 QGroundControl。MATLAB 是
MathWorks 公司的商业数学软件,意为矩阵实验室,可用于数据分析、深度学习、控
制系统、机器人等领域。PX4 是 Pixhawk 的原生固件,MATLAB 为 PX4 提供了
Embedded Coder Support Package,能够支持将 Simulink 仿真转换成为适用于硬件平

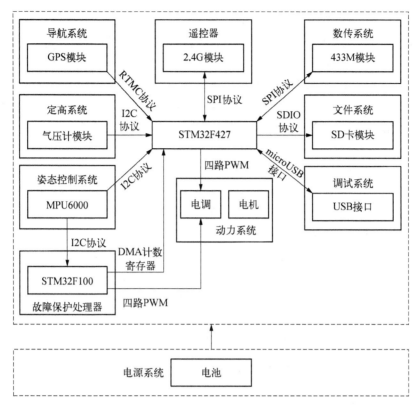

图6.12 Pixhawk硬件架构整体框图

表6.1 一些关键组成部分

项 目	具 体 内 容
主芯片系统	STM32F427 CPU：180 MHz ARM® Cortex® M4,带单精度FPU RAM：256 KB SRAM(L1)
故障保护芯片系统	STM32F100 CPU：24 MHz ARM Cortex M3 RAM：8 KB SRAM
GPS	U－Blox® 7/8（Hobbyking®）/U－Blox 6（3D Robotics）
光流	PX4光流传感器
安全开关	外部安全开关
指示灯	多色LED主视觉指示灯
指示器	高功率,多音压电音频指示器
存储	microSD卡

台的代码。Simulink 是 MATLAB 中的仿真工具,它预定义模块库比较丰富且支持扩充,有图形编辑器,可进行模块图的组合、管理以及动态系统建模,交互性使其直观便捷。Simulink 提供 Embedded MATLAB 模块对 MATLAB 算法进行调用,同时,提供 API 进行与其他仿真程序或代码的连接与集成。

在 Simulink 仿真环境下可以采用"Embedded Coder Support Package for PX4 Autopilots"模块,搭建 PX4 环境下的飞行控制系统,在仿真测试成功之后,烧录到 PX4 硬件上。执行编译后,控制器算法编译通过,可以烧录到 Pixhawk 上。

其中由 MATLAB/Simulink 烧录到硬件上主要依靠 Pixhawk 飞行员支持包。Pixhawk 飞行员支持包(Pilot Support Package, PSP)是由 MathWorks 的 Pilot Engineering 组开发的产品。它允许用户使用 Simulink 模型生成针对 Pixhawk 飞行管理单元(flight management unit, FMU)的代码。PSP 可以将 Pixhawk 工具链(Pixhawk Toolchain)集成以完成固件构建并下载到 PX4 的飞行管理单元。它不为在 Pixhawk 上运行的其他服务提供精确的函数行为块,用户需要使用来自基础 Simulink 或航空航天区块集的模块来搭建飞行控制系统模型。Pixhawk Simulink 块允许用户访问在运行时使用的传感器数据和其他计算数据。当飞行控制系统(flight control system, FCS)成功建模,并进行仿真验证后,就可以将其部署到 PX4 硬件上,在 Pixhawk 平台上编译并执行生成的代码。

2. 模型设计及仿真验证

1)无人飞行器模型

首先通过机理和辨识相结合的方法对无人飞行器进行建模,得到无人飞行器模型。在对无人飞行器建模时需要定义多个坐标系,常用的坐标系有:地面坐标系、机体坐标系、风轴系、旋翼坐标系等。建模过程中遵循如下假设条件:假设倾转旋翼无人飞行器为刚体,无弹性形变;将地球视为平面,从而忽略地球曲率的影响;忽略地球的自转和公转,将地球视作惯性系;假设倾转旋翼无人飞行器关于机体坐标系平面严格对称;认为重力加速度为常值,不随高度变化而变化。

无人飞行器的运动由作用在无人飞行器上的力和力矩决定。模型可以分为两部分,第一部分为运动解算部分,第二部分为力和力矩解算部分,两个解算部分是相互关联的。运动结算部分根据运动方程及无人飞行器受到的合外力和力矩解算其下一运动状态。力和力矩结算部分根据无人飞行器运动的状态和控制输入解算作用在无人飞行器上的总气动力和力矩。分别计算无人飞行器各个部件产生的气动力和力矩,之后进行求和得到其整体受到的气动力和力矩。

建模时,可以采取测量、计算、查表以及系统辨识等方法得到模型各个参数,对无人飞行器各个部分分块建模并考虑相互影响,如诱导速度的影响等。对旋翼无人飞行器建模时,可以通过动量理论与叶素积分法,分析叶素所受到的气动力和反扭矩,建立诱导速度与拉力的关系,然后通过二分法,求解出旋翼受到的气动力。

对固定翼无人飞行器建模时,可以考虑机翼、舵面、安定面及机体等各个部件的模型及其气动力和力矩,将气动力和力矩表示在机体坐标系中。结合动力学和运动学方程,得到相应无人飞行器的非线性模型。

2）控制模块

考虑不同的控制方法,依据任务需求为无人飞行器设计控制器模块。下面,以含有增益调度思想的 PID 控制律设计姿态稳定控制器为例进行简要介绍。

姿态稳定控制器主要由姿态角误差经由 PID 控制方法以及转换矩阵后得到期望角速度,之后角速度误差经由 PID 控制方法合成对倾转旋翼无人飞行器的操纵量。

3）其他模块

输入模块模拟产生遥控器指令给到控制器模块。输出模块从无人飞行器模型中接收六自由度模块的输出。状态转换模块将六自由度模块输出状态转化为传感器状态,并传输到控制器模块中。

通过仿真实验给出不同的输入信号,观察状态输出,验证建模及控制器设计的正确性和合理性。不断调整各个参数,直到模型准确度和控制器效果满足要求。

3. 全流程仿真验证

以 MATLAB 及 Simulink 为 PX4 飞控软件开发平台,通过 UAV Toolbox Support Package for PX4 Autopilots 工具包及 PX4 Toolchain 烧录固件到 PX4 硬件平台,并能与 QGroundControl 地面站及 jMAVSim 模拟器进行硬件在环仿真(hardware-in-the-loop, HITL),验证所设计的控制器的有效性和可靠性。其主要架构如图 6.13 所示。

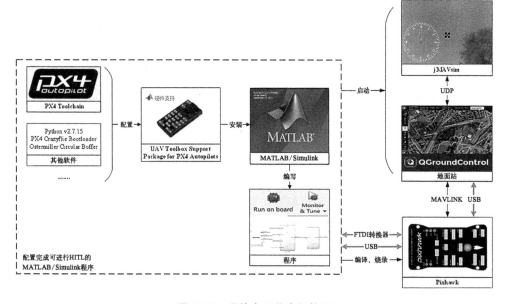

图 6.13　硬件在环仿真架构图

配置环境并安装 UAV Toolbox 工具包,配置 QGC 相关参数,在 MATLAB/Simulink 环境中编写程序,之后连接硬件,将程序编译并烧录,MATLAB/Simulink 会启动 jMAVsim 和 QGC,可进行硬件在环仿真。

1)半实物仿真模型搭建

将搭建的 MATLAB/Simulink 仿真模块进行调整,以便进行半实物仿真测试。所设计的用于半实物仿真测试的飞行控制软件的 Simulink 模块由控制输入模块、传感器模块、控制器模块、脉冲宽度调制(pulse-width modulation, PWM)输出模块、数据存储模块以及声光模块组成。

支持模型的主要模块如表 6.2 所示,通过这些模块使得编写的模型与控制器能够支持 PX4 并具备与硬件连接的条件。

表 6.2　模型主要模块

PX4 uORB Read	Gyroscope
PX4 uORB Write	Magnetometer
PX4 uORB Message	Radio Control Transmitter
PX4 Analog Input	Read Parameter
PX4 PWM Output	Battery
Serial Receive	I2C Master Write
Serial Transmit	I2C Master Read
Vehicle Attitude	GPS
Accelerometer	

UAV Toolbox Support Package for PX4 Autopilots 工具箱支持包能够创建 uORB 中间件的 Simulink 模型。uORB 异步发布消息传递 API,用于线程间/进程间通信。uORB 将消息发布到特定主题(如 sensor_accel),其他组件通过订阅该主题来接收消息。包含 PX4 uORB 读取和 PX4 uORB 写入块的 Simulink 模型生成代码并将其部署到 Pixhawk 系列飞行控制器时,控制器中的 Simulink 应用程序从 uORB 网络读取数据,并将相应 uORB 主题的数据写入网络。

可以使用包含 GPS 块的 Simulink 模型从连接到 PX4 飞行控制器的 GPS 设备获取数据。PX4 PWM 输出模块可以在 Pixhawk 系列控制器的 PWM 引脚上生成信号,从而驱动电机。在 Pixhawk 硬件上使用 MAT 文件记录功能,以 MAT 文件格式有效记录 Pixhawk 硬件上运行的 Simulink 模型的信号,并从 SD 卡检索日志文件以进行进一步分析。Pixhawk Target Block 中,input_rc 模块用于接收遥控器的信号,可以设置采样时间,进行通道选择和可选输出端口设定。

Pixhawk Target Block 中,uORB Write 模块可以用于写任意信号到一个存在且结构元素被定义的 uORB Topic,它假设这个 topic 存在且被定义在 MSG 文件夹中。uORB Read/Function-Call Trigger 模块用于从一个存在且结构元素被定义的 uORB Topic 中读取任意数据。vehicle_attitude 模块可以得到飞行器姿态计算的运行服务,uORB topic publisher:vehicle_attitude 为这个模块提供有效的信号值,这个方法是基于 CMake 的配置。vehicle_gps 模块用于从 uORB topic publisher:vehicle_gps_position 中提供 GPS 信号。

主要由 PX4_Vehicle_Attitude、PX4_Vehicle_GPS 以及 PX4_Sensor_Combined 模块测量 pixhawk 硬件的姿态、位置和传感器输入的角速度等信息,用对象请求机制 uORB Read Topic:'vehicle_local_position '和 uORB Read Topic:'airspeed '模块进行进程间的通信,获取位置及速度等信息。

2）软件仿真

在完成 PSP 系统环境的配置以及 PSP 的安装后,使用 PSP 完成 Simulink 到 Pixhawk 代码的生成。首先在 Simulink 中用合适的代码生成选项进行配置,在 Hardware Implementation 页面选择 Pixhawk PX4,然后在 Code Generation 页面中对 System target file、Target hardware 以及 Toolchain 进行选择。之后,还要进行其他的一些设置,将 Solver Type 中设置为固定补偿,Signals and Parameters 页面中的 Inline Params 选中,设置 COM 端口等。

之后可以通过 Simulink 的"Build"产生相应代码,或者采用"Build,load,and run"选项,先不连接 Pixhawk,等到确认后再进行连接,如下图所示。完成后,程序就烧录到了 Pixhawk 中,可以听到设置好的提示音或者看到相应指示灯变化。

软件在环仿真时,在组件选择部分要选择 PX4 Host Target,build PX4_sitl_default,编译固件。之后可以通过 Launch PX4 Host Target and jMAVSim 进行软件在环仿真。

3）用 QGroundControl（OGC）进行传感器校准

QGroundControl 地面站主要由实时数据管理、软硬件管理模块、GPS 管理模块以及设置模块等模块组成,各个模块及功能如表 6.3 所示。

表 6.3　QGC 模块功能表

QGC 模块	功　　能
实时数据管理模块	更新实时数据到 QGC 界面中进行展示
GPS 管理模块	获取并显示 GPS 的实时数据

QGC 模块	功　能
摇杆模块	通过遥感对飞机进行控制
通信连接管理模块	对通信的连接进行管理
MavLink 协议模块	对 Mavlink 协议消息的发送接收和解析
任务命令模块	可通过命令窗口对无人飞行器发送指令
多任务管理模块	对无人飞行器的任务进行管理
地图引擎模块	在 QGC 中显示地图
日志信息模块	记录软件日志
视频模块	显示机载摄像头的画面并可保存录像
设置模块	对 QGC 地面站进行设置

Pixhawk 连接 QGroundControl 地面站,检查各部分通信是否正确,进行罗盘、传感器、空速管等部件校准。

校正遥控器,检查飞控能否正常接受遥控器指令,各通道映射是否正确,初始指令是否为设定的初始控制输入。

各项检查无误后,可以进行半实物仿真测试,验证飞控功能是否完备,控制律的控制效果能否满足指标要求,是否具备实际飞行试验的条件。以"PX4demo_QGCWaypointFollower_hitl"程序为例进行半实物仿真验证。连接 Pixhawk,配置 QGC、Simulink 相关参数。在 Simulink 中选择 Run on board,点击 Monitor & Tune,MATLAB 会进行编译烧录,并启动 jMAVsim 及 QGC,之后可在 QGC 中为无人飞行器设置航点,并加载到飞控中,之后可使无人飞行器不断切换航点并跟踪,完成相应路径。

6.1.4　等效试验验证

1. 等效验证概念

对于等效验证概念来说,有以下几种相关理解:一是"验证",可定义为检验或测验精确性或准确性;二是指挥控制系统的"测试",通常指对指挥控制系统的功能、性能指标进行测试;三是"等效",指在实际或接近实际的应用条件(对于军事指挥系统,就是实战条件)下的一种环境。参考文献[1]可将对指挥控制系统的等效测试定义为:"对于已完成阶段开发或全部开发的实际指挥控制系统,由最终使用方组织,在实际或接近实际的应用条件下,尤其是在边界、紧急、特殊条件下,全面检验其各项战术技术指标是否满足预期要求所进行的试验的统称。"通过"验证"应当得到以下结果：一是检验各项指标是否满足预期要求；二是得到哪些指标（不）满足要求；三是获得指标（不）满足的程度；四是找到指标的极值和相应的条件等。

1）"等"的内涵

等效验证中"等"的内涵主要是应"效"而生的。针对每一项"效"的指标，"等"的目标是来验证。纵观"效"的指标会发现不管是哪一种能力，其底层的指标都是由一些具体参数描述的，如速度、控制误差、距离、通信带宽等。但是如何让这些具体参数协调起来验证整体的效能，还需要结合更为综合的验证手段。集群攻防作战涉及大量小型的异构单元体，除了需要检测单元个体的控制性能，还需模拟多异构体之间如何实现分布式协同决策、交互操作，测试群体智能水平。为了验证体系效能，需搭建异构无人集群系统虚实结合迭代演化综合仿真平台，以更真实的仿真效果模拟任务场景。

2）"效"的内涵

Joel S. Lawson 于 20 世纪 70 年代中期最早提出指挥控制系统的概念模型，描述为"感知、处理、比较、决策、执行"的综合过程[2]。结合现今作战形式的发展，可对指挥控制过程进行进一步提炼，归纳出 4 个关键能力：感知能力、指挥决策能力、信息传递能力和执行能力。等效验证中"效"的内涵即可由这些能力指标来描述。

一是感知能力。感知能力的指标体系可包含感知精准度、感知空间范围尺度、感知多源融合度等。系统的感知能力由多种传感器实现，每一种传感器像 GPS、雷达、激光等都有其适用的空间尺度范围及环境条件。感知精准度一是代表单传感器个体的精度，二是代表多传感器融合后感知体系整体的精度，具体到位置误差、速度误差、感应距离等。感知体系的精确指标与多源数据融合的架构息息相关。

二是指挥决策能力，由决策最优性、决策速度、决策协同能力、分布式决策能力等表征。决策最优性反映指挥决策的理论性能，而决策速度、协同能力、分布式能力表征指挥决策的综合实践能力。决策速度越快，决策最优性在实际中的保持度越高；决策协同能力反应在集群攻防工况下，单元体之间互通信息、分布式决策最终达到全局优化的整体效果，具体可由协同决策时间、支持异构单元体数量、决策任务冗余度等描述。

三是信息传递能力。指挥控制系统的信息传递能力主要反映在通信网性能上，可由通信频率、通信网抗干扰能力、数据互操作性等表征。具体来说一是通信速度要快，二是通信要稳定可靠，三是通信作用于多源异构体，不管是仿真节点还是物理节点，匹配度要高、互操作性要强。

四是执行能力,主要涉及执行节点的适应重组能力、异构操作能力、人机交互能力等。具体来说适应重组能力反映在集群攻防的异构群体在面对场景变化时进行适应重组的成功率及其所需的时间;异构操作能力为异构群体在接收指控系统的协同决策指令后的执行效能,如响应速度、控制精度等;人机交互能力描述"人"在集群攻防作战中的操控能力及"机"对于"人"行为或需求的感知能力。

等效验证一是要验证感知能力,通过虚实结合的仿真实验,构建大数据库,通过多源数据流融合,提高集群感知精度、感知尺度,保持数据库丰富度,从数据中提炼模型动力学信息,分析感知精度;二是验证智能决策能力,在异构无人集群系统虚实迭代演化仿真架构中,上层建筑为智能决策层,针对每一种场景,智能决策是否快速、是否正确,决策结果是否合乎逻辑、能否在虚实系统中并行验证,需要逐一检测,同时要探究任务决策的安全性能力,能否保证试验中的人员安全、设备安全等;三是验证通信能力,在仿真框架的中层交互通信层中,重点关注集群个体与物理或仿真环境之间的数据交换的通信延迟、通信可靠性等指标,验证分布式决策结果是否能高效地传递给分布式异构群体;四是验证执行能力,探究虚实系统的紧密配合性能,旨在针对虚/实环境实现决策与执行的一致性,获取高置信度的集群个体模型、场景模块化模型、集群行为仿真模型等,搭建沉浸式仿真环境。

2. 验证流程研究

以人机协同作战场景为例,对指控人员执行作战任务时,构建战术、操作的具体方法详细介绍。

模型架构分为6层,如图6.14所示,任务被分解为各个阶段,阶段被分解为战术,组成一个战术库。同样,战术被分解为操作,而操作由算法组成。蜂群研究到目前为止,主要集中在算法和操作层次上。本方案的重点是架构的整体运用过程,包括任务、阶段、战术、操作、算法和数据。

图 6.14　任务六层级框图

对于图6.14中的6个层级进一步细化。人与机器人集群系统高效协同系统包括若干个连续阶段,每个阶段由一个或多个战术组成,每个战术由一个或多个操作组成,同样,每个操作由一个或多个算法组成,每个算法的实现需要多种数据信息以及态势信息数据,使指挥操作人员能够根据特定任务情况进行调整。这些元素被设计成可用于不同任务的可重用性。该体系架构可以用于执行战场搜救、侦察、干扰、打击等任务。

上述方案描述了如何由模块化的、可重用的战术和操作组成人与机器人集群系统协同作战任务。以下人与机器人集群系统协同作战分类法用来描述总体任务架构(图 6.15),即将系统的各组件进行详细介绍。

(1)作战任务指分配,指的是操作人员给无人飞行器蜂群的总体任务和目的,是若干个阶段的父级。这一阶段主要指战前任务与规划,利用人机交互系统,实现对任务的评估与优化以及任务命令的发送。

(2)阶段层,是指作战任务中不同的时间周期。通常蜂群任务有五个阶段:战前准备、进入战场、搜救阶段、撤离战场和战后维护。任务执行过程中飞行部分涵盖 3 个阶段:进入战场、搜救阶段和撤离战场。

(3)无人飞行器蜂群进入作战配置,并到达指定的部署地点,就开始了作战阶段。任务战前准备阶段,指控人员发送一个作战任务命令,蜂群准备执行该任务,该阶段从启动蜂群开始,当蜂群处于飞行准备状态时结束。战术包括有无人飞行器广域侦察、定点蜂群播撒、隐蔽搜索,高效侦察、跟踪、协同打击等。

(4)操作描述了蜂群的低级机动和行为。操作可以被描述为具有特定触发和时间约束的行为,且是战术的构建块。操作参数是操作的可调特性,可以根据任务或交战规则进行更改。

(5)算法是解决任务分配、路径规划等循环任务的过程。算法是蜂群操作的构建块。算法使用来自无人飞行器的数据,用于操作的实现。

(6)数据为算法的实现提供支撑。其包括蜂群中单个无人飞行器的位置、航

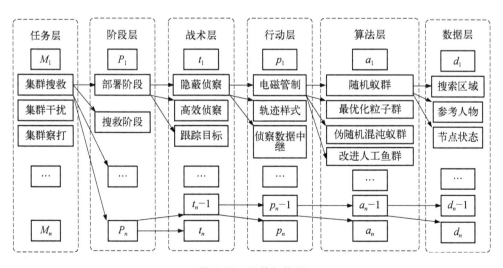

图 6.15　总体架构图

向、速度、高度、姿态、健康状况和状态等数据信息,以及通过分布式协同感知获得的态势信息数据。

人与机器人集群协同作战,需要充分利用先进的交互设计思想、开放式架构等。首先需要探索协同模式。

根据任务的复杂性,人-集群协同模式也具有不同的复杂性。在简单任务场景中,可以由人与单无人飞行器协作完成;而在复杂任务中,则需要人与复杂集群进行协同完成。考虑以下协同模式:

(1)人-单机飞行协同模式:该种模式一方面用于处理较为简单的任务,另一方面可以用来测试人机交互系统的可靠性,是其余协同模式的基础。

(2)无人集群自主协同模式:该种模式对应于通信系统受阻的情况。无人飞行器群在没有指令的情况下,根据态势信息进行在线自主决策与规划。

(3)人-集群飞行协同模式:该种模式对操作人员同时控制无人集群编队执行一个特定的任务,需要具体地控制所有无人飞行器的飞行轨迹以及执行任务。

(4)人-集群任务协同控制模式:该种模式对操作人员对无人集群编队给出具体的执行任务,无人集群根据任务指令自主规划飞行轨迹以及执行任务。

(5)人-集群任务监督协同模式:该种模式是一种高级人机协同模式,操作人员只需给出总体任务目标,任务规划软件自动给出具体的任务细节,在此基础上无人集群根据任务指令自主规划飞行轨迹以及执行任务。

6.1.5 分布式仿真验证

以无人飞行器红蓝对抗场景为例,空战仿真在运行中主要分为两种模式,非空战模式和空战模式。非空战模式考虑编队飞行、空域监测、跟踪任务等不进行武器对抗的飞行任务,仿真中需要对队形和任务信息有一定展示,如轨迹、目标等等。而空战模式,按照距离分为视距内空战和超视距空战,视距内空战又可以称为近距格斗,如 Alpha Dogfight 竞赛测试的就是在近距缠斗中飞机应采取的连续机动策略和近距导弹发射策略等。近距场景下交战更频繁,操控更密集,除了雷达信息之外,人员的目视参考也占据重要的地位,决策的灵敏度极高,对于通信延迟的挑战较大。超视距空战更像下棋,每一步都影响着最终的结果,但结果的显现不是立刻的。战机在超视距空战中,首先要占据有利位置,即占位,通过跟踪、锁定等一系列步骤,在合适的位置发射导弹。主攻方发射导弹后需要对武器进行制导,同时考虑防守方在被锁定时就已经得到威胁消息,并有可能产生机动,这一切都是在不停变化的,并且发射导弹、是否击中、何时击中在真实情况下都是未知的,或是具有很大延迟的,这些未知也增加了超视距空战的挑战性。Alpha Dogfight 竞赛系统和兵器推演系统如图 6.16 和图 6.17 所示。

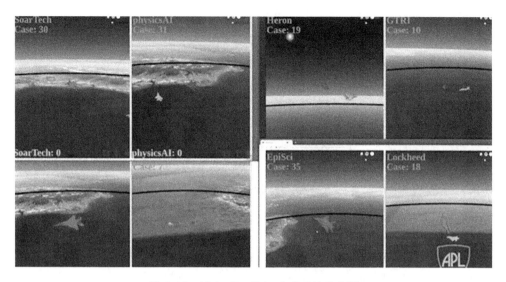

图 6.16　Alpha Dogfight 竞赛系统示意图

图 6.17　兵器推演系统示意图

根据这几种空战模式,总结出空战仿真系统的需求:

1）红蓝对抗场景的区分

通常的空战仿真是以对抗的形式呈现的,习惯上用红方代表己方,蓝方代表敌方,通过红蓝颜色区分阵营。红蓝对抗场景的标记一是体现在飞机上,战机用颜色区分,二是体现在轨迹和界面信息显示上,这样可以让双方态势对比、能力水平有直观的表现。

2）分布式计算

空战对抗涉及群体数量较大，一般仿真系统应当支持 10V10 量级，这些飞机的动力学运算及实时决策，一是要考虑到计算的快速性，应当采用多线程分布式计算方法，降低单机的运算压力，二是要考虑模拟的真实情况，现实中不可能集中式完成所有计算，所以理应实现分布式架构。

3）交互形式多样化

空战的目的是人与人的战斗，但是却借助了机器的力量。随着技术的发展，人在决策中的重要性越来越小，未来有一天可能实现"机"代替"人"完成所有的决策。空战仿真应当支持人-人，人-机，机-机的对抗模拟，使交互形式的多样化。

4）多源操控通信网

因为交互形式的多样化，既要支持人的操控输入，也要支持机的算法输入，人机可以理解为阵营中的端口，散布在分布式计算的多源操控网中，每一个端口都要有自己的地址、ID 号，以实现全局的数据流通。

5）不同模式下决策区分

不同的空战模式有不同的任务需求，其信息获取和能力范围也不一样，影响决策的因素大不相同，需要进行额外区分。

6）三维视角转换

三维仿真中视角的设置影响着仿真系统的整体效果，全局视角、单机视角、三维或是二维投影的切换十分重要，应当在合适的场景展示合适的细节信息。

7）信息显示

空战仿真中一方面需要显示全局信息，包括通信、武器、态势等等，二是要显示单机信息，如决策指标、敌机友机信息、操控信息、通信信息等等。这些信息需要在系统界面的合适位置进行展示。

8）数据存储与回放

因为系统是多源操控的，那么就需要找一个统一的平台进行数据的统一存储。数据回放是分析作战情形、总结作战经验最好的途径，可开发单独的数据分析平台以实现这一功能。

1. 系统设计要点

基于上述需求分析，设计了多源操控空战决策仿真系统。

根据多源操控网的需求，设计了终端、单体端和算法端的软件架构，如图 6.18 所示，其中每个端口的能力组成见图 6.19。在这个架构里，三种端口（终端、单体端和算法端）都有自己的通信地址。单体端接收两种输入，一种是遥控杆或键盘的操控输入，一种是来自算法端的自动决策输入。单体端进行飞机动力学的计算，在状态更新后将数据传递给终端，终端根据通信模型决定每一个飞机应当获得什么样的全局数据,并进行传输。单体端同时需要进行锁定和发射的决策,这种形式与真实的空战是保持一致的。

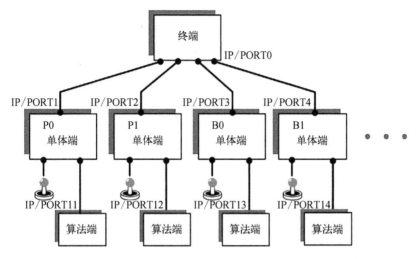

图 6.18　多源操控空战决策仿真系统架构

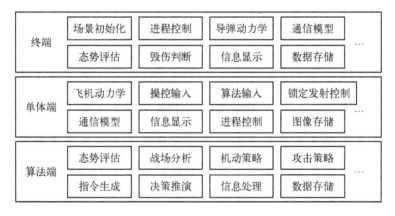

图 6.19　系统分层架构

　　详细来说,终端负责场景的初始化,设定两方阵营的规模及初始状态。终端建立通信网络,掌控仿真系统的进程管理,对全局相关的态势信息进行展示,实现仿真数据存储。终端分前端和后端,后端运行武器动力学程序,实现毁伤评估。

　　单体端作为单机入口接收人工操控和算法端操控的信号。单体端运行飞机动力学模型,对锁定发射信号进行逻辑判断,展示与单机相关的态势信息。

　　算法端是处理自动空战的决策程序,首先对战场进行分析,实现态势评估,采取机动策略和攻击策略,实现决策推演,并对单体端输出操控指令。算法端是自动空战模式的“大脑”。

2. 系统功能

多源操控空战决策仿真系统功能架构(图 6.20)包含输入层、模式层、算法层、模型层、服务层和数据层。

1）输入层

主要处理场景设置问题,包含场景规模,飞机类型与数量,描述阵营状态的信息等。

2）模式层

包含红蓝对抗、人机对抗、算法对抗等,覆盖人-人,人-机,机-机的对抗模拟需求。

3）算法层

主要涉及动力学和决策的相关算法,动力学主要分飞机动力学和武器动力学,决策包含前处理(态势评估)、战场分析、策略选择、策略推演等。

4）模型层

模型层比算法层更偏底层,包含飞机、武器的模型库、决策模型库、行为模型库等等,是算法层调用参考的对象。

5）服务层

服务层使仿真软件更加完整,考虑显示效果,对关键信息如态势信息显示,比分显示,状态信息显示等进行展示;考虑进程、时间、事件的管控,使多源平台的算法有条不紊地进行。

6）数据层

数据存储、图像存储、数据回放等是仿真系统中保存数据、分析数据的基本操

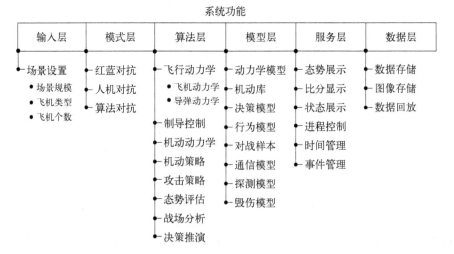

图 6.20　系统功能结构

作。每一回合空战实现数据和图像的存储,再在单独的模块中回放数据进行作战分析,以更好地改善算法策略。

3.系统应用流程

系统的应用流程如图 6.21 所示,在空战模拟对战过程中,主要分为三阶段,决策-单体端-终端:

1)决策

仿真应用的第一步是要从多源网端的算法接口或者人工接口形成操控指令。主要的操控指令包括飞机机动指令、武器锁定指令和武器发射指令等。

2)单体端

单体端接收决策指令,进而执行,实现战机的机动逃逸动作、武器的锁定与发射过程。同时单体端获取并处理友机及敌机的信息,传递给决策端。

3)终端

终端连接所有的单体端形成通信网,建立通信机制。终端接收所有单体端的状态数据,进行态势信息的综合展示,完成阵营间的损伤判断。终端通过通信网传递给每个单体端不同的全局信息,限定单体端可见信息的程度,跟各单体端的位置状态相关,由雷达模型等确定。

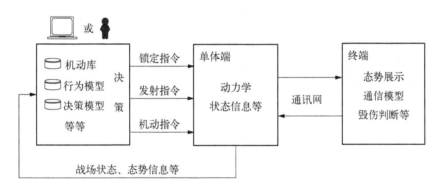

图 6.21　系统应用流程

多源操控空战决策仿真系统可进行(但不限于)下述几种场景的分析:

1)智能对抗

通过在算法端建立智能博弈算法,形成全自主的红蓝阵营空战对抗。可利用相关智能学习算法,如深度强化学习等,建立决策模型,训练最优结果。采取分小组开发算法的模式,各小组选取红蓝方角色,进行算法对抗。

2)人机对抗

选取一定比例的人类操纵手和算法控制端进行对抗。人类操纵手使用操纵杆及键盘按钮等完成机动、锁定、发射的决策,在算法控制端建立智能决策算法,全自主地根据每一时刻的态势情况产生决策指令。人机 PK,相互挑战学习。

3）编队跟踪

研究队形变换、跟踪模式等对作战策略的影响，主要考虑通信模型、雷达模型等，研究阵营内配合模式，进行协同探测。

4. 初步系统软件界面

图 6.22 和图 6.23 展示了初步系统软件，使用一台设备设置虚拟端口，可以实现单体端、终端和算法端的架构，完成红蓝对抗仿真。若在多台电脑进行，则可借鉴图中的架构。

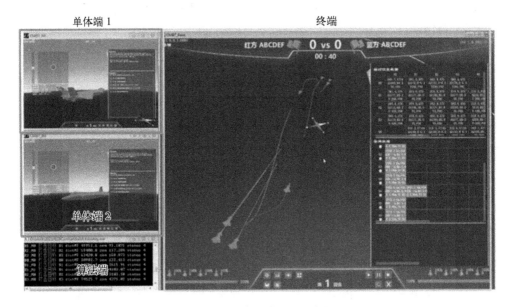

图 6.22　系统软件界面示意图

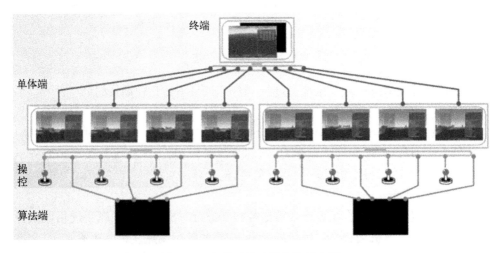

图 6.23　红蓝对抗系统架构示意图

6.2 等效试验验证平台

6.2.1 无人飞行器系统

本节推荐几款无人飞行器系统,以供研究使用。以区域反恐示范应用场景为例,可设置验证平台系统含有 5 架固定翼无人飞行器、25 架多旋翼无人飞行器、30 辆地面无人车、自组网数据链系统以及地面站。无人飞行器与无人飞行器、无人飞行器与无人车、无人飞行器与地面站、无人车与地面站之间均由自组网数据链系统沟通可以进行无线通信,进而实现地面站与异构集群之间的交互与协同。通过地面站软件,可以对集群的状态进行监控。

1. 固定翼无人飞行器

1)平台架构

固定翼无人飞行器分系统组成架构如图 6.24 所示。

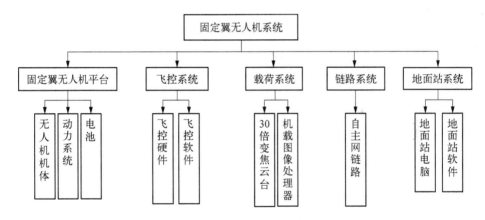

图 6.24 固定翼无人飞行器系统架构图

固定翼无人飞行器系统由固定翼无人飞行器平台、飞控系统、载荷系统、链路系统和地面站系统组成。其中无人飞行器飞行平台包括无人飞行器机体、动力系统、无人飞行器电池;飞控系统包括飞控硬件和飞控软件;载荷系统为 30 倍变焦云台和机载图像处理器;链路系统为自组网链路;地面站系统包括地面站电脑和地面站软件。

功能:负责全局侦察与态势感知,实时更新全局态势信息,地面指控人员能通过地面站发送操作指令,定点监控更新指定目标区域。

编队飞行可采用垂直起降固定翼无人飞行器,如 INGQ – 2100(图 6.25)。INGQ–2100 机身材质为 EPO+碳纤维材质,具有可靠、安全、便携等优点。搭载军品级飞控系统 L1-PRO,采用最新 L1 自适应算法,且具有多重保护机制,使得无人飞行器系统可靠性、安全性大大提升。

图 6.25　垂直起降固定翼无人飞行器

该无人飞行器系统以多旋翼模式起飞,飞至一定高度后,四旋翼中前两电机向前倾转,形成拉力,后两电机停转。倾转完成之后,无人飞行器由旋翼模式转换为固定翼模式进行航线飞行。布局模式具有如下优点:可实现垂直起降,对起降场地要求大为降低,在野外石油管线、通信线缆巡检中使用较为方便;倾转模式相比传统复合翼模式,能省去一套动力系统,无人飞行器综合性能有较大提升。

技术参数:最大续航时间 50 min,最大航程 60 km,巡航速度 72 km/h,最大飞行速度 108 km/h,最大起飞重量 7 kg,最大有效载荷 1.2 kg。支持 GPS、北斗以及格洛纳斯导航系统。

2)飞控系统

飞控系统硬件设计上,采用与控制主电路隔离的外置惯性测量单元(inertial measurement unit, IMU),通过设置外减震,可以有效降低机体的高频震动对控制的影响,提高航姿和组合导航的解算精度。同样外置的还有 GPS/COMPASS 模块,可以避免飞行平台对罗盘的磁场干扰。电源管理模块(PMU)给飞控单元提供稳定的电压输入,并通过一路 ADC 监测动力电压值,电压值通过下行链路发回到地面显控,电池在低电压时触发应急保护。

软件设计上,采用 UCOSII 实时操作系统进行任务调度,保证各个任务运行在固定频率上,航姿和组合导航采用稳定且高效的解算方法得到当前的姿态角和位置速度信息,姿态和位置控制库的算法在计算机仿真的基础上做了可靠性测试,硬件抽象层(HAL)将上层算法和底层驱动隔离开,方便后续不同型号传感器的更换。手动、GPS、AUTO 三个飞行模式通过检测并适应不同的飞行状态可以做到无缝切换,切换过程机体不会出现不可接受的动作。

飞控系统总体原理如图 6.26 所示,各模块主要功能如下。

数据采集模块:角速率陀螺、加速计经过模数转换提取无人飞行器角速度和

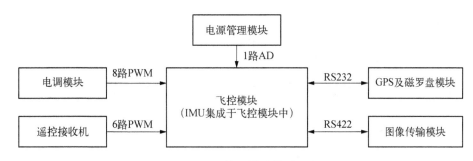

图 6.26 飞控系统总体原理图

线加速度信息;数字罗盘 HMR3300 通过 UART 串口通信提取航向信息。

无线通信模块:地面控制站向主控模块传输飞行和任务控制指令,同时中心控制模块发送飞行状态、任务状况等。未来可以扩展成能够将不同地点的视频信息通过无线通信手段传送到地面控制站,保证视频流的稳定传输。

中央控制模块:在中央处理器中执行,完成系统初始化、系统自检、定时、解算传感器数据、导航信息解算、执行控制算法、计算并输出控制量、协调与地面站之间的上下行数据传输等。

电机控制模块:通过解算飞行姿态信息和路径规划输出 PWM 控制量协调控制四个电机,实现稳定飞行。

地面站模块:负责显示飞机的各项飞行信息,保存相关飞行数据,并可以上传控制指令。

2. 多旋翼无人飞行器

1)平台架构

以高性能多旋翼无人飞行器为例,高性能多旋翼无人飞行器分系统组成架构如图 6.27 所示。

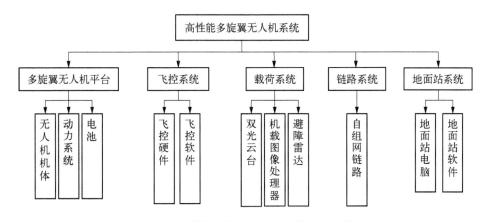

图 6.27 高性能多旋翼无人飞行器系统架构图

　　高性能多旋翼无人飞行器系统由多旋翼无人飞行器平台、飞控系统、载荷系统、链路系统和地面站系统组成,如上图所示。其中无人飞行器飞行平台包括无人飞行器机体、动力系统、电池;飞控系统包括飞控硬件和飞控软件;载荷系统为双光云台、机载图像处理器和避障雷达;链路系统为自组网链路;地面站系统包括地面站电脑和地面站软件。

　　功能:负责局部侦察与打击,针对城市巷战内环境,在低空街区内、目标建筑物内与地面无人车配合进行目标侦察搜索,收集情报后实时反馈,(打击考虑采用无人飞行器瞄准目标角度对准一定时间后视为打击成功)。其中多旋翼无人飞行器根据功能需求分为3类:高性能款、普通款以及室内款。

　　a. 高性能款多旋翼无人飞行器

　　主要特征:负载大,续航长。可搭载多种载荷,如双光相机、高性能机载处理器、避障雷达等,作为异构集群平台的关键节点,具备较强的信号采集、处理与自主决策能力,如大疆 M300 平台(图 6.28)。

图 6.28　M300 无人飞行器

　　技术参数:对角轴距,89 cm;最大有效载荷,2.7 kg;最大起飞重量,9 kg;重量,3.58 kg(不含电池)/约 6.3 kg(带两个 TB60 电池);GNSS,GPS + GLONASS +北斗+伽利略。

　　b. 普通款多旋翼无人飞行器

　　主要特征:具备一定负载与续航,负载预计 1~2 kg,续航在 20~30 min。搭载普通的可见光摄像头、低成本机载处理器,作为异构集群平台的主要节点,具备一定的信号采集、处理与自主决策能力即可。

　　可采用飞越 650 全折叠四旋翼,如图 6.29 所示,由碳素材料构成,相对同类产品,强度更高,重量更轻,具有飞行稳定、高强度等优点。配套了 3508 380 kV 电机,噪声低、运转顺畅、震动小,提高了飞行器的稳定性,维护简单,寿命长。

　　技术参数:电机对称轴心矩,650 mm;起飞重量,4~4.5 kg(携带侦察模块)/3.5~4 kg(无侦察模块);悬停时间,最大 20 min(无侦察模块,5 000 mAh 电池)。

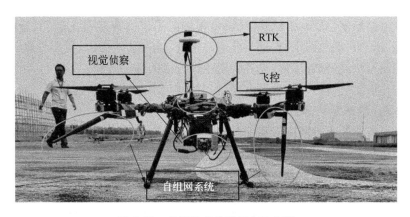

图 6.29　普通款多旋翼无人飞行器

c. 室内款多旋翼无人飞行器

室内款多旋翼无人飞行器主要针对建筑物内场景进行目标搜寻与定位。

主要特征：机体大小适宜，具备一定载荷能力的同时，机体尽可能小巧，方便在建筑物内穿行，避免碰撞以及狭窄空间的阻碍。主要搭载深度相机或者激光雷达，进行室内 SLAM，自主实时定位建图，避障，与无人车配合进行室内环境下的目标搜寻。

可采用轴距 400 mm 左右旋翼无人飞行器，如猛禽 S380 机架搭载防撞圈（图 6.30）。

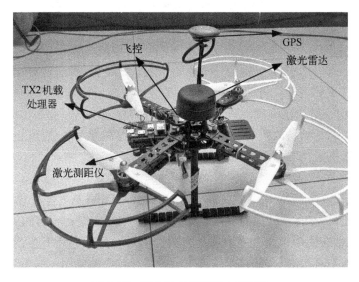

图 6.30　室内款多旋翼无人飞行器

2）飞控系统

LONGLONG L1 - Pro 是专为工业级人机研制的工业级飞控系统。不仅集成了高精度的 MEMS 惯性传感器、ARM Cortex - M4 高性能微处理器，还集成了高精度实时差分卫星导航(GPS/BD/GLONASS)模块。不仅支持全自主起降、一站多机、精确定高、精准自动航线飞行,而且抗电磁干扰、抗振动能力强,可靠性高;采用 L1 自适应控制算法、容错性能好,是各种工业级人机的理想选择。

6.2.2　导航定位系统

无人飞行器的各种应用皆离不开导航系统的支持,当任务的复杂性、自主性要求越高,对导航系统的精度要求也就越高。无人飞行器系统常用的导航定位方式有 GPS、无线网、视觉等。其中无线网技术和视觉定位技术主要应用于室内场景。

1. GPS 导航

卫星导航单点定位十米级定位精度,无法支撑无人飞行器集群协同感知与信号级任务协同的相对定位需求。基于卫星导航差分定位技术为解决这一问题提供了一种有效的手段,其中伪距差分定位精度达到米级甚至分米级,载波相位差分定位精度可达到厘米甚至毫米级,具有全球、全天候服务的优点,能够实现高精度、高动态、高可靠性的无人飞行器集群编队相对位置确定,支撑无人飞行器集群航路飞行、编队控制和回收引导等应用[3]。实时动态(real-time kinematic, RTK)技术是一种精度较高的差分 GPS 定位方式,目前该技术主要应用在地理测绘领域,使用 RTK 定位的测绘精度可以到达厘米级[4]。将 RTK 定位技术运用到无人飞行器上,可提供精度远远高于传统 GPS 定位方式的定位信息,具有重要的实用意义。RTK 定位导航方式可以极大提高飞行器导航精度,可以使用它的定位结果直接取代传统 GPS,采取和 MEMS 传感器结合的方式进行组合导航。RTK 技术解算得到的高精度定位结果可以用于多种无人飞行器飞行任务的导航,特别是对于高精度需求的任务和条件下的飞行。目前大多数无人飞行器系统所使用的差分 GPS 系统,包含一台基站 GPS 信号接收机,一台流动站 GPS 信号接收机,一套数传电台,一块微处理器组成。移动站接收机与差分计算机绑定,并存在专用的数据链,即通过无线电台将基站数据发送给差分计算机,实现差分定位。

2. 无线网定位技术

微机电系统(micro-electro-mechanical system, MEMS)技术使得惯性传感器变得小巧且廉价,但是这类传感器精度较低,存在很大的测量噪声。考虑到无人飞行器的成本因素,在民用领域大多数选择这类传感器。为了弥补传感器低精度的劣势,基于多传感器信息融合的技术在无人飞行器导航中的应用越来越广泛,采用状态估计理论处理多个传感器的数据,能得到优于单一传感器测量精度的状态信息,还能减少异常干扰,提高导航系统的可靠性。多传感器融合技术无疑是无人飞行器的重要技术之一。目前,基于无线网络信号的定位技术发展得比较成熟,进一步细分,包括超宽带(ultra-wideband, UWB)定位技术、低功耗蓝牙技术、射频识别技术、ZigBee 定位技术等[5]。由于 UWB 定位具有穿透能力强、功耗低、系统复杂度低、定位精度高等诸多优点,尤其能够吸引研究者的关注。例如,文献[6]针对室内自主无人飞行器的应用场景,设计并实现了一套基于 UWB 定位技术的、高精度的实时室内定位系统,定位精度为 10 cm,可应用于微型四旋翼无人飞行器编队自主飞行。基于无线网络信号的定位技术使用多种方法测量未知位置的待测点与已知位置的辅助点之间的距离或角度,以获得测距观测量,如:信号到达角度(angle of arrival, AOA)、到达时间(time of arrival, TOA)、到达时间差(time difference of arrival, TDOA)、接收信号强度(received signal strength indictor, RSSI)等。

3. 视觉定位技术

基于视觉的导航系统的优势主要于:从经济方面考虑,视觉传感器相对于激光雷达具有更高的性价比;同时在体积方面,视觉传感器具有重量轻,便于安装以及具有较好的隐蔽性。目前运用在无人飞行器上的视觉导航系统大多采用基于光流的方法得出无人飞行器的导航信息,同时由于双目相机以及深度相机的出现,加速了视觉导航的发展,基于视觉的导航方法主要是对输入图像进行连续而直接的处理,通过图像间特征点检测与匹配以及后端位姿优化求解出导航信息,视觉系统的发展拓宽了视觉导航的适用范围,这是无人飞行器导航研究的重要方向;即使没有 GPS 信号,视觉导航的发展也使得无人飞行器能够在室内环境平稳地飞行。

目前计算机视觉定位技术可分为两种主要的方法:视觉测量方法与同步定位和建图(simultaneous localization and mapping, SLAM)方法。视觉测量是分析序列的连续图像,通过跟踪从单目摄像机获得的连续图像之间的特征或像素之间的差异,从而估计无人飞行器姿态变化的过程。由于当前的定位估计是基于以前的估计,视觉测量的结果总是随着时间的推移而漂移,同时也缺乏利用以前的观察来重新定位的能力。另一方面,SLAM 在建立环境地图的同时解决了本地化问题。地图构建过程需要多个步骤,例如跟踪、重新定位和循环关闭等过程[7]。对于有限的环境,与视觉测量相比,SLAM 能够执行循环闭合来纠正位姿估计中的漂移,但同时牺牲了更多的计算量和更多的内存占用量。这些观察促使发展新的方法,以消除现有方法带来的累计误差,同时保持低资源占用率。

主要的视觉传感器有单目相机,双目相机以及深度相机[8]。单目相机,顾名思义是具有一个摄像头的相机。双目相机是由两个摄像头组成。深度相机主要由一个单目相机和两个红外相机组成。单目相机主要作用为获取图像信息,红外相机是通过计算物体到相机的距离获取深度信息。常用基于深度相机的视觉导航步骤主要是先通过相机获得的图像数据和深度数据进行相应的算法运算求解出无人飞行器位置和姿态,之后经过后端优化继续优化无人飞行器的位姿。假如无人飞行器在一定的未知环境情况下,通过之前视觉最后形成的三维点云图中还可以对无人飞行器的路径进行相应的路径规划。在以后的视觉导航研究中,可以通过立体视觉技术完成无人飞行器的实时导航,障碍物识别与测距以及未知环境下的路径规划。可以看出视觉导航具有许多优点：例如隐蔽性强、不依赖于外界环境且能获取场景三维数据信息。可以相信，该项技术在无人飞行器导航系统领域内具有非常大的发展潜力。在无法获取 GPS 信息的特殊情况下，视觉自主导航方式能够有效提供多旋翼无人飞行器所需要的导航数据与信息，具有非常重要的现实意义与研究价值。

4. 三维建图

针对检测出来的异常目标，需要给出故障精准的位置坐标，方便处置人员到达并处理问题。基于影像提取出异常目标后，需要针对视频流或者影像图片基于视觉导航的方式进行位置定位，考虑到实时性要求和三维地形场景中的精确定位。采用了 SLAM 的前端视觉里程计快速估算相机位姿和场景点云，再根据建立的 2D 图像特征点和 3D 地理坐标之间的对应关系，通过小范围的单应矩阵求解得到准确的地理坐标，实现异常目标的准确定位。SLAM 是业界公认视觉领域空间定位技术的前沿方向，中文译名为"同步定位与地图构建"，它主要用于解决机器人在未知环境运动时的定位和地图构建问题。

5. 数据实时拼接技术

空基视频图像快速拼接技术的输入是航拍视频以及对应的地理坐标，输出是经过拼图算法生成的用户可定义分辨率的、带地理坐标以及纹理信息的数字正射影像（digital ortho map，DOM）和数字地表模型（digital surface model，DSM）。该研究内容能够帮助用户更加直观地查看航线覆盖区域的地形，更好地建立对整体环境的感知；另一方面可以更加方便地查看检测到的异常目标所在的实际位置。

整个快速拼图算法的流程主要包括如下部分：从输入视频中抽取关键帧，对抽取的关键帧提取 SIFT 特征并进行图像匹配，再利用 SFM 方法得到场景稀疏点云以及相机位姿，随后进行点云切分，并在此基础上循环进行网格重建以及纹理贴图，最终输出合并后的二维正射图和数字高程图。其算法流程如图 6.31 所示：

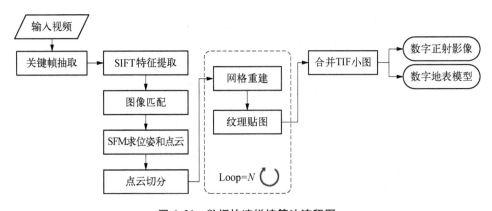

图 6.31　数据快速拼接算法流程图

6.2.3　目标识别系统

在实际应用中,可见光成像易受天气和光照条件的影响,是搭建目标识别系统在陆上复杂环境下对目标的自动实时识别是必须要解决的问题。

1. 目标智能识别原理

深度学习方法作为目前目标识别中最为有效的一种方法,应用发展迅速,卷积神经网络在很多诸如图像处理,语音语义分析等领域卷积神经网络发挥着不可替代的作用。有别于传统前馈神经网络,卷积神经网络通过对输入的原始图像直接进行卷积运算,实现对旋转、平移和放缩图像的自适应识别,不需要进行几何校正,特征提取等步骤。此外,卷积神经网络的子采样层选用不同的池化方式,也起到了滤波的作用,因此不需要进行滤波预处理,从而极大地简化了图像目标识别的流程。

雾霾天气下,空气中的液滴和固体小颗粒使户外监控的质量降低,图像显得色彩黯淡、对比度低,一些重要目标的细节难以观察,视频监控的实用性受到很大影响。基于大气透射模型,区分图像不同区域景深与雾浓度进行滤波处理,同时融合图像增强技术与图像复原技术,获得准确、自然的透雾图像。端上检测识别,目标跟踪。可以通过手动选择目标区域进行目标跟踪,对光照变化、尺度变化、遮挡、旋转等情况具有良好的自适应性,跟踪结果鲁棒。

自动目标检测及跟踪。根据光照和天气情况,自动进行场景建模,阈值自动选择生成前景与动目标自动分割,检出目标并自动跟踪,为后面的行为识别提供数据链。

2. 智能识别实现方式

根据上文所述的目标检测识别算法研究现状,综合目标检测算法的实时性及定位精确度,可采用 YOLO 算法框架,其检测识别流程如图 6.32 所示。

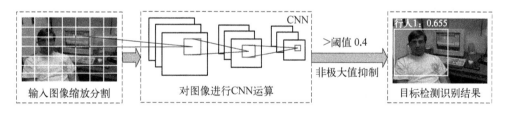

图 6.32　YOLO v2 目标检测识别算法流程

YOLO 目标检测识别算法流程包括三个步骤:① 对输入图像的尺寸进行缩放,以满足 CNN 输入层的维度,对图像进行分割得到一组网格;② 利用 CNN 提取特征,并对目标的位置和种类进行预测;③ 通过设置阈值判断以及非极大值抑制来消除冗余的预测框和确定预测框的分类标签。

目标检测训练过程包括卷积层的预训练阶段和分类识别模型的训练调优阶段。可以选择直接使用已经训练好的权值以跳过预训练阶段,或者自己完整设计预训练过程。在得到卷积层预训练权值后,就可以直接在准备好的训练集和测试集上运行分类识别网络模型的训练和调优阶段,在网络训练过程中可以通过在输出信息中查看网络的收敛状态,以便随时监视网络训练情况,当出现问题时可以及时调整。训练过程的设置以及网络相关参数均可在训练前在对应的配置文件中进行修改配置。网络训练设置有最大训练次数,当网络训练批次达到该最大次数时,训练将自动停止。训练过程中的网络权值会不断地进行备份,当训练过程中网络损失值(loss)长时间不再下降时,可提前终止训练,因为网络已经达到该配置下所能达到的最优状态。可以利用训练好的模型在应用中实际测试,如果检测识别效果良好,则可以进行部署。如果测试效果不佳,可以考虑增加训练样本或者修改训练配置,从而对网络进行反复调优,直到达到期望的性能指标。

6.2.4　自组网通信系统

美军发布的《无人飞行器路线图》[9]和《无人系统一体化路线图》[10]中都将无人飞行器明确规划为未来全球信息栅格(global information grid, GIG)中的重要节点,并指出自组网将会是未来无人飞行器战术互联网络的发展方向。无人飞行器自组网(UAV Ad-Hoc network, UANET)的概念在这种背景下应运而生,将移动自组网(mobile Ad-Hoc network, MANET)和车载自组网(vehicle Ad-Hoc network, VANET)的概念拓展到无人飞行器网络通信中,使网络中的各无人飞行器能够分发和传递指控指令、感知态势和采集数据等信息,具备有效扩展网络系统规模,提供安全可靠、抗毁性强的网络通信,支持多无人飞行器战术协同,有效降低无人飞行器的载荷量,可辅助其他通信方式,大幅提高无人飞行器作战平台战术效能等优势。

无人飞行器无人集群自组网的基本思想为多无人飞行器间的通信不完全依赖于地面控制站或卫星等基础通信设施,而是将无人飞行器作为网络节点,各节点间能够相互转发指控指令,交换感知态势、健康情况和情报搜集等数据,自动连接建立起一个无线移动网络。该网络中每个节点兼具收发器和路由器的功能,以多跳的方式把数据转发给更远的节点。无人飞行器自组网采用动态组网、无线中继等技术实现无人飞行器间的互联互通,具备自组织、自修复的能力,能够高效、快速组网,满足无人飞行器在特定条件下的应用需求,是对现有无人飞行器通信体系的补充和完善,具有重要的理论研究和实践应用价值[11]。

无人飞行器自组网是无线自组网的一类特殊形式,不仅具有固有的多跳、自组织、无中心等特点,还具备如节点高速移动和网络拓扑高动态性、节点的稀疏性和网络的异构性、网络的临时性等特性。可提高多无人飞行器系统的可扩展性;提供可靠 、抗毁性强得多的无人飞行器间通信;支持无人飞行器集群战术协同,如无人飞行器集群任务协同多采用分布式控制,成员间必须能够相互通信以实现协调化,而自组网结构可有效防止集群内成员的碰撞,有效协调各成员,从而完成各项任务;有效辅助其他通信方式,如无线传感器网络、高空卫星、其他航空器等组成一体化空天地信息网络;降低无人飞行器的载荷量和开支,在无人飞行器自组网中只需小部分无人飞行器配备较沉重、昂贵的基础通信设备,而其他无人飞行器携带较轻、便宜的自组网设备便能维持网络运行,具有较高的灵活性和经济性。

无人飞行器自组网一般可分为单一型无人飞行器自组网、分簇自组网与分层自组网三种网络拓扑结构[12],如图6.33所示。类似于基于 IEEE 802.11p 协议标准的车载自组网 VANET,无人飞行器飞行自组网 VANET 具有高移动性,其协议设计需要考虑数据包时延、链路质量变化和链路中断等因素。针对无人飞行器空-空通信的解决方法主要有两类:射频全向通信、射频或自由空间光定向通信。机间定向通信常需要全向天线保持链路来完成组网无人飞行器间的协调任务。机间自组网协议设计还需从系统角度考虑无人飞行器集群通信中空地测控与高速数传并存、立体随机接入与路由策略设计、物理层至网络层与全向或定向天线紧密约束、天线安装方式与机身遮挡影响、民用无人飞行器须视距内飞行等问题。其中,网络初始建立过程中的随机接入协议相对更具挑战性。

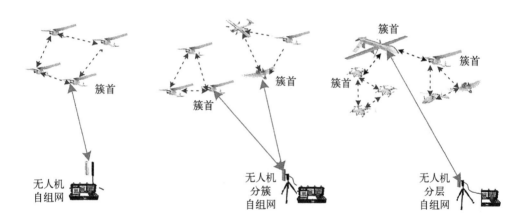

图 6.33 无人飞行器自组网及分簇、分层自组网

近年来基于联盟的大规模无人飞行器自组网分层架构在军事作战领域、多智能体领域,以及空中管制领域得到广泛应用[13]。在大规模无人飞行器自组网中,无人飞行器通常根据任务来结盟。由于单个无人飞行器的载荷有限,需要将满足目标任务资源需求的无人飞行器分配给该目标任务。这种共同执行同一目标任务的无人飞行器团队就被称作一个联盟。当任务完成后,联盟解散,待发现新目标后,根据需求形成新的联盟来完成任务。图6.34给出了联盟重组的过程:① 中存在两个任务,无人飞行器1发现任务1后与无人飞行器2组建成联盟1,无人飞行器3发现任务2后与无人飞行器4组建成联盟,在完成任务1和任务2后,两个联盟解散并与其他无人飞行器继续巡航;② 中无人飞行器发现新目标,3架距离较近

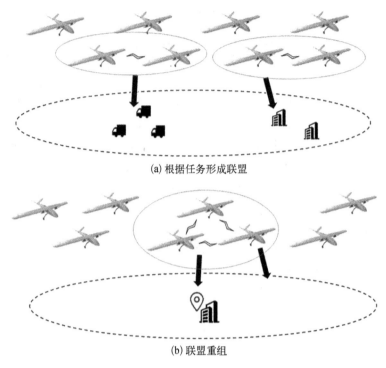

(a) 根据任务形成联盟

(b) 联盟重组

图 6.34　联盟重组过程

的无人飞行器组成联盟共同执行任务。

为实现无人集群等效验证试验,设计自组网数据链系统应具有如下功能:负责异构集群平台内部节点相互通信,具备自组网功能,节点可动态加入和删除,支持最大节点数量不少于 80,城市内环境传输距离不低于 2.5 km,机载设备终端重量不高于 0.3 kg。平台无线自组网通信终端,基于 OFDM/COFDM 和移动自组网技术,能够不依赖任何基础通信设施,可以临时、动态、快速构建分布式无中心的多跳无线 IP MESH 网络,具有自组织、自恢复、高抗毁的能力,支撑数据、语音、视频等多媒体业务多跳传输,可应用于公安消防、反恐特勤、无人平台、物联网、智慧城市、无线图传、矿井作业、抢险救灾、环境监测、航空组网、舰船组网、装甲车组网以及单兵组网等众多场合。无线自组网通信方案具有以下几个特点:有效抗多径衰落,远距离超视距传输;快速部署,简单易用;互联互通;抗毁性强。

6.2.5　等效验证系统

1. 无人飞行器集群验证系统

无人飞行器集群验证系统可由机体、飞控、RTK/GPS、视觉和数传等功能模块组成。机体采用四旋翼无人飞行器,结构可折叠,选择碳纤材料强度高,重量轻。

机上搭载飞控模块,是四旋翼无人飞行器控制的核心,其主要包含导航模块、控制模块、无线通信模块、任务规划模块及其他外部接口模块。利用 RTK 进行位置定位,通过接收基站差分数据,可以实时载波相位差定位,为载体提供厘米级别的高精度位置信息。搭建自组网系统,选择三套无线数传保证数据的可靠传输,确保节点之间、节点与地面站和节点与 RTK 基站之间通信的可靠性,实现节点失效后的重组网功能。无人飞行器一字及 V 字形编队试验如图 6.35 所示。

图 6.35　无人飞行器一字及 V 字形编队试验

2. 无人车集群验证系统

基于 Robomaster EP 无人车可以搭建无人车集群协同验证平台,系统包括地面站、无人车、UWB 定位系统等。无人车平台利用自身携带的接收装置和 UWB 定位系统可精确定位绝对位置和相对位置,利用无线通信网络及地面站进行信息交互共享,构建分布式编队协同架构,并设计协同控制层面的软件接口,对自主开发的协同控制算法进行验证。如图 6.36 所示,系统硬件设备由 PC 主机、锚点、标签、交换机、电源、网线构成;主机解算软件安装于 PC 主机上,锚点设备布设于定点位置,标签安装于无人车机架上。在锚点覆盖的区域内,标签发送定位请求,锚点设备接收信号并通过网口传送主机,经主机解算可以为无人车提供精确位置信息。该系统可验证二对一博弈对抗场景、集群协同场景、跟踪识别场景、动态避障场景等。

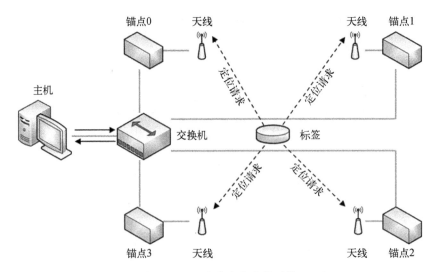

图 6.36　无人车室内定位系统

3. 异构无人集群验证系统

异构无人集群系统考虑无人飞行器集群(包含固定翼飞行器、多旋翼飞行器)和无人车集群(图 6.37)。系统可应用于城市或旷野环境下的对抗作战,将整套系统 1 比 1 配置,分为红蓝双方,在场地中布置建筑模型模拟场景,一方作为己方部队,一方作为敌方部队,博弈对抗,自主协同探测敌方目标,协同打击,完成协同作战任务,验证指控系统效能及协同对抗算法。异构集群系统还可应用于防御指定

图 6.37　异构无人集群验证系统示意图

大楼,通过在大楼内布放二维码或数字作为保护目标,集群需要进入大楼找到目标进行保护,并且获取对周围区域的态势感知。外围通过布置模型或者二维码等作为敌方标志,集群系统通过识别感知生成敌方目标分布图,完成防御任务。

4. 人机集群交互仿真验证系统

人机集群交互仿真验证系统搭建包括人与集群任务高效实时规划、机器人集群信息融合与态势情报生成、人-集群系统协同效能评估以及人与机器人集群系统高效协同方法工程实现等相关技术,技术架构如图 6.38 所示。

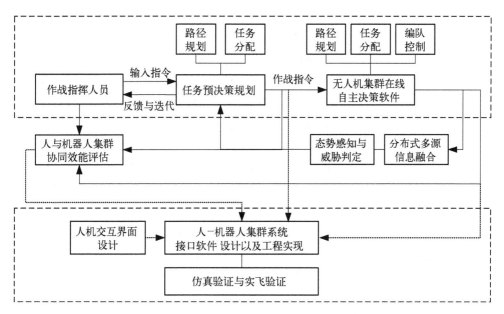

图 6.38　技术架构图

1）人与机器人集群任务高效实时规划与决策

人机交互系统而是以任务为中心,增加任务规划功能和辅助决策功能,一个操作员可以控制多架无人飞行器,从而将人的角色从操作员转为任务监督员。首先构建人与机器人集群协同任务规划框架;在此基础上利用人工蜂群、蚁群等智能算法实现路径规划,利用合同网算法实现目标分配。将任务规划的结果反馈给操作员,操作员进行迭代优化,最终生成作战指令。在通信受阻的情况下,研究基于随机生成树的路径规划算法以及基于一致性的时变编队跟踪控制算法,实现无人飞行器集群自主协同控制。

2）机器人集群信息融合与态势情报生成

首先利用无人集群多源异构信息融合技术实现对传感器数据进行分布式融合处理,分析数据各类特征。其次在数据预处理和提出的特征基础上,利用贝叶斯网络推理技术,最终输出对当前态势的预测;利用层次分析法实现对战场态势理解与敌方威胁程度的量化。获得的战场态势以及威胁信息可以通过数据链系统传递给人机交互系统,为指挥员进行决策提供信息层保障。

3) 人与机器人集群系统协同效能评估

对于人–集群系统协同的应用场景,引入透明度的概念,用来表示无人集群的控制界面对人操作的支持程度,构建人与机器人集群系统协同效能评估模型,分析影响协同效能的因素,在此基础上建立相应的评价指标体系,采用基于深度强化学习的方法,实现效能评估指标的量化。

4) 人与机器人集群系统高效协同方法工程实现与验证

首先,设计人–机器人集群系统接口软件,包括人机交互界面、应急计划评估软件、无人飞行器集群指令接口软件、传感器信息与通信网络输入接口等模块,这些可以基于地面控制站进行二次开发。其次,基于模型的系统工程方法(MBSE)框架下构建综合仿真系统,完成对全部关键技术的综合仿真验证,完成人–机器人集群系统接口软件的工程实现。最后,利用现有无人飞行器集群实物平台进行实飞验证,对重要的关键技术进行验证。

人与机器人集群系统协同作战架构需要自适应性、快速整合、通过网络测试过渡、兼容各种标准、高度模块化。"人–集群系统接口"体系构架对于协同作战通信的发展极为重要。现有的系统和尚未构建的新设计必须能够在允许连续改进的环境中共同运行。若要实现这个目标,必须向所有的相关方提供明确界定的界面,这些界面由政府拥有,适合快速整合、自主调整灵活测试。

"人–集群系统接口"体系构架是必须融入系统研发的每一步。鉴于系统目标是促进人与许多不同无人系统的协同作战,开放架构是实现拒止环境中协同作战愿景不可或缺的条件,建议的"人–集群系统接口"体系构架协同作战架构如图6.39 所示。

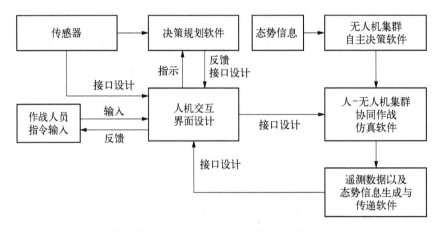

图 6.39 "人–集群系统接口"体系构架协同作战架构

通过对"人-集群系统接口"体系中将注入可视化空中平台、可视化威胁和可视化目标、突发性任务。突发性任务包括 仿真 GPS 或通信丢失情况及其他任务失败仿真。为实现网络的运行,人-集群系统协同作战项目采用了 WFN 软件,软件构成如图 6.40 所示。WFN 软件是一个由两部分组成的分布式系统,包括通过 TENA 总线通信的基于地面的模块,TENA 总线通过实时网络链路与软件模块进行通信。

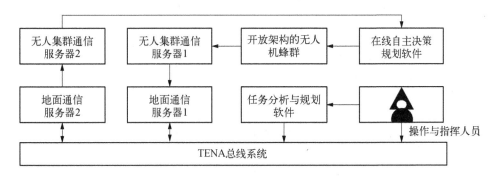

图 6.40　"人-集群系统接口"体系软件架构

6.2.6　试验管理系统

试验管理系统的建设目标是实现试验数据及试验知识、试验计划的管理以及试验数据分析统计处理等,以满足对试验数据及相关信息的统一存储、管理、查询、分析和利用的业务需求[14]。基础支撑功能包括用户和组织结构管理、权限管理、三员管理、工作流、日志及审计等。试验计划管理包括试验计划、试验任务分解管理、试验资源信息的管理等。试验数据和知识管理包括管理各类试验信息、试验数据、试验结果分析报告及相关管理规范等。试验数据分析包括试验数据的常用算法处理,试验数据查询、浏览、下载管理等。试验数据管理系统分为试验任务管理和试验数据库管理,如图 6.41 所示。

试验数据库包含飞行试验、气动地面试验、专业软件、部标准规范等多个数据库,同时试验数据库管理系统支持自定义试验数据库种类和自定义数据种类,便于各单位、各部门根据实际工作情况进行扩展,实现试验知识的存储和共享。试验数据分层。为便于使用,试验数据库可以通过型号研制流程的纵向维度共享型号研制过程中各项试验任务及试验结果等试验知识,也可以通过横向维度共享某特定试验类型各型号试验任务及试验结果等试验知识,同时提供用户自定义数据分层工具。

在等效试验验证中,无人飞行器集群的控制是全自主的,通过遥控器一键起飞,完成任务到降落完全不需要人控制,地面站作为这个过程中主要的试验管理平台,主要任务是接收并显示各架飞机的状态,进行数据管理与分析。图 6.42 为地面站的监控界面的一种形式,通过监控界面监控所有无人飞行器定位状态、通信状

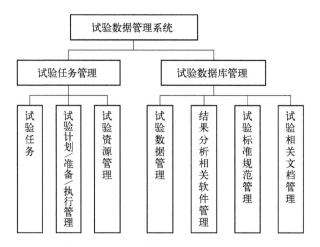

图 6.41 试验数据管理系统基本构架

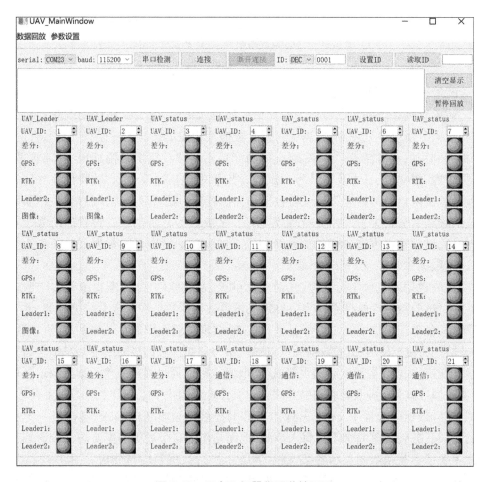

图 6.42 无人飞行器集群监控画面

态、目标识别效果和电池电量,进而更加方便地排除系统故障,保持无人飞行器集群的稳定性。

在试验过程管理环节需考虑以下主要因素[15]。

(1)试验设备需经过检定或校准,检校结果需满足试验使用要求。试验操作应有相应规程、规范。人员应具备相应的资质。

(2)试验团队需要依据试验设计方案或试验大纲等文件,与任务提出方充分沟通后制定试验实施方案,实施方案需经审批,关键试验方法需予以验证。

(3)试验不得擅自改动操作规程或操作程序,更换设备、更改技术状态、修改操作使用文件以及个别参试产品超差使用等,应提出更改申请或更改报告,经必要的验证、测试和相关技术负责人批准后方可进入后续程序。

(4)试验过程出现异常或故障时,应暂停工作,保持状态,查明原因,按预案或相关技术、管理措施进行处置。

(5)每项试验工况结束后,应及时进行数据阶段性分析,判断数据的完整性和合理性,经确认符合试验要求后方可进入试验工况转换。

6.3　集群效能评估

6.3.1　效能评估方法

集群攻防的核心技术有集群内信息共享、智能决策、协同指挥控制等,其技术的成熟发展必将大幅度推进海、陆、空、天、潜等诸多不同类型无人平台系统的军事应用发展[16]。若按形式分类,集群攻防的概念可以延伸至海陆空天全军事领域,借助空中"蜂群""鸟群";陆上"兽群";海中"鱼群"等概念的"形"覆盖整个战场空间。若按空间尺度分类,可根据集群系统的空间辐射能力归纳,如专注于地面范围的无人车集群攻防、低空领域的无人飞行器集群攻防和更大空间尺度的导弹分布式集群作战等。每一种空间尺度所考虑的集群攻防指挥控制问题各不相同,如无人飞行器集群攻防场景,"攻"力图覆盖全作战疆域,用细碎的作战单元填充战场细微空间,弥补传统作战盲区的缺陷,而"防"则考虑硬杀伤或软杀伤两类,反制策略涉及链路控制、干扰阻绝切断指令信号,或物理杀伤直接摧毁单元作战平台,借助拦截、火力装置等。又如导弹集群攻防场景,通过导弹集群协同作战可令多发导弹相互配合、协作,执行战斗任务,增强指控效率。导弹协同攻防有领弹/攻击弹形式、分布式协同形式,可依据战毁评估指标最优化任务指挥决策,提高击毁率。集群攻防条件下,作战效能评估的方法较多,但针对不同的战场环境、作战意图、作战武器系统,每种效能评估方法有其适用范围和局限性,因此不存在完全合理可信的效能评估方法和结果,只在假设的条件范围内具有参考价值。常见作战效能评估方法有层次分析法、ADC法、人工神经网络法以及基于信息熵方法等。

1. 层次分析法

基本思路是对复杂问题的本质、影响因素以及内在关系等进行深入分析后,构建一个层次结构模型,然后利用影响指标的关键定量信息,把决策的思维过程数学化,从而为解决复杂决策问题提供一种简便的决策方法[17]。智能无人飞行器集群协同作战效能是协同感知决策、协同控制、组网通信、系统维护等能力综合影响的结果。因此,可运用层次分析法将系统评估问题进行分解组合,形成若干评估元素,根据属性不同划分不同层次,形成自上而下逐层支配的层次关系。基本步骤包括:① 确定指标权重。就系统组网通信能力而言,下一层次指标包含网络建立时间、最大数据传输率、传输时延、动态规划时间等元素,各元素之间按权重不同可分为同等重要、略微重要、明显重要、当然重要、绝对重要;② 构建模型的权重判断矩阵,判断矩阵用于不同元素间相对重要性的比较,一般采用 1~9 标度方法;③ 指标权重计算与一致性检验;④ 计算综合权重;⑤ 计算评价得分,获取最优方案。该方法思路清晰,简便易行,不足之处是专家打分获得判断矩阵的过程中受专家主观性影响较强。

2. ADC 法

ADC 效能模型是预计系统在规定条件下满足一组特定任务要求程度的度量,它是有效性、可信性、和能力乘积的函数。A 代表有效性向量,可用来表示智能无人飞行器集群协同作战系统在开始执行任务瞬间处于不同状态的概率;D 代表可信性矩阵中数值表示开始瞬间系统处于某一状态而在运行过程中转移到另一状态的概率;C 代表能力矩阵,矩阵中数值表示在最后的可能状态中达到的某项效能指标[18]。由此可见,能力矩阵是系统性能的集中体现,预测智能无人飞行器集群协同系统作战能力是评估其作战效能的关键难点。该方法适用于评估系统单项效能,用于复杂系统效能评估时计算过程会比较烦琐复杂,需与其他评估方法配合使用。

3. 人工神经网络

在利用人工神经网络对智能无人飞行器集群协同作战系统进行作战效能评估时,首先应分析影响系统作战效能因素,具体体现在空中探测能力、跟踪定位能力、组网通信能力、协同控制能力、防护能力、协同打击能力等几个方面,其评估指标作为人工神经网络的输入参数,作战效能作为输出参数。在指标体系完备且相互间影响关系很明确的情况下,此方法具有自主学习与调整能力。不足之处在于人工神经网络需要通过源源不断数据进行学习,且隐藏层神经元数目的确定一直是难点问题,在实际运用中需要进行大量的实验训练。

4. 基于信息熵方法

针对无人集群大机动拦截场景,采用基于信息熵的效能评估方法。效能评估技术方案如图 6.43 所示。大机动拦截博弈对抗策略是否成功主要取决于以下几个方面:① 博弈对抗策略的执行效率;② 目标弹道预测能力;③ 博弈对抗算法能力;④ 优化算法的稳定性。对上述任务能力进行指标灵敏度分析,从定量的角度给出影响拦截效能的因素。对效能影响因素逐一分析,确定对效能影响较大的关键因素,对一些影响不大的次要因素赋予较小权重。

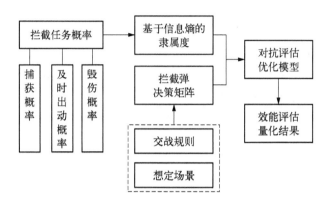

图 6.43 效能评估技术方案

通过反复多次的仿真试验不断调整和修正拦截制导方案,确定拦截。将拦截弹打击高机动目标的作战效能模型定义为任务成功概率,可表示为 $E = P_b P_d P_m$,其中 P_b 为拦截弹捕获目标的概率,P_d 为拦截弹及时出动概率,P_m 为拦截弹击毁目标的概率。拦截弹及时出动是指拦截弹在时间窗口关闭之前到达预定攻击区域。拦截弹到达指定区域的时刻落入时间窗口,目标才有可能被捕捉和毁伤,否则攻击将会失效。足够大的时间窗口和拦截弹的及时出动是武器系统捕捉、打击目标的关键。

然后,根据想定任务场景确定相应的交战规则,以在特定态势下的作战仿真为背景,进行敌我双方的最佳拦截制导策略对选择。博弈算法子系统不仅集成求解想定场景下的拦截弹最佳拦截制导策略,而且配有均衡求解评估功能模块,进行博弈求解评估,根据测试结果以及想定场景下的交战规则可对评估模型的相关参数进行修正。

最后,基于前面给出的作战任务概率以及交战规则建立基于信息熵的评估模型。传统的基于信息熵的建模方法没有考虑决策者对方案的偏好因素,而在实际的对抗过程中,决策者的因素是不容忽视的,尤其是意图直接影响着方案的决策结果。因此课题引入拦截弹博弈决策矩阵,给出不同决策的属性权重。然后将决策属性权重与威胁单元属性权重进行加权组合,求解如下优化模型:

$$\min F(\omega_2') = \sum_{i=1}^{n} \sum_{j=1}^{n} \Big[\sum_{k=1}^{m} (h_{ij} r_{jk} - r_{ik}) \omega_2 \Big]^2$$

其中,ω_2 为多决策属性权重;r 为偏好度;h 为偏好权重。

优化得到的综合属性值即为包含了对抗场景拦截概率和拦截弹决策属性的权重,它描述了高机动目标的不确定性程度以及拦截弹的决策偏好。然后利用模糊化区间判断方法构造判断矩阵,最后针对不同类型的目标给出一般化的区间量化结果,即为效能评估结果。

6.3.2　效能评估指标体系

为设计无人飞行器集群的评估指标体系,以作战场景为例,首先要分析一下集群作战的特点。"马赛克战"作为分布式作战的高级形式体现在两个方面,一是实现作战兵力在空间层面的广域化分布,二是推动作战流程在时间层面的节点化分离[19]。以马赛克概念为例,集群攻防有以下特点:

(1)目的性强,对抗性强。集群作战旨在从制胜机理上塑造整体的攻防态势,接受局部的次优化,更强调全布局各个环节要素的协调高速运行。通过人、无人系统、复杂场景的高度融合协作,从多个方向、多种维度对敌方发动攻击,意在给敌方铺设多层迷惑信息干扰指控决策指向。关注敌方关键节点或高价值目标,如链路关键节点、指挥控制系统、侦察情报系统、火力系统等,重点干扰、打击关键节点在作战体系中的信息流[20],使作战要素相互独立,实现破坏敌方作战系统架构、摧毁敌方作战要素之间协作网络等的强对抗性能力。

(2)适应拒止环境,鲁棒性强。正如美国对其作战环境从绝对海空优势向大国间的拒止作战转换的思考,提出马赛克集群攻防理念以应对作战战略的转型、战场环境的变迁,追求强适应性的体系作战策略。"马赛克"的概念就是以低成本的"小"元素,排列重组适应搭配,得到全新的能够融入新环境的体系架构,以碎片化元素构建多样的全局形式。同时这样的单元素组件在复杂战场环境中能够高效、快捷地组合,形成极具弹性的作战架构,在被干扰、摧毁条件下能够快速自我重组,对变换的环境表现出强鲁棒性。

(3)力量汇聚,杀伤力强。如图 6.44 所示,现今战时环境中"观察、判断、决策、行动"的杀伤链更为集成、综合,马赛克理念旨在作战区域建立联合杀伤网。集群作战采用高弹性的冗余节点网络来获取多条杀伤路径,强调不依赖于某一种先进作战平台战斗,而是注重多平台构建作战体系架构实现力量汇聚,以获得强大的杀伤力。抛弃作战装备的限制,重点优化指挥控制系统的效率,搭建冗余节点网络的指控架构,以获取面向全网面的强大杀伤力和抗干扰能力。

(4)迭代升级快,创新性强。传统的作战形式过于依赖高性能作战平台,先进化平台研发缓慢,需要国家上下多层次把控推进,导致作战策略更新迭代缓慢、创新水平较弱。而集群攻防的优势则是利用低成本小系统进行集成,形式多样灵活,不拘泥于传统体系的框架,在指挥控制策略、作战体系模式的尝试上更新迭代迅

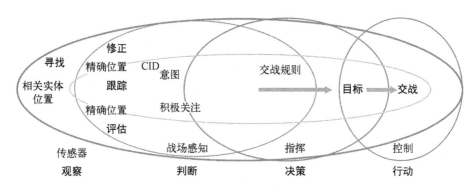

图 6.44　马赛克理念杀伤链功能图

速,更容易进行创新性理念的实现,牵引未来兵力设计发展。

　　针对无人飞行器协同作战任务需求以及观察-判断-决策-行动决策链,分析无人飞行器协同作战各阶段要素及对无人飞行器协同作战的影响,综合设计无人飞行器协同作战效能评估指标体系。指标体系构筑一个多维空间,可以根据作战环节、评估要素和评价方法表征为物理评估对象、抽象评估对象和评价级别等。从马赛克战理论进行分析,提炼无人协同作战的决策链如图 6.45所示[21]:

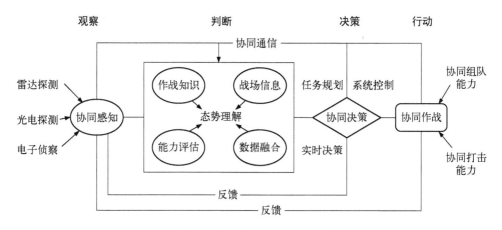

图 6.45　无人协同作战决策链

　　根据典型无人协同作战决策链架构,可将无人飞行器协同作战分为 8 个主要阶段,包括环境探测阶段、目标识别阶段、信息传递阶段、态势生成阶段、任务规划阶段、自/互操作阶段、协同编队阶段以及协同攻击/制导/干扰/规避阶段,并对各阶段形成评估要素。协同感知能力包括雷达探测能力、光电探测能力以及电子侦察能力。这是因为目前无人飞行器协同作战主要以对地攻击为主,其主要装备的传感器为雷达、光电和电子侦察设备,因此主要考虑这 3 种传感器的能力。协同通信能力主要是无人飞行器之间的数据链能力,而数据链能力主要包括时效性、有效系统容量以及节点连通性3个指标。协同策划能力主要体现无人飞行器辅助地面指挥人员决策的能力。在作战中战场态势瞬息万变,全部依靠地面指挥人员进行决策将降低无人飞行器协同作战的效率。为了提升决策效率,需要借助无人飞行器的辅助决策能力。结合无人飞行器辅助决策功能,将协同任务规划、协同控制关系以及动态实时决策能力作为人机协同策划能力指标。协同打击能力主要体现无人飞行器执行任务的能力,考虑无人飞行器协同对地作战的任务目标,将无人飞行器协同攻击能力以及协同规避能力作为效能评估指标。同时考虑到执行任务需要无人飞行器具有良好的机动性能、编队性能以及较高的生存力,将飞行性能、战术编队、飞机可用度以及生存力作为评估协同组队的能力指标。设计无人飞行器协同效能评估指标应能较全面地描述无人飞行器的装备性能,具有较好的系统性和扩展性,且切实可行。

异构无人集群系统在复杂场景下进行应用时,其效能体现在协同感知决策、协同控制、组网通信、系统稳定性等各方面,因此,面向集群能力的自学习迭代进化效能评估要覆盖整个OODA"感知-决策-控制"循环,从算法仿真到应用验证方面都要对异构集群平台进行系统性的效能评估。将效能评估与异构集群平台自学习迭代进化相结合,提高异构集群平台的迭代演化能力和无人异构集群系统的验证效率。

效能评估的主要内容如图6.46所示,可以分为感知、决策、通信、控制、执行等方面。在感知方面主要是自主态势感知能力,包括探测能力、目标感知率等。在决策方面评估自主决策能力及协同任务规划能力,包括自主决策的时间及协同任务规划效果等。在通信方面,主要评估数据共享能力、信息处理能力和信息接收能

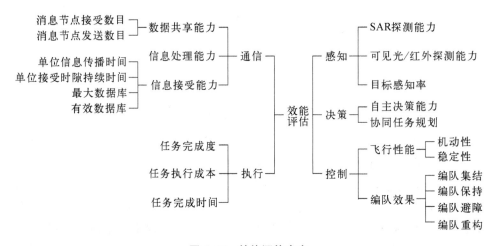

图 6.46 效能评估内容

力,通过消息节点的收发数目,单位信息传播时间、单位信息接收持续时间,最大数据库和有效数据库进行评估。在控制方面主要评估飞行性能和编队效果,飞行性能包括异构集群的机动性和稳定性,在编队效果方面主要从编队集结、编队保持、编队避障和编队重构这 4 个部分进行评估。执行能力的评估主要包括任务完成度、任务执行成本和任务完成时间等。

面向集群自学习迭代进化的效能评估指标主要分类及评估流程如图 6.47 所示。效能指标可以分为能力指标和可靠性指标两种。其中能力指标包括量纲指标和概率指标,量纲指标由标度表示法可得到归一化参数;概率指标可分为定量指标和定性指标,定量指标通过概率计算法得到归一化参数,定性指标可以通过求和聚合法得到归一化参数,将得到的归一化参数通过求和聚合法得到能力矩阵。可靠性指标可以通过层次分析法和系统状态分析法得到不同可靠性评价参数,层次分析法根据属性不同划分不同层次,形成自上而下逐层支配的层次关系,形成相应的评估元素。再通过指数计算和比例计算等方式得到相应的归一化参数,从而得到可用性向量和可信度矩阵。通过建立的能力矩阵、可用性向量和可信度矩阵对整个无人异构集群平台的自学习迭代进化能力进行效能评估。

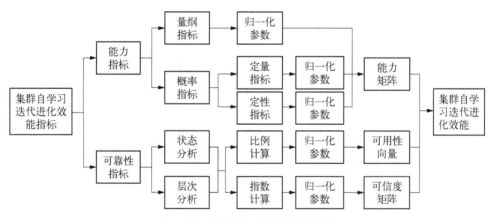

图 6.47　效能指标分类及评估流程

6.3.3　集群协同能力效能评估体系

1. 集群系统协同能力评估指标体系建立

人与机器人系统集群协同作战,需要从两方面对其进行自组织自协同效能评估。第一,是人与机器人系统交互界面的性能表现,需建立指标体系评估人与无人集群交互质量;第二,是无人集群系统在自组织作战或人操控作战下的作战效果,需引入指标体系评估作战完成度。

对于人与机器人系统协同的应用场景,引入透明度的概念,用来表示无人集群的控制界面对人操作的支持程度,对无人集群系统作战意图、作战性能以及推理过程的辅助理解能力。

对于无人集群系统的作战效能,从生存能力、毁伤能力、制导能力、威力四个方面对作战效能进行评估。无人集群作战不仅仅发生在物理域,表现为无人集群对目标的打击毁伤;也不仅仅发生在信息域,表现为无人集群与敌方对对方信息的争夺与控制;无人集群作战还发生在认知域,表现为制定的协同战术决策是否有效可靠。因此,无人集群协同作战是在信息域、认知域、物理域共同进行的,各领域的行动之间相辅相成,建立无人集群自组织自协同作战效能指标不能只考虑某一领域的指标,应将3个领域的效能指标都考虑在内。根据以上分析,并研究无人集群协同作战执行任务过程,建立的指标体系如图6.48所示。

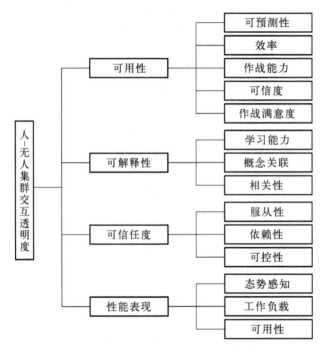

图6.48　人与机器人系统的指标体系

在建立指标体系的基础上,将每种指标进行量化。具体的量化方法如下:① 针对特定的指标,选取合适的可计算或测量的物理量作为基本指标量;② 针对①中的物理量选择一个合适的基准;③ 利用基准量和实际量进行合适的运算,得到归一化的量化值。

2. 自组织自协同能力评估模型建立与评估方法研究

通过上述分析讨论,得到了各模块的计算模型,根据作战效能相关内容的基础,针对人与机器人系统的特点建立其作战效能分析评估模型。自组织自协同能力评估模型建立与评估方案如图 6.49 所示。

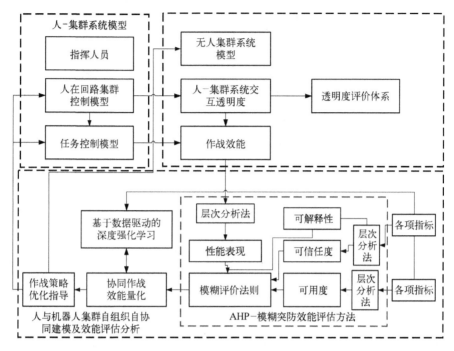

图 6.49　自组织自协同能力评估模型建立与评估方案

根据前一节的内容,根据攻防能力(attack defense capability, ADC)效能评估体系框架,针对系统的可用性、可信性和突防能力,建立了作战效能指标体系。

采用基于层次分析法(analytic hierarchy process, AHP)-模糊综合评价方法对突防效能进行定量的分析与评估。在层次分析法-模糊评价方法基础上,引入深度神经网络进行辅助分析评估,通过大量数据和效能反馈对深度神经网络进行参数训练,进一步提高评估准确性,并逐步替代层次分析法,最终完全由深度神经网络作为评估模块。具体流程如下。

1)层次分析法确定权重

求权重是综合评价的关键。层次分析法是一种行之有效的确定权系数的有效方法。特别适宜于那些难以用定量指标进行分析的复杂问题。它把复杂问题中的各因素划分为互相联系的有序层使之条理化,根据对客观实际的模糊判断,就每一层次的相对重要性给出定量的表示,再利用数学方法确定全部元素相对重要性次序的权系数。其具体操作步骤如下:

a)建立递阶层次结构

首先把讨论的问题分解成若干个因素,每一个因素称为一个元素,如决策目标、准则、子准则和方案等等,然后把这些元素按照不同的属性分成若干个不同的组,形成不同的层次。典型的层次关系如图 6.50 所示。

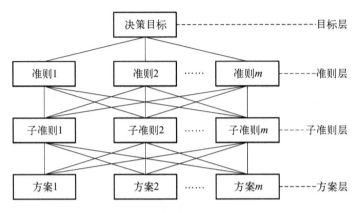

图 6.50　递阶层次结构

建立了以无人集群系统协同作战效能为目标层,以突防能力、可用能力、可信能力为准则层,以每个准则层的各项指标为方案层的层次关系结构。

b) 构造判断矩阵

判断矩阵元素的值反映了人们对各元素相对重要性的认识,一般采用 1~9 及其倒数的标度方法。但当相互比较因素的重要性能够用具有实际意义的比值说明时,判断矩阵相应元素的值则取这个比值。即得到判断矩阵 S。

c) 计算判断矩阵

计算判断矩阵 S 的最大特征根 λ_{max},及其对应的特征向量,此特征向量就是各评价因素的重要性排序,也即是权系数的分配。

d) 一致性检验

判断矩阵数据来源通常由专家凭经验打分所得,由于客观事物的复杂性和专家主观判断的臆断性,难免在打分的时候出现一些误差,而影响到最终结果,因此须对结果进行一致性检验。

2) 模糊综合评判法——指标量化

模糊综合评价是通过构造等级模糊子集把反映被评事物的模糊指标进行量化(即确定隶属度),然后利用模糊变换原理对各指标综合。其具体操作步骤如下所示:

a) 确定评价对象的因素论域

P 个评价指标,$u = \{u_1, u_2, \cdots, u_p\}$。表明系统有个因素(指标)需要评价,对于突防效能评估系统,有多少个因素,则就有多少个能力指标需要评价。

b) 确定评语等级论域

$v = \{v_1, v_2, \cdots, v_p\}$,即等级集合。每一个等级可对应一个模糊子集。例如可以用优秀、中上、中等、中下、差来表示。

c）建立模糊关系矩阵 R

在构造了等级模糊子集后，要逐个对被评事物从每个因素 $u_i(i = 1, 2, \cdots, p)$ 上进行量化，即确定从单因素来看被评事物对等级模糊子集的隶属度 $(R | u_i)$，进而得到模糊关系矩阵：

$$R = \begin{bmatrix} R \mid u_1 \\ R \mid u_2 \\ \cdots \\ R \mid u_p \end{bmatrix} = \begin{bmatrix} r_{11} & r_{12} & \cdots & r_{1m} \\ r_{21} & r_{22} & \cdots & r_{2m} \\ \cdots & \cdots & \ddots & \cdots \\ r_{p1} & r_{p2} & \cdots & r_{pm} \end{bmatrix}_{p.m}$$

矩阵 R 中第 i 行第 j 列元素 r_{ij}，表示某个被评事物从因素 u_i 来看对 v_j 等级模糊子集的隶属度。一个被评事物在某个因素 u_i 方面的表现，是通过模糊向量 $(R | u_i) = (r_{i1}, r_{i2}, \cdots, r_{im})$ 来刻画的，而在其他评价方法中多是由一个指标实际值来刻画的，因此，从这个角度讲模糊综合评价要求更多的信息。因此，针对可用性、可信性和突防能力，可以得到隶属度矩阵。

d）确定评价因素的权向量

评判权重向量 $W_1, W_2, \cdots, W_n$ 通过前面叙述的层次分析法求得，即通过专家打分评判确定各因数指标间的相对重要性，解得各因素（指标）的权重系数。

e）合成模糊综合评价结果向量

利用合适的算子将 $W_1, W_2, \cdots, W_n$ 各被评事物的隶属度矩阵 $R_1, R_2, \cdots, R_n$ 进行合成，得到各被评事物的模糊综合评价结果向量 $B_1, B_2, \cdots, B_n$。模糊综合评判的基本模型为 $B = W \circ R$。合成算子"$\circ$"对综合矩阵的结果影响比较大，正确选择合成算子对最终的计算结果就显得非常重要，通常采用模糊算子进行评价。

3）对模糊综合评价结果向量进行分析

根据上述法则，给定各指标的具体数值，可以根据上述法则计算出各因素的具体数值。

通常所说的系统作战效能是指整个系统在规定的条件下，完成预定作战任务的能力及其达到要求的效果。或者说从广义而言，系统的作战效能是指该系统按照要求的条件，成功地完成预定的作战任务，达到预定作战目的的概率。

a）计算无人集群的可用性

假设在发射前无人平台有两种状态，即正常工作（记为 1）与发生故障（记为 2），无人集群系统的可用性行向量为

$$A^T = \Big[\sum_{i=M}^{N} C_N^i a_1^i (1 - a_1)^{N-i}, \ 1 - \sum_{i=M}^{N} C_N^i a_1^i (1 - a_1)^{N-i} \Big]$$

式中，M 表示总无人平台发射弹量；N 表示总储备量；a_1 表示单无人平台的可用度，由无人平台各组成单元可用度的乘积确定。

b）计算无人集群的可信赖性矩阵

无人集群系统在作战任务执行过程中有两种状态，即正常工作（记为 1）与发生故障（记为 2），并认为无人集群系统是不可修复系统，其故障服从指数分布，则其可信赖性矩阵为

$$[D] = \begin{bmatrix} \exp(-\lambda T) & 1 - \exp(-\lambda T) \\ 0 & 1 \end{bmatrix}$$

式中，λ 表示故障率；T 表示无人集群的任务工作时间。

c）计算无人集群正常工作时的能力元素 c_1

当打击目标为单个目标时，可选取对目标的毁伤概率作为能力度量指标为 c_1；当打击目标为复杂目标时，先采用效用函数法评估针对各个子目标的毁伤效果 $\bar{c}_i$，在利用加权平均法确定最终的能力指标，即有

$$c_1 = k_1\bar{c}_1 + k_2\bar{c}_2 + \cdots + k_q\bar{c}_q$$

式中，$\bar{c}_i$ 表示子目标 i 毁伤效果的效用等效值；k_i 表示对应的重要度。

d）计算无人集群发生故障时的能力元素 c_2

由于无人平台在任务执行过程中是不可修复系统，故令 $c_2 = 0$。

e）计算无人集群系统的作战效能

4）深度强化学习训练模型

首先明确状态量：$S(s_1, s_2, \cdots, s_n)$ 为其状态，表示效能评估指标。

强化学习目标在于取得最大的 Q 值，即收益，在这里，用一个神经网络来作为训练网络以取得最大的 Q 值，参数为 w：

$$Q(s, a, w) \approx Q^\pi(s, a)$$

然后使用均方差（mean-square error）来定义目标函数（objective function），也就是损失函数（loss function），使其最小：

$$L(w) = E\{[r + \gamma\max_{a'}Q(s', a', w) - Q(s, a, w)]^2\}$$

式中，r 为此动作的立即回报；γ 为折扣因子，其中 $(0 \leqslant \gamma < 1)$，$r + \gamma\max_{a'}Q(s', a', w)$ 为目标值，可以看到，这里就是使用了 Q 学习算法要更新的 Q 值作为目标值。有了目标值，又有当前值，那么偏差就能通过均方差来进行计算。而关于损失函数的梯度可以用参数 w 计算：

$$\frac{\partial L(w)}{\partial w} = E\{[r + \gamma\max_{a'}Q(s', a', w) - Q(s, a, w)]\frac{\partial Q(s, a, w)}{\partial w}\}$$

而 $\dfrac{\partial Q(s,\,a,\,w)}{\partial w}$ 可以从神经网络中进行计算,常用的神经网络如 BP 神经网络、RBF 神经网络等都有多层神经元,即输入层、隐藏层和输出层,用 Gabor CNN 更好。

如图 6.51 所示为神经网络的示意图,网络的输入为:效能评估原始指标值,网络的输出为:作战指令对应的 Q 值(即作战效能),然后可以选择最大 Q 值对应的指令。通过不断的修改神经元之间的权值使网络的输出能够拟合所有的训练输入,使得代价函数最小,即可得到最优的 Q 值。

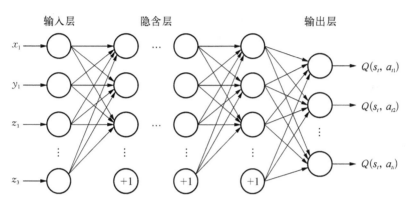

图 6.51　深度网络示意图

另外,为了保证算法稳定收敛,还使用了经验回放(experience replay)技术。所谓 t 时刻的经验 e_t,就是 t 时刻的观测、行为、奖励和 $t+1$ 时刻的观测集合,即 $e_t = (s_t,\,a_t,\,r_t,\,s_{t+1})$。将时刻 1 到 t 所有经验都存储到 D_t 中,称为回放记忆(replay memory),即 $D_t = \{e_1,\,e_2,\,\cdots,\,e_t\}$。每次迭代,会从 D 中均匀采样得到一组经验,对当前权值使用 SGD 算法进行更新。这样避免了使用相邻经验的过度耦合(博弈中相邻状态的观测都是非常近似的,容易造成训练困难)。训练 Q 网络时,输入(s, a) 变为序列输入$(s_1,\,a_1)$,$(s_2,\,a_2)$,$\cdots$,$(s_n,\,a_n)$。

参考文献

[1]　王文普,刘光耀,杨慧,等. 指挥信息系统验证理论和验证方法[J]. 指挥与控制仿真,2014,36(6):88 - 95.

[2]　罗雪山. C^{3}I 系统建模方法与技术[M]. 长沙:国防科技大学出版社,2000.

[3]　张帆,王亚锋,张睿. 无人机集群作战应用卫星导航差分定位技术研究[J]. 现代导航,2019,6(3):157 - 162.

[4]　黄晗丰. 嵌入式高性能 RTK 定位导航系统开发[D]. 南京:南京航空航天大学,2000.

[5]　姚土才. 基于 UWB 定位的四旋翼无人机室内导航与控制研究[D]. 广州:华南理工大学,2019.

[6]   Shi Z, Li H, Lin H, et al. A nano-quadcopter formation flight system based on UWB indoor positioning technology[C]. Colombo: 13th International Conference on Computer Science & Education (ICCSE), 2018: 787 – 790.

[7]   吴婕. 基于视觉的无人机导航定位系统关键技术研究[D]. 成都: 电子科技大学,2017.

[8]   刘建梅,基于视觉的无人机自主导航系统设计[D].南京: 南京信息工程大学,2016.

[9]   United States Department of Defense. U. S. Army roadmap for unmanned aircraft systems 2010 – 2035[M]. Washington: United States Department of Defense, 2010.

[10]   United States Department of Defense. Unmanned systems integrated roadmap FY2013 – 2038 [M]. Washington: United States Department of Defense, 2013.

[11]   卓琨,张衡阳,郑博,等.无人机自组网研究进展综述[J].电信科学,2015,4: 127 – 137.

[12]   翟中英,闫朝星.无人机测控通信自组网技术综述[J].遥测遥控,2018,39(4): 66 – 74.

[13]   游文静,董超,吴启晖.大规模无人机自组网分层体系架构研究综述[J].计算机科学, 2020,47(9): 226 – 231.

[14]   莫锦鹤,杨占良,侯海辉,等. 基于知识管理的试验数据管理系统研究[J].航天工业管理,2017,4: 27 – 30.

[15]   李丹,陈智勇.航天产品可靠性工程试验管理实践和探索[J].设备监理,2019,6: 5 – 7.

[16]   张元涛,王巍,赵晓宏. 马赛克战——美军未来作战新构想[J]. 军事文摘,2020,5: 24 – 28.

[17]   李强,王飞跃. 马赛克战概念分析和未来陆战场网信体系及其智能对抗研究[J].指挥与控制学报,2020,6 (2): 87 – 93.

[18]   黄吉传,周德云. 无人机协同作战效能评估指标体系设计与分析[J]. 西安工业大学学报,2020,40(1): 38 – 44.

[19]   党爱国,王坤,王延密,等. 无人机集群作战概念发展对未来战场攻防影响[J].战术导弹技术,2019,40(1): 37 – 41.

[20]   韩月明,方丹,张红艳,等. 智能无人机集群协同作战效能评估综述[J].飞航导弹,2020, 7: 51 – 56.

[21]   单航.某武器系统的作战效能分析系统研究[D].西安: 西安石油大学,2019.